# Alexander von Humboldt
# Mein vielbewegtes Leben

Die Edition wurde gefördert von der

**Alexander von Humboldt**
Stiftung / Foundation

und mit fachlicher Beratung seitens der
Alexander-von-Humboldt-Forschungsstelle
in Berlin unterstützt.

2. Auflage 2009

© Eichborn AG, Frankfurt am Main, Mai 2009

Umschlaggestaltung, Layout und Satz: Agustín Estrada

Lektorat: Katharina Theml

Korrektorat: Marion Kümmel

Druck und Bindung: Druckerei Uhl, Radolfzell

ISBN 978-3-8218-5847-0

Eichborn Verlag, Kaiserstraße 66, 60329 Frankfurt am Main

Mehr Informationen zu Büchern und Hörbüchern aus dem Eichborn Verlag

finden Sie unter www.eichborn.de

# Alexander von Humboldt

## Mein vielbewegtes Leben

Der Forscher über sich und seine Werke

Ausgewählt und mit biographischen Zwischenstücken

versehen von Frank Holl

Eichborn BERLIN

# Inhalt

*Comic »Alejandro de Humboldt«, aus der mexikanischen Serie »Vidas Ilustres«. Zweiter Jahrgang, Nr. 15. Mexiko-Stadt: Publicaciones Universales, 1957.*

*Bilderheft »Alexander von Humboldt – ein deutscher Weltreisender und Naturforscher«,* von Theo Piana und Horst Schönfelder. Berlin: Altberliner Verlag Lucie Groszer, 1959.

**Vorhergehende Doppelseite:** *Alexander von Humboldt und Aimé Bonpland in der Ebene von Tapia am Fuße des Chimborazo.* Ölgemälde von Friedrich Georg Weitsch, 1810.

# Einleitung

»Solche Tätigkeit, Schnelligkeit und Festigkeit ist noch nie gesehen worden«[1], staunte der Dichter Adelbert von Chamisso, als er Alexander von Humboldt im Jahr 1810 in Paris besuchte. Auch Friedrich Schiller berichtete von dessen »rastloser Tätigkeit«[2], und Humboldt selbst sprach von einem »ewigen Treiben«, das er in sich spüre, »als wären es 10 000 Säue«[3]. Sogar noch als 87-Jähriger erschien er einem Besucher in Berlin »tätig bis zur Rastlosigkeit«[4]. Vier Stunden Schlaf genügten ihm vollkommen. Ständig war er unterwegs: auf Reisen oder auch an seinen Wohnorten, von Haus zu Haus eilend. Sogar in seinem eigenen Arbeitszimmer fiel es ihm schwer stillzusitzen. Dass selbst von seinen Auftritten in den literarischen Salons eine faszinierende Unruhe ausging, schilderte die Berliner Schauspielerin Caroline Bauer:

> Alexander von Humboldt, hoch und schlank, elegant und beweglich wie ein Franzose, tauchte oft plötzlich – blitzartig – ein aufregendes Irrlicht, an Rahels Teetisch auf, knusperte ein paar geröstete Kastanien oder Biskuite, sagte Rahel, Henriette Herz und Bettina von Arnim im Fluge die niedlichsten Schmeicheleien, plätscherte wie ein Salonspringbrunnen von Kölnischem Wasser die zierlichsten und pikantesten Hof- und Stadtneuigkeiten in das Tassenklirren hinein, plauderte mit Herrn von Varnhagen noch zwei Minuten in der Fensternische und war verschwunden – wie ein Irrlicht.[5]

Oft sprach er von seinem »Nomadenleben«[6] und bekannte: »Voller Unruhe und Erregung, freue ich mich nie über das Erreichte, und ich bin nur glücklich, wenn ich etwas Neues unternehme, und zwar drei Sachen mit einem Mal.«[7] Im Laufe seines 89-jährigen Lebens bereiste er die halbe Welt: Es war vor allem seine fünfjährige Expedition in die amerikanischen Tropen, zu der er im Jahr 1799 im Alter von 29 Jahren aufbrach, die seinen Weltruhm begründete. Seinen 60. Geburtstag feierte er während seiner russisch-sibirischen Reise. In deren Verlauf gelangte er bis an die chinesische Grenze und legte innerhalb von neun Monaten mehr als 17 000 Kilometer zurück.

Humboldt veröffentlichte mehr als 45 Bücher, darunter das 29-bändige Werk über die Reise in die amerikanischen Tropen. Es ist die umfangreichste und teuerste Arbeit eines privaten Forschungsreisenden, die jemals publiziert wurde. Der Tod riss den 89-Jährigen aus seiner Arbeit am fünften Band seines *Kosmos*. Obwohl unvollendet geblieben, sind beide Publikationsprojekte Monumente der Wissenschaftsgeschichte.

Humboldts Anspruch und seine Denkweise sprengen alle Grenzen. »Ich weiß wohl, dass ich meinem großen Werke über die Natur nicht gewachsen bin«[8], hatte er kurz vor seiner amerikanischen Reise bekannt. Trotzdem hielt er »es für besser, etwas zu leisten, als nichts zu versuchen, weil man nicht alles leisten kann«[9]. So sah er sein eigenes Werk nie als etwas Endgültiges an, sondern als eine Stufe zu weiteren, neuen wissenschaftlichen Erkenntnissen:

Ich habe mir niemals Illusionen gemacht über mein wissenschaftliches Verdienst. Ich bin weit unter dem geblieben, was ich hätte sein können, weil ich meine Kräfte nicht zu konzentrieren vermochte. Meine Lebensumstände, die Verbindung mit zwei Kontinenten, mit berühmten Männern, während mehr als eines halben Jahrhunderts, haben mich weit mehr geformt als meine Arbeiten, die sehr unvollständig geblieben sind.[10]

Gegenüber Charles Darwin meinte er einmal: »Die Werke sind nur gut, soweit sie bessere entstehen lassen.«[11] Und tatsächlich hat Alexander von Humboldt vielen Forschungsbereichen und Generationen von Wissenschaftlern neue Wege gewiesen. Er schuf die Disziplin der Pflanzengeographie, er erkannte die Gesetzmäßigkeit der Temperaturabnahme in Relation zur Höhe über dem Meeresspiegel, und er erfand die Isothermen – kartographische Linien zur Darstellung der Orte gleicher mittlerer Jahrestemperatur. Seine wirkliche Bedeutung liegt

allerdings in der Tat in seiner Rolle als Anreger: Heute sieht man in ihm den Begründer der Geographie der Neuzeit, der modernen Klimaforschung, der Archäologie in Amerika und der globalen kulturwissenschaftlichen Komparatistik.

»Mein eigentlicher, einziger Zweck ist, das Zusammen- und Ineinanderweben aller Naturkräfte zu untersuchen, den Einfluss der toten Natur auf die belebte Tier- und Pflanzenschöpfung«[12], beschrieb er 1799 sein Programm und begründete damit die moderne Ökologie. Er betrachtete die Landschaft als einen Raum von Wechselbeziehungen innerhalb der Natur und zwischen Mensch und Natur. »Alles ist Wechselwirkung«[13], notierte er in sein amerikanisches Reisetagebuch. Geleitet vom Gedanken der »Einheit der Natur«, die er »als ein durch innere Kräfte bewegtes und belebtes Ganzes«[14] begriff, sah Humboldt ihre Phänomene als Netzwerk, als »eine allgemeine Verkettung nicht in einfach linearer Richtung, sondern in netzartig verschlungenem Gewebe«[15]. »Nichts steht für sich allein«, schrieb er, »ein gemeinsames Band umschlingt die ganze organische Natur«[16]. Sogar den Moskitos, die ihn und seine Reisebegleiter während der Fahrten auf den Urwaldflüssen quälten, sprach er »trotz ihrer Kleinheit in der heißen Zone eine bedeutende Rolle im Haushalt der Natur«[17] zu.

Die Globalität seines Denkens überwand alle geographischen und politischen Grenzen. Seine Rolle als Forscher verstand er als die eines verantwortungsvollen, politisch denkenden und handelnden Menschen. Auch in seinen primär wissenschaftlichen Texten verteidigte er die Menschenrechte, klagte Rassismus und Sklaverei an und plädierte für die rechtliche Gleichstellung aller Bürger. Sein Leitsatz war: »Alle sind gleichmäßig zur Freiheit bestimmt.«[18]

Was sich inzwischen jeder fortschrittliche Wissenschaftler zum Grundsatz macht, hat Humboldt vor 200 Jahren vorgelebt: die transdisziplinäre Forschung. Er betrieb seine Wissenschaft, die er »Physik der Welt« nannte, nicht aus der Perspektive einer einzigen Disziplin, sondern er überblickte und verband die verschiedensten Fachgebiete mit einer Sicherheit und Virtuosität, wie sie seither nie mehr erreicht wurde. Sowohl in seinem Leben als auch in seinem wissenschaftlichen Ansatz war er ein Nomade: ein Mensch, der sich aus kulturellen, wissenschaftlichen, ökonomischen und weltanschaulichen Gründen für ein nicht sesshaftes Arbeits- und Lebenskonzept entschieden hatte.

Forschen hieß für ihn selbst erleben, selbst erfahren, selbst erleiden. Die Darstellung persönlicher Erlebnisse stand dabei allerdings zurück: »Ich glaube, dass es weiser ist, die Natur im Großen zu zeichnen, als seine eigenen Abenteuer zu erzählen«[19], bekannte er 1805, kurz nach seiner amerikanischen Reise. Viele Jahre lang wartete das Publikum auf eine erzählende Schilderung seiner Expedition in die Tropen. Der Forscher jedoch zog es vor, zunächst seine wissenschaftlichen Ergebnisse zu publizieren. Als dann im Jahr 1814 endlich der erste Band seiner *Relation Historique* erschien (auf Deutsch ein Jahr später unter dem Titel *Reise in die Äquinoktial-Gegenden des Neuen Kontinents*), enthielt auch dieses Buch weit weniger Persönliches, als viele Leser erwartet hatten: »Von einer großen erhabenen Natur umgeben und lebhaft mit ihren bei jedem Schritte sich darbietenden Phänomenen beschäftigt«, erklärte Humboldt, »hat man wenig Lust, persönliche Vorfälle und kleinliche Lebensbegebenheiten in seine Tagebücher aufzunehmen.«[20]

Das vorliegende Buch versucht, dieser Absicht des Forschers entgegenzuwirken und mehr von dessen Persönlichkeit sichtbar zu machen. Es versammelt zentrale Gedanken und viele unbekannte Texte Alexander von Humboldts, zeitgenössische Illustrationen und Zeichnungen von seiner Hand und lässt so die Geschichte eines »vielbewegten Lebens«[21] erstehen. Es lädt dazu ein, den Spuren einer »der merkwürdigsten Naturen, die es je gegeben hat«[22], wie Wilhelm von Humboldt seinen Bruder einmal beschrieb, zu folgen und sich von einem Menschen inspirieren zu lassen, über den der nordamerikanische Philosoph Ralph Waldo Emerson einmal bemerkte: »Humboldt war eines jener Weltwunder [...], die von Zeit zu Zeit auftauchen, so als wollten sie uns die Möglichkeiten des menschlichen Geistes vorführen, die Kraft und den Rang seiner Fähigkeiten – einen universellen Menschen.«[23]

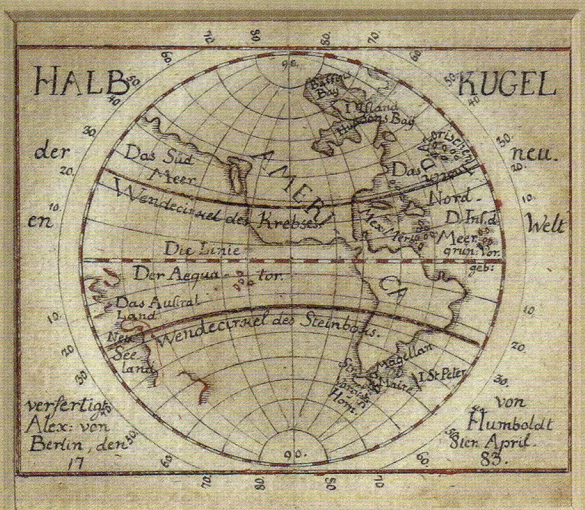

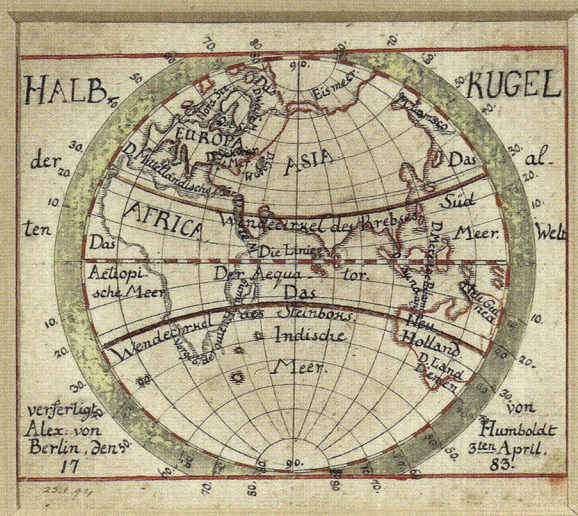

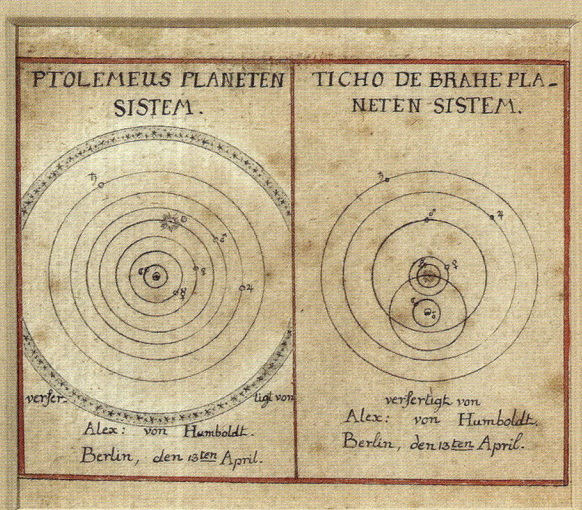

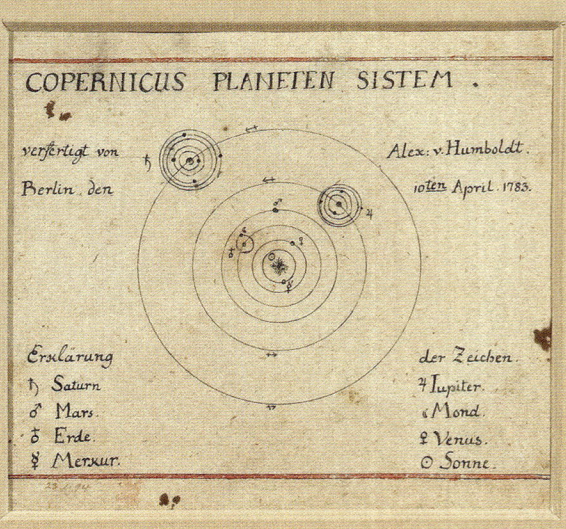

GEOGRAPHICAL DRAWINGS.
BY BARON ALEXANDER VON HUMBOLDT,
WHEN 14 YEARS OF AGE.
DATED MARCH AND APRIL 1783.
(BORN 1769.        DIED MAY 6TH 1859.)
Bought.

# Die ersten Jahre

»Unter dem Einfluss des Kometen«,[1] wie er später schrieb, wurde Alexander von Humboldt am 14. September 1769 in Berlin geboren. Es war der nach seinem Entdecker Charles Messier benannte Komet »1769 Messier«, der damals, in Humboldts Geburtsjahr, vom 8. August bis zum 10. Dezember im Berliner Nachthimmel stand.[2] Offenbar glaubte Humboldt an seine positive Wirkung, sonst hätte er nicht immer wieder auf dieses Ereignis hingewiesen.

Zwei Jahre zuvor war sein Bruder Wilhelm zur Welt gekommen. Die Voraussetzungen für die Zukunft der beiden Jungen waren glänzend: Ihre Eltern waren wohlhabend, gebildet und standen in der Gesellschaftshierarchie in einer exzellenten Position Der Vater, Alexander Georg von Humboldt, ein Offizier, des-

sen Familie erst im Jahr 1738 das Adelsprädikat »von« verliehen bekommen hatte, war einige Jahre Kammerherr von Elisabeth Christine, der Gattin des Prinzen Friedrich Wilhelm, gewesen. Seinen Verdienst bezog er aus der Pacht des Zahlenlottos und der Tabakregie. Sein Verhältnis zum Prinzen, der nach dem Tod seines Onkels Friedrichs II. 1786 als Friedrich Wilhelm II. den preußischen Thron bestieg, war so ausgezeichnet, dass dieser sogar die Rolle des Taufpaten Alexanders übernahm.

Die Mutter, Elisabeth, geborene Colomb, verwitwete von Hollwede, stammte aus dem wohlhabenden Bürgertum. Ihr Vater war Direktor der Königlichen Spiegelmanufaktur in Neustadt an der Dosse. Unter ihren Vorfahren finden sich hugenottische, schottische und deutsche Ahnen. Aus erster Ehe brachte sie neben anderem beachtlichen Besitz auch das nordwestlich von Berlin gelegene Schloss Tegel mit in die Familie, in dem die Brüder aufwuchsen.

Das wichtigste Ziel des Ehepaares Humboldt war die bestmögliche Erziehung seiner Söhne. Doch plötzlich – Alexander war noch keine zehn Jahre alt – starb sein Vater. Mit kühler Strenge achtete die

**Vorhergehende Doppelseite:** *Berlin vom Tempelhofer Berg.* Ölgemälde von Johann Friedrich Fechhelm, 1781. Alexander von Humboldt war zwölf Jahre alt, als dieses Bild entstand. Der Maler hat darin auch Friedrich den Großen porträtiert.

**Links:** Der 14-jährige Alexander von Humboldt zeichnete diese Landkarten und Planetensysteme, darunter eine *Karte der Neuen Welt, das Kopernikanische, Ptolemäische und Tychonische Planetensystem.* 1784, Tinte auf Papier.

*Marie Elisabeth von Humboldt,* geb. Colomb (1741–1796) und *Alexander Georg von Humboldt* (1720–1779). Pastellkreidezeichnungen auf Pergament, 1775, vermutlich von Johann Heinrich Schmid. Die Mutter sorgte, zusammen mit dem Oberhofmeister Gottlob Johann Christian Kunth, für die bestmögliche Ausbildung ihrer beiden Söhne im Geiste der Berliner Aufklärung. Der Vater, Major und zuletzt Kammerherr am preußischen Hof, starb, als Alexander neun Jahre alt war.

Mutter auch fortan auf die Ausbildung ihrer Kinder. Sie wünschte sich eine Karriere beider Söhne als höhere Beamte im preußischen Staat. Hierfür engagierte sie die fortschrittlichsten Hauslehrer, die dem Kreis der Berliner Aufklärung angehörten. Die Hauptverantwortung für die Erziehung der Jungen trug Gottlob Johann Christian Kunth, der auch die Privatlehrer der Kinder auswählte. Zu diesen zählten Joachim Heinrich Campe, der Verfasser des aufklärerischen Jugendbuches *Robinson der Jüngere,* und Christian Wilhelm Dohm, der 1781 das bahnbrechende Buch *Über die bürgerliche Verbesserung der Juden* veröffentlichte und damit einen Emanzipationsschub auslöste.

Ein Ziel der Berliner Aufklärer war es, der als provinziell verachteten Berliner Mentalität Bildung, Verantwortungsbewusstsein und kultivierte Lebensführung entgegenzusetzen. Allerdings hingen ihre Vertreter einer Regelpädagogik an, die wenig Raum für Freude am Lernen

zuließ und auf die kindliche Entwicklung kaum Rücksicht nahm. Alexander wurde im Unterricht ebenso behandelt wie sein zwei Jahre älterer Bruder und litt unter seinem vermeintlich geringeren Talent. Trotzdem legte diese Ausbildung ein solides Fundament für die Entwicklung der beiden. Die Idee der Aufklärung, wie sie die Hauslehrer vertraten, forderte Wahrheit, Verbreitung von Wissen und Toleranz gegenüber Andersdenkenden – Ideale, denen sich die beiden Brüder zeit ihres Leben verpflichtet fühlten.

Ein besonderes Anliegen der Aufklärer war das Studium der Naturgesetze, ein Gebiet, dem Alexander bald seine ganze Aufmerksamkeit schenkte. Mit 16 Jahren besuchte er zum ersten Mal das Haus des Arztes und Physikers Markus Herz und dessen junger, außergewöhnlich schöner Frau Henriette. Hier traf sich das wohlhabende Bürgertum jüdischer Herkunft mit Berliner Bildungsbürgern und fortschrittlichen Adligen zu naturwissenschaftlichen Experimentalvorlesungen, philosophischen Erörterungen und literarischen Lesungen. In den Salons entwickelte sich eine weltoffene und tolerante Lebenshaltung, die Alexander zu der Feststellung führte, »man unterhalte sich besser in Gesellschaft jüdischer Frauen als auf dem Schlosse der Ahnen«[3]. Später schrieb er über sein Elternhaus:

Tegel ist kein eigentliches Dorf, sondern ein Jagdschloss, von dem Großen Kurfürsten gebaut und von meinem Vater ganz umgeschaffen. Es liegt an dem Ufer eines $1^1/_2$ Meilen langen Sees, der von schön angebauten Inseln durchschnitten ist. Hügel mit Weinreben, die wir hier Berge nennen, große Pflanzungen von ausländischen Hölzern, Wiesen, die das Schloss umgeben, und überraschende Aussichten auf die malerischen Ufer des Sees machen diesen Ort allerdings zu dem reizendsten Aufenthalte der hiesigen Gegend. Nehmen Sie dazu einen hohen Grad der Gemächlichkeit und des Wohllebens, der in unserem Hause herrscht, so werden Sie sich doppelt wundern, wenn ich Ihnen sage, dass eben dieser Ort, sooft ich ihn besuche, wehmütige Empfindungen in mir erregt. Sie erinnern sich unserer Gespräche, als wir vom Milischauer nach Töplitz zurückkehrten, als Sie so viel Anteil an der Schilderung meiner Jugendjahre nahmen.

Hier in Tegel habe ich den größeren Teil dieses traurigen Lebens zugebracht, unter Leuten, die mich liebten, mir wohlwollten und mit denen ich mir doch in keiner Empfindung begegnete, in tausendfältigem Zwange, in entbehrender Einsamkeit, in Verhältnissen, wo ich zu steter Verstellung, Aufopferungen etc. gezwungen wurde. Wenn ich mich noch jetzt, da ich frei und ungestört hier lebe, hingeben will in den Genuss, den die

*Alexander und Wilhelm von Humboldt.* Zwei Pastellkreidezeichnungen auf Pergament von Johann Heinrich Schmid, 1784. Im Jahr 1793 schrieb Wilhelm über seinen 24-jährigen Bruder, dieser sei der Einzige, den er »historisch und aus eigener Erfahrung in allen Zeiten kenne«, der in der Lage sei, »das Studium der physischen Natur nun mit dem der moralischen zu verknüpfen und in das Universum, wie wir es erkennen, eigentlich erst die wahre Harmonie zu bringen«.

reizende, anmutsvolle Natur hier in so reichem Maße gewährt, so werde ich zurückgerufen durch die widrigsten Eindrücke, durch Erinnerungen an meine Kinderjahre, die fast jeder leblose Gegenstand hier rege macht. So wehmütig solche Erinnerungen aber auch sind, so interessant werden sie einem zugleich auch durch den Gedanken, dass gerade dieser Aufenthalt so viel zu der jetzigen Stimmung meines Charakters, zu der Richtung meines Geistes auf das Studium der Natur etc. beitrug.[4]

Ohne Bedauern verließ er mit 18 Jahren das elterliche »Schloss Langweil«,[5] um auf Wunsch seiner Mutter, zusammen mit seinem Bruder, Kameralistik, also Finanz-, Wirtschafts- und Verwaltungskunde, in Frankfurt an der Oder zu studieren. Nebenher begann er, sich intensiv mit Botanik zu beschäftigen. Ein Jahr später kehrte er nach Berlin zurück und besuchte dort auf eigene Initiative den berühmten Berliner Botaniker Carl Ludwig Willdenow, der ihm ein enger Freund wurde. Später, im Jahr 1801, in Bogotá, schrieb er über diese Zeit:

> Der Wunsch, entfernte Weltteile zu besuchen und die Produkte der Tropenwelt in ihrer Heimat zu sehen, ward erst in mir rege, als ich anfing, mich mit Botanik zu beschäftigen. Bis in mein 17tes und 18tes Jahr waren alle meine Wünsche auf meine Heimat beschränkt. So sorgfältig auch unsere literarische Erziehung war, so ward doch alles, was auf Naturkunde und Chemie Bezug hatte, in derselben vernachlässigt. Kleinlich scheinende Umstände haben oft den entscheidendsten Einfluss auf ein tätiges Menschenleben, und so muss man die Spuren wichtiger Ereignisse oft in

diesen Umständen suchen. Der Hofrat [Ernst Ludwig] Heim, von dem das Gymnostomum heimii den Namen führt und der mit dem jungen [Friedrich Wilhelm Daniel] Muzel lange in Sir Joseph Banks Freundschaft gelebt, war unser Hausarzt. Er hatte eine große Sammlung von Moosen und gab sich eines Tages die Mühe, meinem älteren Bruder die Linnéschen Klassen zu erläutern. Dieser, des Griechischen schon damals kundig, lernte die Namen auswendig, ich klebte Lichen parietinus und Hypna auf Papier, und in wenigen Tagen war uns beiden alle Lust zur Botanik wieder verschwunden.

Heim verschaffte unserem Nachbar, dem H[errn Friedrich August] von Burgsdorf, botanischen Ruf, dieser legte dendrologische Sammlungen an. Ich sah dort [Johann Gottlieb] Gleditsch und viele Glieder der Naturforschenden Gesellschaft – krüppelhafte Figuren, deren Bekanntschaft mir ebenfalls mehr Abscheu als Liebe zur Naturkunde einflößte. Meine jugendliche Neigung war von jeher der Soldatenstand gewesen. Meine Eltern hielten mich durch Zwang davon zurück, und man bildete mir ein, dass ich Lust zu dem habe, was man in Deutschland Kameralwissenschaften nennt, eine Weltregierungskunst, die man erst dann versteht, wenn man alles, alles weiß. Dies alles sollte ich bei einem Amtmann lernen, und ein Pachtanschlag wäre dann das Maximum meiner Kameral-Kenntnis gewesen. Ein halbverrückter Gelehrter, der Prof. [Christian Ernst] Wünsch in Frankfurt an der Oder, las mir ein Privatissimum über [Johann] Beckmanns Ökonomie. Er fing an mit botanischen Vorkenntnissen. Seine eigene Unwissenheit und sein Vortrag waren abermals weit entfernt, mir Lust zur

*Schloss Tegel.* Der Holzstich aus dem Buch von Hermann Klencke: Alexander von Humboldt's Leben und Wirken, Reisen und Wissen, Leipzig: Otto Spamer, 1870, zeigt das Schloss nach den Umgestaltungen im Stil des Klassizismus, die Karl Friedrich Schinkel auf Wilhelm von Humboldts Wunsch von 1820 bis 1824 durchführte.

Botanik einzuflößen, doch sah ich ein, dass ich ohne Pflanzenkenntnis ein so vortreffliches Buch als Beckmanns Ökonomie nicht verstehen könne. Wir besaßen durch Zufall Willdenows *Florae Berolinensis prodomus.* Es war harter Winter. Ich fing an, Pflanzen zu bestimmen, aber die Jahreszeit und Mangel an Hilfsmitteln machte alle Fortschritte unmöglich. Wir verließen Frankfurt an der Oder, und ich brachte abermals ein Jahr in Berlin zu, wo mich [Johann Friedrich] Zöllner in der Technologie unterrichtete. Ich fühlte aufs Neue die Notwendigkeit botanischer Kenntnisse, quälte mich mit neuem Eifer, Pflanzen nach Willdenows *Florae* zu bestimmen. Ich legte nun ein förmliches Herbarium an, und da man mir nun zuerst gestatte-

te, allein auszugehen, fasste ich den Entschluss, unempfohlen Willdenow selbst aufzusuchen.

Von welchen Folgen war dieser Besuch für mein übriges Leben! Schriebe ich ohne diesen diese Zeilen im Königreich Neu-Granada? Ich fand in Willdenow einen jungen Menschen, der damals unendlich mit meinem Wesen harmonierte. [...] Er bestimmte mir Pflanzen, ich bestürmte ihn mit Besuchen. Ich lernte neue ausländische Pflanzen kennen. Er schenkte mir einen Halm Oryza sativa [eine Reispflanze], den [Carl Peter] Thunberg aus Japan mitgebracht. Ich sah zum ersten Mal in meinem Leben die Palmen des botan[ischen] Gartens, ein unendlicher Hang nach dem Anschauen fremder Produkte erwachte in mir. In drei Wochen war ich ein enthusiastischer Botanist. Willdenow trug sich damals mit der Idee, eine Reise außerhalb Europas zu machen. Ihn zu begleiten, war der Wunsch, der mich tags und nachts beschäftigte. Ich durchlief alle Floren beider Indien [Asien und Amerika], kaufte alle Rinden der Apotheken zusammen, verweilte mit unendlichem Wohlgefallen bei einem Reishalm in meinem Herbarium und gewöhnte mich, unbändige Wünsche nach weiten und unbekannten Dingen zu hegen.[6]

Wie wichtig es für Humboldt war, die Botanik nicht um ihrer selbst willen zu studieren, sondern sie in den Dienst der Gesellschaft zu stellen, zeigt ein Brief vom 25. Februar 1789. Darin fordert er die Erforschung und Respektierung der Vielfalt der natürlichen Ressourcen, die wir heute als »Biodiversität« bezeichnen. Der 19-Jährige schrieb an seinen Freund Wilhelm Gabriel Wegener:

Eben komme ich von einem einsamen Spaziergange aus dem Tiergarten zurück, wo ich Moose und Flechten und Schwämme suchte, deren Sommer jetzt gekommen ist. Wie traurig so allein herumzuwandern! Doch hat auch, von einer anderen Seite betrachtet, dies Einsame in der Beschäftigung mit der Natur, etwas Anziehendes. So ganz im Genuss der reinsten, unschuldigsten Freude, von tausenden von Geschöpfen umringt, die sich (seliger Gedanke der Leibnizischen Philosophie!) ihres Daseins freuen, das Herz zu dem erhoben, der wie Petrarca sagt, *muove le stelle e loro viaggio torto, e da vita alle erbe, a i musci, alle pietre ...* [die Sterne bewegt und ihre gekrümmte Bahn, und Leben gibt den Kräutern, den Moosen und den Steinen]. Solche Betrachtungen, lieber Bruder,

versetzen einen in eine süße Schwermut! Mein Freund Willdenow ist noch der Einzige, der dieses mit mir empfindet. Aber seine und meine Geschäfte hindern uns oft, Hand in Hand in den großen Tempel der Natur zu treten. Solltest Du glauben, dass unter den anderen 145 000 Menschen in Berlin kaum vier zu zählen sind, die diesen Teil der Naturlehre auch nur zu ihrem Nebenstudium, nie nur zur Erholung kultivierten. Und wie viele sollte nicht ihr Beruf darauf leiten, Ärzte und vor allen das elende Kameralisten-Volk. Je mehr die Menschenzahl und mit ihr der Preis der Lebensmittel steigen, je mehr die Völker die Last zerrütteter Finanzen fühlen müssen, desto mehr sollte man darauf sinnen, neue Nahrungsquellen gegen den von allen Seiten einreißenden Mangel zu eröffnen. Wie viele, unübersehbar viele Kräfte liegen in der Natur ungenutzt, deren Entwicklung tausenden von Menschen Nahrung oder Beschäftigung geben könnte. Viele Produkte, die wir von fernen Weltteilen haben, treten wir in unserem Lande mit Füßen – bis nach vielen Jahrzehnten ein Zufall sie entdeckt, ein anderer die Entdeckung vergräbt oder, was seltener der Fall ist, ausbreitet. Die meisten Menschen betrachten die Botanik als eine Wissenschaft, die für Nichtärzte nur zum Vergnügen oder allenfalls (ein Nutzen, der selbst wenigen erst einleuchtet) zur subjektiven Bildung des Verstandes dient. Ich halte sie für eins von den Studien, von denen sich die menschliche Gesellschaft am meisten zu versprechen hat. Welch ein schiefes Urteil zu meinen, dass die paar Pflanzen, welche wir bauen, (ich sage ein paar gegen die 20 000, welche unseren Erdball bedecken) alle Kräfte enthalten, die die gütige Natur zur Befriedigung unserer Bedürfnisse in das

*Berlin mit Charlottenburg und Umgebung*, kolorierte Radierung von Rohrbach, nach Carl Wizani, um 1810.

Pflanzenreich legte. Überall sehe ich den menschlichen Verstand in einerlei Irrtümern versenkt, überall glaubt er, die Wahrheit gefunden zu haben, und wähnt, dass ihm nichts zu verbessern, zu entdecken übrig bleibe.

Er scheut die Untersuchung, weil er denkt, dass schon alles untersucht sei. So in der Religion, so in der Politik, so überall, wo der gemeine Haufen sein Wesen treibt. Was ich von der Botanik gesagt habe, gründet sich aber nicht bloß auf Schlüsse *a priori*. Nein, die großen Entdeckungen, die ich selbst in den Schriften der ältesten Pflanzenkenner vergraben finde und die in neueren Zeiten von gelehrten Chemikern oder Technologen geprüft worden sind, haben diese Betrachtungen in mir veranlasst. Was helfen alle Entdeckungen, wenn es keine Mittel gibt, sie exoterisch [zugänglich] zu machen.[7]

# Erste Reisen

Im April 1789 folgte Alexander seinem Bruder Wilhelm an die Universität Göttingen. »Ich bin bereit«, schrieb er seinem Freund Wilhelm Gabriel Wegener, »den ersten Schritt in die Welt zu tun, ungeleitet und ein freies Wesen. Ich freue mich dieses Zustandes, so misslich er zu sein scheint. Lange gewohnt, wie ein Kind am Gängelbande geführt zu werden, harrt der Mensch, die gebundenen Kräfte nach eigener Willkür in Tätigkeit zu setzen und, sich selbst überlassen, der eigene Schöpfer seines Glücks oder Unglücks zu werden.«[1]

In Göttingen studierte Alexander Naturwissenschaften, Mathematik und Sprachen. Beeindruckt zeigte er sich vor allem von dem vielseitigen Naturforscher, Physiologen und Anthropologen Johann Friedrich Blumenbach und dem Physiker und scharfzüngigen Aphoristiker Georg Christoph Lichtenberg.

*London, Königlicher Palast und Tower,* Ausschnitt. Kolorierter Kupferstich in: F. J. Bertuch: Bilderbuch, für Kinder. Weimar, um 1800. Humboldts Besuch der britischen Hauptstadt, zusammen mit Georg Forster im Jahr 1790, war die entscheidende Motivation für seine Forschungsreise in die Neue Welt.

Zusammen mit dem niederländischen Mediziner und Botaniker Steven van Geuns brach er kurz nach seinem 20. Geburtstag zu seiner ersten Forschungsreise auf. Vom 24. September bis zum 31. Oktober 1789 führte sie ihn über Marburg, Frankfurt und Heidelberg nach Mannheim, dann durch die Pfalz, weiter längs des Rheins und durch Westfalen zurück nach Göttingen.[2] Wichtigstes Ergebnis war sein erstes Buch: *Mineralogische Beobachtungen über einige Basalte am Rhein.* Es erschien 1790 in Braunschweig im Verlag seines früheren Hauslehrers Campe.

Zu dieser Zeit war es in erster Linie die Geologie, die Humboldt begeisterte. Der »Vulkanismusstreit« bewegte die gesamte europäische Wissenschaftswelt. In seiner Publikation entschied sich Humboldt für das Lager der »Neptunisten«. Hauptvertreter dieser Richtung war der berühmte Freiberger Geologe Abraham Gottlob Werner. Nach seiner Lehre war die gesamte Gesteinswelt durch Ablagerungen aus dem Meer entstanden. Zu den überzeugten

Anhängern der Theorie des Neptunismus gehörte auch Johann Wolfgang von Goethe, den Humboldt bald persönlich kennenlernen sollte. Dieser Lehre stand der »Vulkanismus« oder »Plutonismus« gegenüber: eine Theorie, die umgekehrt alle geologischen Vorgänge auf vulkanische Tätigkeit zurückzuführen suchte. Hauptvertreter des Plutonismus war der britische Geologe James Hutton. Später, nach der Rückkehr von seiner amerikanischen Reise, sollte Alexander zu dieser Theorie konvertieren.

Es waren allerdings bei weitem nicht nur geologische Fragen, die Humboldt während seiner Reise mit van Geuns interessierten. Zum ersten Mal nicht unter der Aufsicht von Lehrern und Erziehern, sehnte sich sein von der Aufklärung geschulter Geist danach, so viele Fakten wie nur möglich nach einem selbst erstellten Plan zu sammeln und zu bewerten. Zusammen mit seinem Reisegefährten besuchte er botanische Gärten, Fabriken, Bergwerke, Salinen, Museen, mineralogische Kabinette und Bibliotheken. Zum Schlüsselerlebnis dieser Reise wurde seine Begegnung mit dem Schriftsteller und späteren Revolutionär Georg Forster, der James Cook zwischen 1772 und 1775 auf dessen zweiter Weltumsegelung begleitet hatte. Humboldt lernte Forster im Oktober 1789 in Mainz kennen. Wenige Monate zuvor war in Paris die Bastille gestürmt worden. Beide waren gleichermaßen fasziniert von den revolutionären Ereignissen in Frankreich. Wenig später schrieb Alexander seinem früheren Lehrer Joachim Heinrich Campe: »Der französische Enthusiasmus erschüttert den Despotismus«, und er empfand »ein Aufbrausen unter uns Deutschen, wie jenseits des Rheins«.[3] Alexander von Humboldt und Georg Forster verstanden sich glänzend, und Forster ermutig-te Humboldt zu seiner ersten Buchveröffentlichung über die Basalte am Rhein. Dieser widmete Forster das Werk »in innigster Freundschaft und Verehrung«.

Im März 1790, nur wenige Monate nach seiner ersten Forschungsreise mit Steven van Geuns, brach Humboldt erneut zu einer Reise auf. Diesmal begleitete ihn Georg Forster. Von Mainz sollte es nach England gehen. Der Weg der beiden Reisenden führte zunächst den Rhein abwärts, dann durch Belgien und die Niederlande. Der Aufenthalt in England prägte Alexander mehr als alle bisherigen Erlebnisse. Quer über die Insel führte ihre Route: an die Westküste nach Bristol, von da über das industrielle Birmingham ins nördliche Derbyshire zu den Peak-Kalksteinbergen, weiter über Shakespeares Geburtsort Stratford-upon-Avon bis zur Universitätsstadt Oxford. Wieder besichtigte Humboldt Bergwerke und Höhlen, Fabrikationsstätten und botanische Gärten, darunter auch die berühmten Kew Gardens im Südwesten von London. Die Parlamentswahlen und der Besuch der Sitzungen des Londoner Parlaments vermittelten Humboldt neue politische Eindrücke. Hier in der Hauptstadt traf er auch Kapitän William Bligh, der an James Cooks dritter Weltumsegelung (1776–1779) teilgenommen und später, in den Jahren 1788 und 1789, die Verantwortung für die *Bounty* übernommen hatte. Die Geschichte der Meuterei auf der *Bounty* verbreitete sich damals wie ein Lauffeuer. Mehrfach hatte Humboldt Gelegenheit, sich ausführlich mit dem Kapitän zu unterhalten, der die nautische Glanzleistung vollbracht hatte, mit einem nur sieben Meter langen Beiboot und 18 Männern 5800 Kilometer über den Pazifik zu navigieren. Besonders das traurige Schicksal des Botanikers David Nelson, eines Mitglieds von Blighs Mannschaft, bewegte Humboldt.

*Georg Forster.* Gemälde von Johann Heinrich Wilhelm Tischbein, um 1785.
Sowohl für Humboldts politisches als auch für sein wissenschaftliches Bewusstsein war Forster ein entscheidender Impulsgeber.

Die wundersame Rettung des Lieutnant William Bligh, der in einem offenen, 23 Fuß [7,5 Meter] langen Boote von Tofoa [im Osten Polynesiens] bis Timor [im Osten des Indonesischen Archipels], 1200 Leagues [5800 Kilometer] weit segelte – ist in mehreren öffentlichen Blättern bereits angezeigt. Die *Narrative of the Mutiny on Board his Majesty's Ship Bounty*, welche hier soeben erscheint, gibt eine ausführliche Nachricht davon, aus der Folgendes den deutschen Botanikern nicht uninteressant sein kann. – Die *Bounty* wurde ausgeschickt, um Brotbäume in der Südsee zu sammeln und sie nach Westindien zu bringen. Nie schien eine wohltätige Absicht glücklicher erfüllt zu werden als diese. Mr. Bligh, als er am 4ten April 1789 von Otaheiti [Tahiti] absegelte, hatte 1015 Brotbäume, die er mit dem Botanisten David Nelson in 23 Wochen gesammelt, an

Bord. Die meisten davon waren blühend und versprachen die sicherste Erhaltung. – Nur die gleich darauf ausbrechende Empörung konnte diese süßen Hoffnungen zerstören. Das Schiff mit allen seinen Schätzen ging für England verloren. Der Botanist David Nelson erreichte im offenen Boote die Insel Timor, aber ein inflammatorisches Fieber kostete ihm wenige Tage nach seiner Rettung das Leben. Er starb den 20ten Julius 1789, da er den Lohn für so viele erduldete Leiden zu ernten hoffte. Er hatte vor dieser misslungenen Expedition die letzte Reise um die Welt, auf die ihn Sir Joseph Banks ausschickte, mitgemacht. Eifer für die Erfüllung seiner Pflichten, Standhaftigkeit in Gefahren und jegliche Tugend des geselligen Lebens schmückten seinen Charakter und lassen seinen Verlust tiefer empfinden. – Sein Leichnam wurde am

21. Juli hinter der Kapelle zu Cupang beerdigt. Der Holländische Gouverneur und die ganze englische Mannschaft folgten der Bestattung. Ein Leichenstein für Nelsons Grab war nicht zu finden. – Wenn auch der Ort vergessen ist, wo die heilige Asche der Märtyrer ruht, so haben sie ein bleibenderes Denkmal doch in dem Mitgefühle der Edlen![4]

Der Chemiker und Physiker Henry Cavendish und auch der Göttinger Arzt Christoph Girtanner, der sich damals ebenfalls gerade in London aufhielt, gaben Humboldt Einblicke in die Erkenntnisse Lavoisiers, des Begründers der modernen Chemie. Ganz besonders allerdings beeindruckte ihn die Begegnung mit Sir Joseph Banks, dem Präsidenten der Royal Society. Der legendäre Botaniker empfing den jungen Preußen mit offenen Armen. Banks hatte James Cook auf dessen erster Reise um die Welt (1768–1771) begleitet. Später, im Jahr 1801, fasste Humboldt seine Eindrücke über die Reise mit Forster zusammen:

Mein Bruder Wilhelm hatte durch sein Genie die Aufmerksamkeit [Friedrich Heinrich] Jacobis und Georg Forsters erregt. Beide nahmen mich deshalb freundlichst in Düsseldorf und Mainz auf, und da Forstern die Hoffnung, in England Geld zu gewinnen, nach London trieb (er wollte seine *Species plantarum* herausgeben), so bot er mir an, ihn zu begleiten.
Ich war damals krank, März 1790, in Göttingen und mit der Herausgabe meines ersten literarischen Produkts, den *Basalten am Rhein*, beschäftigt. Dennoch, mit welcher Freude nahm ich teil an dieser Reise. Ohnerachtet sie mich wie jedes nahe Zusammenleben unter Menschen und besonders bei Forsters kleinlich-eitlem Charakter

mehr von ihm entfernte als ihm nahe brachte, so hatte das Zusammenleben mit dem Weltumsegler doch großen Einfluss auf meinen Hang nach der Tropenwelt. Wie sehr erwachte diese Sehnsucht vollends bei dem Anblick des allverbreiteten, beweglichen, länderverbindenden Ozeans, den ich bei Ostende zuerst sah, wie sehr bei der kleinen Überfahrt von Hellevoetsluis nach Dover. Der Zufall wollte, dass ich (ohnerachtet wir in einem elenden Fischerboot und bei stürmischem Wetter schifften) nicht seekrank war. Ich wurde es in der Folge nie, und dieser Umstand  machte mir das Element selbst und lange Seereisen minder furchtbar.
Ich lebte in London sehr einsam, im Hause eines deutschen Perückenmachers, Mr. Muller, Plumtree-street. Forster hatte sich bei seinem Schwager, dem Hofprediger [Heinrich Otto] Schrader, einquartiert, der ihn mit Bibelübersetzungen und Hofklatsch (er war Lecteur der königlichen Prinzessinnen) quälte. In einem Lande, wo die Einwohner 4 bis 5 Mal in ihrem Leben beide Indien besuchen und wo man mit den Produkten der entferntesten Weltteile wie mit den seinigen bekannt ist, konnte ein Begleiter des Captain Cook eben nicht großes Aufsehen machen. Für das, was man in Forster Geist und verschmelzendes Genie nennen kann, haben die Engländer eben nicht Sinn. Sie suchen entschiedenes Dichtertalent, tiefsinnige Philosophie oder gründliche Gelehrsamkeit. Ein Gemisch von alledem, ein Mensch, der von dem allen nur etwas besaß und mehr Form als Materie war, konnte daher wenige interessieren. Dazu konnte Forster in London nicht Deutsch sprechen, und die Muster, nach denen er sich gebildet, waren Deutsche, Kant, Schiller … Seine

höchsten Flüge waren unübersetzbar und unverständlich. Mit den Geldspekulationen ging es nicht besser. Die Empfehlungen des Prinzen Adolph an den Prinzen von Wales, die des General [Martin Ernst von] Schlieffen und des ehrwürdigen alten [Hendrik] Fagel (im Haag, an den ich mit Freuden zurückdenke) an [William] Pitt konnten bei den Schändlichkeiten, die Forsters Vater im Tableau d'Angleterre über den Hof verbreitet, und bei dem geringen Aufsehen, das er als Gelehrter machte, wenig wirken.

Banks war von jeher aus Reaktion und verfolgendem Neide gegen alles, was seiner Oberherrschaft sich entziehen will, der Feind der Forsterschen Familie gewesen. Die *Genera plantarum*, welche man [Andreas] Sparrmann zuschreibt, die *Plantae esculentae* und *Florula insularum australium*, welche in Eil über elenden Herbarien geschmiedet waren, hatten Banks' Achtung ebenfalls nicht vermehrt. Was

in dem jungen Forster eigentlich groß und selten war, die philosophische Behandlung naturhistorischer Gegenstände, ein Werk wie der Aufsatz über Leckereien … dafür hatte Banks keinen Sinn. Je übelgelaunter Forster in England war, desto mehr ward ich in meine Einsamkeit zurückgeschreckt. Unser Aufenthalt in Holland, Spaziergänge, die ich längs der grünen buschigten Dünen am Haager Meeresstrande gemacht, der Anblick der Amsterdamer Schiffswerften, die enge Freundschaft mit dem jungen [Franz Christopher Henrik] Hohlenberg (der nachmals in der Dänischen Marine Epoche gemacht) füllten meine warme Phantasie mit ersehnten Gestalten ferner Dinge. In einem jungen Gemüte, das 18 Jahre lang im väterlichen Hause gemisshandelt und in einer dürftigen Sandnatur eingezwängt worden ist, glimmt und glüht es wunderbar auf, wenn es seiner eigenen Freiheit überlassen auf einmal eine Welt von Dingen in sich aufnimmt.

*London. Sicht von der Waterloo-Brücke.* Stahlstich, Bibliographisches Institut, Hildburghausen, um 1830.

27

Mein Zimmer in Plumtree-street war mit den Kupfern eines ostindischen Schiffes ausgeziert, das in einem Sturme unterging. Heiße Tränen strömten mir oft über die Wangen, wenn ich beim Erwachen die Augen auf diese Gegenstände heftete. Ich strebte nach Dingen, die ich damals nie zu erlangen hoffte. Ich bildete mir ein, dass nur die Aufforderung eines Gouvernements, eine Reise gleich der Cookschen mich in jene Weltteile führen könne, und meine Berliner Verhältnisse, der Zwang, an den ich gewöhnt war, stellten mir als unmöglich vor, was ich nun seit Jahren ausgeführt. Als wir der englischen Küste nahe zuerst die Türme von Oldborough sahen, malte mir meine Einbildungskraft im Traume den Tafelberg und Drakenstein vor. Ich glaubte mich in der Kapstadt vor Anker, und mit aufgehender Sonne war der süße Traum hinweggewischt. Ein Wunsch wie dieser, der mich ewig begleitete, das Streben nach Ländern, in denen wir durch grenzenlose Räume von den Unsrigen getrennt sind, schmeichelt der jugendlichen Eitelkeit wegen der Energie, in der wir uns selbst vorstellen, aber es gibt unserm Wesen zugleich eine melancholische Stimmung, in der wir die »Wonnen der Tränen« fühlen. Die Hügel von Highgate und Hampstead waren mein Lieblingsspaziergang in London, an dem Wege las ich Anschlagzettel nach englischer Sitte: »Junge Leute, welche ihr Glück außerhalb Europas suchen wollen, melden sich dort und dort, als Matrose, Schreiber ... finden sie Aufnahme. Das Schiff ist segelfertig nach Bengalen.« Mit welchen Empfindungen las ich diese Einladungen. Der Eintritt in ein solches Haus schied mich auf immer (nach englischer Presssitte) von meiner vaterländischen Welt, ei-

ner Rückkehr nach Berlin, die wie nahes Ungewitter wolkendick über mir schwebte.

Wie oft schwankte ich in meinen Entschlüssen, war einem tollen Streiche nahe. Ich zeichne die jugendlichen Torheiten sorgfältig auf, weil sie klarmachen, was damals in mir vorging. Beschäftigung mit der Naturkunde und wissenschaftliche Zwecke hatten den Wunsch nach der Tropenwelt in mir erregt. Die auszeichnende Nachsicht, mit der Sir Joseph Banks mich behandelte, der Anblick seiner Sammlungen, die indianische Sach- und Menschenwelt seines Hauses, [William] Hodges, Alexander Dalrymple, [John] Webber, dieser Umgang bestärkte meinen naturhistorischen Eifer. Dennoch nahm in der Epoche der Hang nach Seereisen eine andere Gestalt, die Quelle ward verschieden. Ich wäre in die fernste Südsee geschifft und hätte nie einen wissenschaftlichen Zweck erfüllt. Ich fühlte mich eingeengt, engbrüstig. Ein unbestimmtes Streben nach dem Fernen und Ungewissen, alles, was meine Phantasie stark rührte, die Gefahr des Meeres, der Wunsch, Abenteuer zu bestehen und aus einer alltäglichen gemeinen Natur mich in eine Wunderwelt zu versetzen, reizten mich damals an. Dazu schien mir dies das einzige Mittel, sich dem Naturzustande zu nähern. Fußreisen mit einem einseitigen, aber genievollen Menschen, Friedrich Hesse, um Allmerode und Allendorf (1789), der romantische Zauber jener Felsentäler hatten mich in eine poetische Stimmung versetzt, die den Fortschritten meiner Urteilskraft hätte gefährlich werden können. Alles was auf bürgerliche Verhältnisse Bezug hatte, wurde mir verächtlich, jede Gemächlichkeit des häuslichen Lebens und der fei-

*Föderationsfest.* Kolorierter Kupferstich von Helman nach einem Gemälde von Charles Monnet, 14. Juli 1790. Humboldt selbst karrte in Paris Sand zur Errichtung des Freiheitstempels. Während des eigentlichen Fests war er jedoch nicht mehr in der Stadt, da Forster dringend nach Deutschland zurückreisen musste.

neren Welt ekelte mich an. Ich lebte in einer Ideenwelt, die mich von der wirklichen abzog. Der Umgang roher Menschen, das Ordenswesen der Unitisten interessierte mich auf eine sträfliche Weise. Wilhelms Abwesenheit (er war in Paris mit [Johann Heinrich] Campe [1789]) vermehrte die Krise. Ich schrieb verrückte Briefe an meine Freunde und wurde mir selbst von Tage zu Tage unverständlicher.

Meine Reise mit Forster in das Gebirge von Derbyshire vermehrte jene melancholische Stimmung. Das Dunkel der Castletoner Höhen verbreitete sich über meine Phantasie. Ich weinte oft, ohne zu wissen warum, und der arme Forster quälte sich zu ergründen, was so dunkel in meiner Seele lag. Mit dieser Stimmung kehrte ich über Paris nach Mainz zurück. Ich hatte entfernte Pläne geschmiedet.[5]

Auf ihrem Rückweg trafen Humboldt und Forster in einem von euphorischer Stimmung aufgeladenen Paris ein. Fast die ganze Stadt war auf den Beinen, um den ersten Jahrestag der Französischen Revolution vorzubereiten. »Der Anblick der Pariser, ihre Nationalversammlung, ihres noch unvollendeten Freiheitstempels, zu dem ich selbst Sand gekarrt habe, schwebt mir wie ein Traumgesicht vor der Seele«,[6] schrieb Alexander wenig später. In diesen Tagen vor den Feiern zum ersten Jahrestag, dem 14. Juli 1790, konkretisieren sich seine politischen Vorstellungen. Bereits in England hatte er notiert, nichts sei ihm »unerträglicher als die klugen Fürsten, die anderen Menschen vordenken wollen«.[7] Jetzt, in Paris, vereinigten sich seine persönlichen Pläne, seine aufklärerische Haltung und seine wissenschaftliche Zielsetzung mit einem konkreten politischen Ideal:

29

Die Begriffe »Liberté«, »Egalité« und »Fraternité« rückten ins Zentrum seines Denkens und Handelns.

In scharfem Gegensatz zu diesen Idealen stand allerdings seine persönliche Situation: Kaum nach Deutschland zurückgekehrt, fand er sich wieder eingeengt in dem von der Mutter vorgegebenen Karriereweg. Im August 1790 musste er ein Studium an der Hamburger Handelsakademie beginnen. Glücklich war er darüber nicht. Bereits in einem Brief aus London hatte er gegenüber seinem Freund Paul Usteri bekannt: »Meine Neigung ist es nicht, aber meine unglücklichen Verhältnisse (die Menschen von anderen Neigungen sehr glücklich und beneidenswert scheinen) zwingen mich immer zu wollen, was ich nicht kann, und zu tun, was ich nicht mag.«[8] Leiter der Handelsakademie war der angesehene kameralistische Sozialpolitiker Johann Georg Büsch. Er hatte seine Akademie wesentlich stärker auf angewandtes Wissen ausgerichtet, als dies in den Universitäten der Fall war. Hier lehrte auch der Geograph Christoph Daniel Ebeling, der Humboldt vor allem die Geographie Nordamerikas näher brachte. Gegenüber seinem Freund Wilhelm Gabriel Wegener allerdings klagte der Student:

Ich lebe hier nicht fröhlich, aber zufrieden. Ich habe an Bildung viel gewonnen; ich fing an mit mir selbst zufriedener zu werden, ich war in Göttingen sehr fleißig – aber umso tiefer fühl' ich, was noch alles übrig ist. Meine Gesundheit hat sehr gelitten, wenn sie gleich durch die Reise mit Forster wieder etwas gewann. Auch hier bin ich so beschäftigt, dass ich mich nicht schonen kann. Es ist ein Treiben in mir, dass ich oft denke, ich verliere mein bisschen Verstand. Und doch ist dies Treiben so notwendig, um rastlos nach guten Zwecken hinzuwirken.[9]

Wie sehr er sein Leben in den Dienst von »guten Zwecken« stellen wollte, zeigt sich in der weiteren Wahl seines Ausbildungswegs. Im April 1791 kehrte Humboldt nach Berlin zurück, um bald darauf ein Studium an der berühmten Bergakademie in Freiberg zu beginnen. Nun konnte er seine geliebten Naturstudien, vor allem in Geologie und Botanik, mit dem Nutzen der technischen Kenntnisse im Bergbau verbinden. Nicht allein wegen des charismatischen Geologen Abraham Gottlob Werner, sondern auch wegen der vielseitigen praktischen Studienmöglichkeiten, genoss Freiberg weltweit hohes Ansehen. Aus vielen Ländern kamen Studenten in die kleine sächsische

*Grubenlampe aus Freiberg, sogenannte Froschlampe*, Anfang 19. Jh.

*Ansichten von der Umgebung Freibergs: Grubengebäude Beschert Glück, Abrahamsschacht, Grubengebäude Himmelsfürst.* Farblithographien, um 1840. Die sächsische Stadt Freiberg mit ihrer Bergakademie und den unmittelbar in der Nähe liegenden Bergwerken übte wegen ihres weltweit einzigartigen Rufes eine magische Anziehungkraft aus, auch auf viele ausländische Studenten.

Bergstadt. Vor allem Spanien schickte seinen begabten Nachwuchs. Nach ihrer Ausbildung sollten die jungen Leute ihre Kenntnisse in den hispanoamerikanischen Kolonien anwenden. Zu ihnen zählten Fausto de Elhuyar und Andrés Manuel del Río, mit dem Humboldt bald eine enge Freundschaft verband. Alexanders bester Freund allerdings wurde in dieser Zeit Johann Karl Freiesleben, einer der talentiertesten Studenten Werners. Aber trotz all der neuen Begegnungen und Anregungen war Humboldt auch in Freiberg nicht wirklich glücklich:

Ich lebe hier einsam und zufrieden, wenn auch nicht froh. Zur Fröhlichkeit gehört eine Art ruhigen Genusses, den ich hier nicht erlange. Was andere Menschen bei einem Aufenthalte von 3 Jahren auf der Bergakademie vollenden, ist bei mir in eine Zeit von 7 bis 8 Monaten zusammengedrängt. Meine Beschäftigungen sind übrigens überaus abwechselnd und dem innersten Wunsche meines Herzens angemessen. Ich stehe alle Tage um 5 Uhr auf und gehe, da die Gruben alle ½, auch ¾ Stunden von Freiberg entfernt sind, sogleich auf die Grube, um anzufahren. An die 5 Stunden beschäftige ich mich unter der Erde, bald um natürliche Beschaffenheit der Gänge, bald die Art des Abbaus zu studieren. Ich habe die gemeinen Arbeiten auf dem Gestein alle selbst gelernt, wie wir es nennen: meine Lehrhäuerschicht aufgefahren, und noch heute Morgen war ich mit Bohren und Schießen beschäftigt. Um 11 oder 12 Uhr komme ich aus der Grube, und nun sind fast alle Stunden des Nachmittags mit Kollegien besetzt – Oryktognosie [Mineralogie] und Geognosie [Lehre von der Struktur und dem Bau der festen Erdkruste] bei Werner, Markschei-

*Freiberg*. Kolorierter Kupferstich, um 1830. Humboldt absolvierte hier von Juni 1791 bis Februar 1792 in einem Drittel der normalen Zeit das Studium an der Bergakademie.

den [die vermessende Tätigkeit des Bergingenieurs], Probieren auf Silber, Risse- und Maschine-Zeichnen. So vergeht ein Tag wie der andere. Mein einziger Umgang ist der Sohn des hiesigen Markscheiders Freiesleben, mit dem ich fast stündlich über und unter Tage zusammen bin.[10]

In Freiberg erweiterte Humboldt seine wissenschaftlichen Interessen um viele neue Forschungsbereiche. So wandte er sich nun auch der Pflanzenphysiologie zu und untersuchte experimentell die Einwirkung des Sonnenlichts auf das Pflanzenleben. Als Ergebnis dieser Studien, die er in seiner knapp bemessenen Freizeit durchführte, publizierte er im Jahr 1793 sein zweites Buch *Florae Fribergensis specimen*. Mit seiner ersten botanischen Buchveröffentlichung begründete er einen neuen Forschungszweig: die Höhlenbotanik. Er beschrieb neben den Pilzen ober- und unterirdischer Standorte aus der Umgebung Freibergs eine Vielzahl physiologisch-chemischer Ver-

suche, mit denen er die Lebensbedingungen der Pflanzen testete. Er glaubte, 258 Arten solcher kryptogamischer Pflanzen gefunden zu haben. Wie sich später herausstellen sollte, waren es jedoch nur 56. Humboldt hatte unter anderem versehentlich die vielgestaltigen Mycelzträge des Hallimasch (Armillarelia mellea) als neue Arten interpretiert.[11]

Finanziell hatte Humboldt zu dieser Zeit keine Sorgen: »Ich habe so viel Geld, dass ich mir Nase, Mund und Ohren vergolden lassen kann«[12], schrieb er. Allerdings klagte er in einem Brief an seinen Studienfreund Archibald McLean über seine extreme Rastlosigkeit, unter der er einerseits litt, die ihn aber auch zu immer neuen Leistungen antrieb:

Meine Fröhlichkeit hat freilich seit Jahren sehr abgenommen. Körperliche Ursachen sind gewiss viel daran schuld. Wenn ich ein paar Monate in Ruhe sein werde, will ich ernsthaft auf Gegenmittel denken. Was mir vielleicht am meisten schadet, ist ein Geist

32

der Unruhe, ein Streben nach Tätigkeit, das mich plagt. Aus dieser inneren Unruhe erkläre ich es mir, warum große körperliche Anstrengung mich so schnell aufheitert. Es ist dann eine Art von Gleichgewicht im physischen und moralischen Menschen. Dabei fehlt es mir an so vielen Ursachen zur Fröhlichkeit, durch die sie in anderen erwacht. Sinnliche Bedürfnisse kenne ich nicht, ja selbst der Umgang und die Freundschaft kenntnisvoller Menschen ist mir gleichgültig, wenn ich nicht im Moralischen mit ihnen harmoniere. Um nicht kalt und unteilnehmend zu scheinen, muss ich Interesse für so viele Dinge affektieren, die mir gleichgültig sind. Ich habe es mir, ebenso sehr aus Eitelkeit, einen angenehmen Eindruck zu machen, als aus Gutmütigkeit zur Pflicht gemacht, jedem etwas Verbindliches zu sagen, mich in die Laune und die individuelle Lage jedes Menschen zu fügen, so dass mir vieler Umgang oft ein Zwang wird. So wie aber meine Heiterkeit abnimmt, so erwacht desto lebhafter in mir, mit jedem Jahre, die Wärme und Innigkeit gegen meine Freunde. Dieser Genuss entschädigt mich reichlich. Noch habe ich kein Land der Erde gefunden, auf dem der Fluch der Gottheit so ruhte, dass kein atmendes Wesen wäre, das man an sein Herz drücken und mit Liebe umfangen könnte. Arm und einsam ist man nur dann, wenn man dies entbehrt, reich aber genug durch seine Freunde. Sie haben es gewiss selbst gefühlt, lieber McLean, und ich fühle es täglich, wie man an moralischer Güte zunimmt, indem man andere liebt. Es ist in diesem Gefühle etwas so Reines und Hingebendes, jeder aufrührerische Gedanke von Selbstsucht und Eigennutz wird im Aufkeimen erstickt und vor allem Achtung für die ganze Menschheit erhöht und mit dieser Achtung Wille zum Guten und Handlung. – Auch mir ist von dieser Seite hier in Freiberg unendlich wohl. Ich fand, wie ich Ihnen schon neulich schrieb, gleich bei meiner Ankunft hier in Freiberg einen Menschen, mit dem ich fast jede Stunde beisammen bin. Dieser Mensch hat viel, sehr viel Ähnliches mit Ihnen, im Intellektuellen, nicht im Physischen; so etwas Sanftes und Herzliches, das ihn unendlich liebenswürdig macht. Es ist eben der Freiesleben, mit dem ich die Reise durch Böhmen machte. Wenn wir uns drei doch einmal beisammen befänden! Ich habe ihm fast den größten Teil meiner bergmännischen Kenntnisse zu danken, aber dies ist es wahrlich nicht, was mich an ihn fesselt; sondern sein Scharfsinn, sein Wille zum Guten und die Ahnung, die ich habe, dass er viel leisten wird. Ich bin ein törichtes Wesen, habe ich oft gedacht, dass ich solche Verbindungen knüpfe, wenn ich fortfahre, ein so herumirrendes Leben zu führen. Es wird mich viel kosten, diesen Ort zu verlassen – aber in diesem Kummer liegt auch Genuss.[13]

33

*Alexander von Humboldt im 27. Lebensjahr* (1796), Stahlstich von Alfred Krausse, um 1850.

# Vom Bergmann zum Forschungsreisenden

Im Februar 1792 beendete Humboldt seine bergmännische Ausbildung. Nahtlos wurde der 22-Jährige am 6. März als *Assessor cum voto* in den preußischen Bergdienst übernommen. Damit eröffnete sich Alexander eine glänzende Laufbahn. Es war ihm gelungen, die Wünsche seiner Mutter so weit als möglich in Einklang mit seinen eigenen naturwissenschaftlichen Zielen zu bringen. An Campe schrieb er: »Ich fühle, dass ich in den letzten Jahren an Selbständigkeit zugenommen habe. Mit wenigen Bedürfnissen genieße ich die Unabhängigkeit, deren unter allem Zwange größerer und kleinerer politische Verhältnisse ein denkender Mensch fähig ist, eine Freiheit, die wir uns selbst schenken und die unvergänglich, wie unser Dasein, ist.«[1]

Bereits im Herbst 1792 wurde er zum Oberbergmeister ernannt, und im Mai 1793 übernahm er die Verantwortung über die Bergwerke in den ehemaligen Fürstentümern Ansbach-Bayreuth, die damals zum preußischen Staatsgebiet gehörten. Zwei Jahre später wurde er zum Oberbergrat befördert. Seine Hauptwohnorte waren nun Steben und Bayreuth. Die beispiellose Geschwindigkeit seiner Karriere beeindruckte viele Zeit-genossen. Er stand in intensivem Kontakt mit einflussreichen Politikern wie dem Staatsminister und Generalbergkommisar Friedrich Anton von Heinitz, dem späteren preußischen Staatskanzler Graf Hardenberg und dem Reichsfreiherrn vom und zum Stein.

Trotzdem war Humboldt unzufrieden. Er fühlte sich »verdammt, immer allein, wie ein wandernder Jude die Welt zu durchirren, ohne Freund, ohne mitfühlendes Geschöpf – doch ich hasse alles Klagen«[2]. Dass ihn das Erreichte nicht erfüllte, gestand er nach seiner Beförderung auch Johann Wolfgang von Goethe, mit dem er seit März 1794 in Kontakt war: »Der König hat mich zum Oberbergrat gemacht, mit der Erlaubnis, ihm in seinen Provinzen zu dienen oder durch wissenschaftliche Reisen nützlich zu werden. Dadurch ist mir freilich eine unabhängige Existenz geschenkt, aber sie fängt, wie oft Freiheit aus Zwang entsteht, mit Zwang an.«[3]

Ein besonderes Anliegen war es ihm, die Arbeits- und Lebensbedingungen der »ärmsten Volksklasse« zu verbessern. Mit großem Verantwortungsbewusstsein und aufklärerischem Anspruch engagierte er sich für die Bergleute: »Wenn es ein Genuss ist, durch neue Entdeckungen das Gebiet unseres Wissens zu erweitern«, schrieb er, »so ist es eine weit menschlichere und größere Freude etwas zu erfinden, das mit der Erhaltung einer arbeitsamen Menschenklasse, mit der Vervollkommnung eines wichtigen Gewerbes in Verbindung steht.«[4] So erfand er eine Atemmaske mit Luftreservoir, die er »Respirationsmaschine« nannte, und er konstruierte eine Berglampe, die auch ohne Luftzufuhr von außen nicht erlosch. Die Erfindungen sollten der Rettung verunglückter Bergleute in sauerstoffarmen Schächten dienen. Über seine Experimente mit der Rettungslampe schrieb er an Freiesleben:

Fast wäre ich vorgestern ein Opfer meiner Versuche geworden. [...] Die Sache war so: Es gibt im Bernecker Alaunwerk Wetter [Gase], die allein noch meiner Lampe trotzten. [...] Die Rettungslampe brannte hell in den bösen Wettern. Ich war neugierig, wollte bis an das faule Holz vor Ort fahren, wo wir den Schwefel verbrannt haben. Ich kroch hinein. Killinger [ein Studienkollege] musste zurückbleiben, weil er noch von einem ähnlichen Versuch krank ist, den er in dem Nailaer Revier machte. Ich kam bis vor Ort, setzte meine Lampe hin und freute mich unendlich ihres Lichtes. Mir wurde müde, sehr wohl, betaumelt, ich sank in die Knie neben die Lampe. Ich soll Killinger gerufen haben, ich weiß nichts davon. Er tappte im Finstern nach und fand mich ohnmächtig bei der Lampe. Er zog mich hinaus. Schon bei der Blende kam ich zu mir. Mir war wie besoffen und matt, zwei Tage matt, doch spüre ich keine üblen Folgen mehr. Ich mochte Dir die Geschichte lieber selbst erzählen, als dass Du sie einmal vergrößert von anderen hörtest. Ich war freilich schuld, aber durch häufiges Fahren [Begehen von Bergwerken] in solchen Wettern dreist, kurz, es ist vorbei, und ich habe die Lampe beim Erwachen noch brennen sehen. Das war wohl der Ohnmacht wert.[5]

Abbildungen und Beschreibungen der Rettungslampe und der Atemmaske veröffentlichte er später, 1799, in seinem Buch *Über die unterirdischen Gasarten und die Mittel, ihren Nachtheil zu vermindern*. Da die Geräte jedoch zu groß und zu schwer und die Luftbehälter zudem zu klein waren, setzten sich beide Erfindungen in der Praxis nicht durch. Auf einem anderen Gebiet allerdings war Humboldt erfolgreicher: Auf eigene Kosten richtete er, gegen einige Widerstände in der preußischen Administration, eine »freie Bergschule« zur Bildung und Ausbildung der Bergleute und ihrer Kinder ein:

Wem ich meine Ideen mitteilte, riet mir ab. Das Volk habe keine Lernbegierde, hieß es; die Vorurteile schienen eingewurzelt, es sei kein Lehrer zu finden, den die Kinder verständen usw. Diese Einwendungen schreckten mich nicht ab, bewogen mich vielmehr, sogleich die ganze Einrichtung vorläufig aus *meinem* Beutel als Privatsache zu betreiben. [...] Ich hielt es für besser, etwas zu leisten, als nichts zu versuchen, weil man nicht alles leisten kann.[6] [...] Die Hauptschwierigkeit war [...], dass es schlechterdings kein Buch gab, das man einem Lehrer in die Hand geben konnte. Ich habe die Abende angewandt, ein Lehrbuch oder vielmehr fünf kleine zu schreiben. Manches ist mir mehr, manches weniger gelungen. Alles enthält individuelle Anwendungen [...]. Ich habe dabei recht gefühlt, wie unendlich schwer es

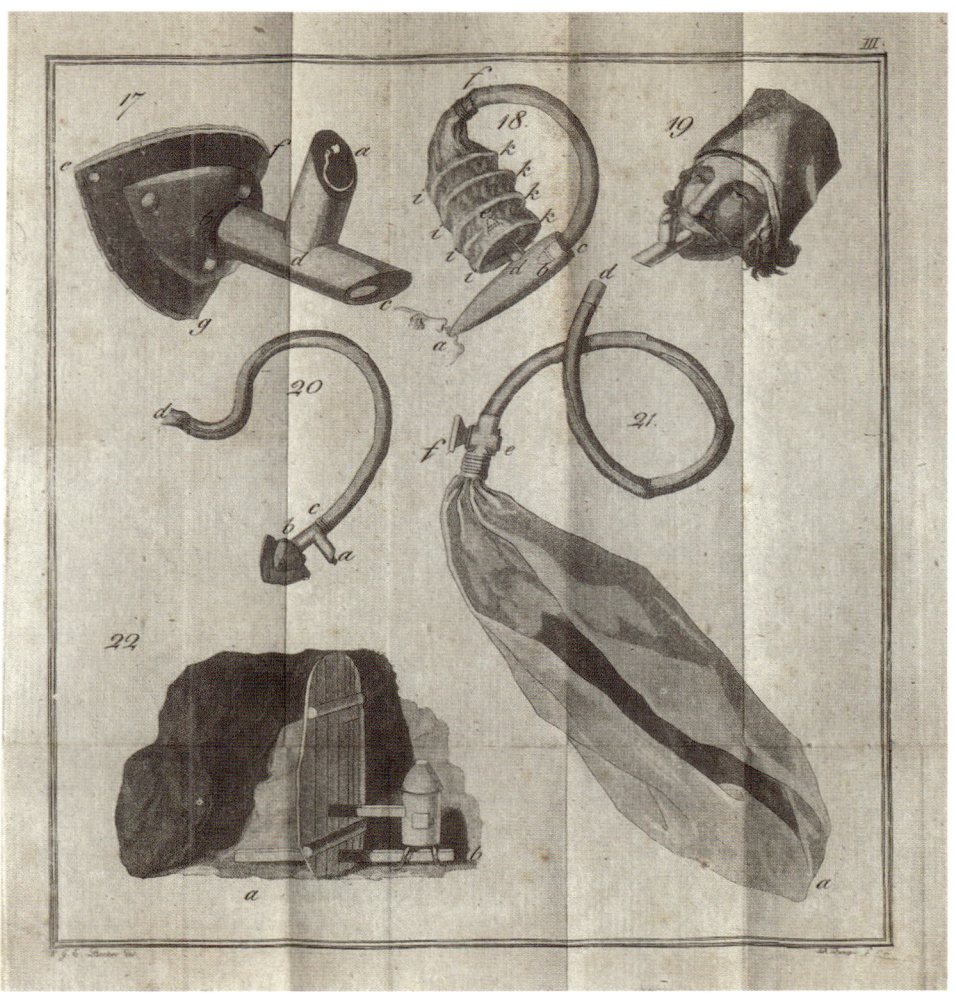

*Humboldts Atemgerät zur Rettung verunglückter Bergleute.* Kupferstich aus Humboldt: Ueber die unterirdischen Gasarten und die Mittel, ihren Nachtheil zu vermindern. Ein Beytrag zur Physik der praktischen Bergbaukunde, Braunschweig: Vieweg, 1799, Tafel III. Über ein Ventil werden ausgeatmete und aus einem Luftsack eingeatmete Luft getrennt.

ist, für Kinder zu schreiben. Ich habe viele Bücher dabei benutzt, denn der Hauptcharakter eines Schulbuches soll der sein, dass es alles enthält, was nur irgend dem gemeinen Bergmann nützlich sein kann. Es darf schlechterdings nicht oberflächlich sein.[7]

Auf diese Weise entstanden zwei Schulen für die Bergarbeiter: eine, die theoretische, und eine, die praktische Kenntnisse vermittelte. Die Maßnahme Humboldts zeigte Wirkung: Durch die bessere Ausbildung und Organisation der Arbeit der Bergleute steigerte sich die Ergiebigkeit und Rentabilität der ihm anvertrauten Gruben und Zechen. Zusätzlich brachte er mit einem weiteren Impuls den Bergbau in den fränkischen Fürstentümern Ansbach-Bayreuth in Schwung: Durch gründliches Studium historischer Dokumente steigerte Humboldt deren Effizienz. Die Kenntnis historischer Quellen ermöglichte eine bessere Orientierung beim Auffinden der Erzvorkommen und erlaubte Vergleiche der investierten Kosten:

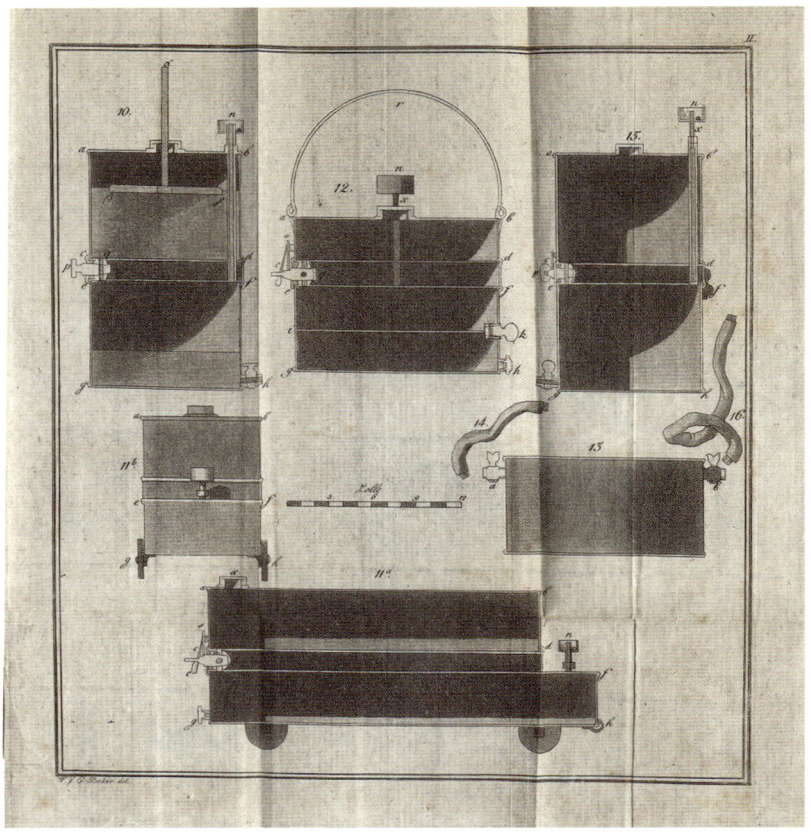

*Humboldts Sicherheitslampe zum Aufenthalt in nicht atembarer Luft.* Kupferstich aus Humboldt: Ueber die unterirdischen Gasarten [...], Braunschweig: Vieweg, 1799, Tafel II. Die Lampe besteht aus zwei getrennten Kammern: Das Wasser in der oberen Kammer verdrängt gleichmäßig die Luft in der unteren Kammer. Diese steigt durch ein Rohr auf und versorgt so die von einem Ölvorrat zehrende Flamme mit Sauerstoff.

Mit dem Bergbau geht es überhaupt hier jetzt schnell vorwärts. In Goldkronach besonders bin ich glücklicher, als ich es je wagen durfte zu glauben. Die neu aufgefundenen Akten aus dem 16. Jahrhundert, die ich mit der größten Mühe studiere, haben mich ganz orientiert. Alle, die vor mir die Direktion des dasigen [gegenwärtigen] Grubenbaus hatten, waren irre, weil ihnen diese Quellen fehlten. Seit acht Jahren hatte man ehemals mit 14 000 Gulden Zubuße kaum 3000 Zentner gefördert, ich schaffte in diesem einen Jahre allein mit 9 Mann 2500 Zentner Golderze, die kaum 500 Gulden kosten.[8]

Neben all seinen administrativen Aufgaben im Bergbau vernachlässigte Humboldt seine wissenschaftlichen Ziele nicht. Aufbauend auf seinen Studien zu den *Florae Fribergensis specimen* in Freiberg begann er, sich eingehend mit dem Rätsel der »Lebenskraft« zu beschäftigen. Hierzu angeregt hatte ihn einerseits die unter extrem schwierigen Bedingungen in den Freiberger Bergwerksstollen wachsende unterirdische Vegetation, andererseits aber auch seine Begegnung mit Christoph Girtanner im Jahr 1790 in London. Dieser hatte ihm die moderne Chemie Lavoisiers nahegebracht. Dankbar schrieb Humboldt ihm im März 1793:

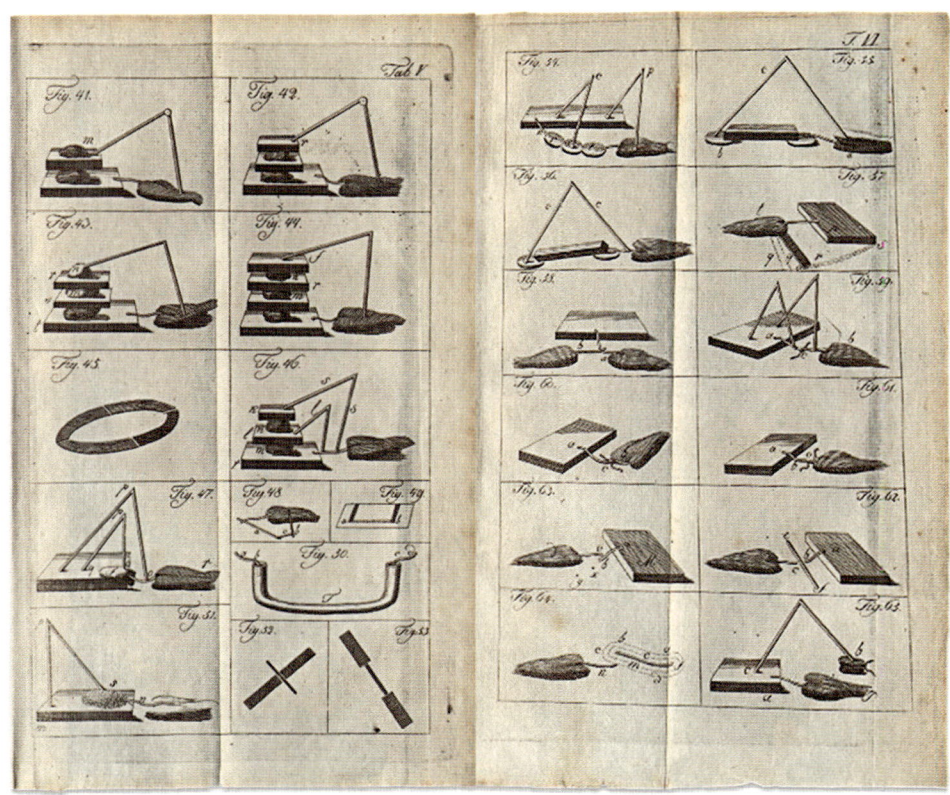

*Versuchsanordnungen Humboldts zum Nachweis der tierischen Elektrizität.* Kupferstiche aus Alexander von Humboldt: Versuche über die gereizte Muskel- und Nervenfaser nebst Vermuthungen über den chemischen Process des Lebens in der Thier- und Pflanzenwelt. Bd. 1, Posen: Decker; Berlin: Rottmann, 1797, Tafeln V und VI.

Ihre chemisch-physiologischen Entdeckungen haben mich über alles interessiert. [...] Ich fing sogleich an, selbst zu experimentieren, habe seit zwei Jahren mit größter mir möglicher Anstrengung alles studiert, was sich nur irgend darauf bezieht, und bin von dem Oxygen als Prinzip der Lebenskraft (trotz des noch so rätselhaften, gewiss nicht magnetischen oder elektrischen galvanischen Fluidums) ebenso überzeugt wie Sie es waren, als Sie mir in Green Park zuerst davon erzählten.[9]

Bereits 1791 hatte Humboldt über Antoine Laurent Lavoisier notiert: »Ich habe [seinen] *Traité élémentaire [de chimie]* nun schon dreimal hintereinander durchstudiert, und immer finde ich ihn philosophischer und schöner. Welch ein behutsamer Gang im Raisonnement, welche Aussichten über die vegetabilische Organisation.«[10] Inspiriert von den Versuchen Lavoisiers, Joseph Priestleys, Carl Wilhelm Scheeles und Jean Senebiers hatte Humboldt bereits in Freiberg begonnen, Versuche zur Ernährung und Atmung der Gewächse durchzuführen und den Einfluss von Sonnenlicht, Sauerstoff und Kohlendioxid auf das Keimen von Pflanzen zu erforschen. Diese Arbeiten setzte er nun fort. Die Ergebnisse schlugen sich in seinen *Aphorismen aus der chemischen Physiologie der Pflanzen* nieder, in denen Humboldt »eine neue

Theorie über den Reiz des Lichts und des Wasserstoffs auf die Art, den Sauerstoff aus Pflanzen zu gewinnen«[11] präsentierte. Einige dieser Aussagen haben bis heute Bestand, andere jedoch sind unter heutigen wissenschaftlichen Gesichtspunkten überholt. So verteidigte Humboldt beispielsweise das Vorhandensein der belebten Muskelfaser in den Pflanzen und verglich das Holz »mit den Knochen der Tiere nach Entstehung, Alter, Substanz, Krankheiten usw.«.[12]

Wichtige neue Anregungen gab ihm eine Reise nach Wien im Herbst 1792: »Die neue Chemie hat hier ihren Sitz«, schrieb er. »Alles oxygeniert, der junge [Chemiker und Botaniker Joseph Franz von] Jacquin lehrt sie öffentlich, das Phlogiston ist verschwunden.«[13] Mit Phlogiston war ein vermeintlicher »Wärmestoff« gemeint, eine hypothetische Substanz, von der man im späten 17. und 18. Jahrhundert vermutete, dass sie allen brennbaren Körpern bei der Verbrennung entweicht. Lavoisier war es, der der Ansicht vom Phlogiston den Todesstoß versetzt hatte. Im Jahr 1789 hatte er mit seiner Sauerstoff- oder Oxidationstheorie nachgewiesen, dass die Verbrennung ein Prozess ist, bei dem eine Substanz eine Verbindung mit Sauerstoff eingeht. Auch die Rolle des Sauerstoffs bei der tierischen und pflanzlichen Atmung hatte er erkannt. Begeistert hatte Humboldt diese Ideen aufgenommen. In Wien hörte er nun auch erstmals von Luigi Galvanis Versuchen über die »tierische Elektrizität« bei Fröschen. Unmittelbar darauf begann er selbst, neben seinen pflanzenphysiologischen Versuchen auch galvanische Experimente mit verschiedenen Tieren durchzuführen: »Mich konnte Pflanzenphysiologie (mein Hauptstudium) nicht interessieren, ohne genaue Kenntnis der animalischen Organisation«,[14] meinte er 1795 gegenüber

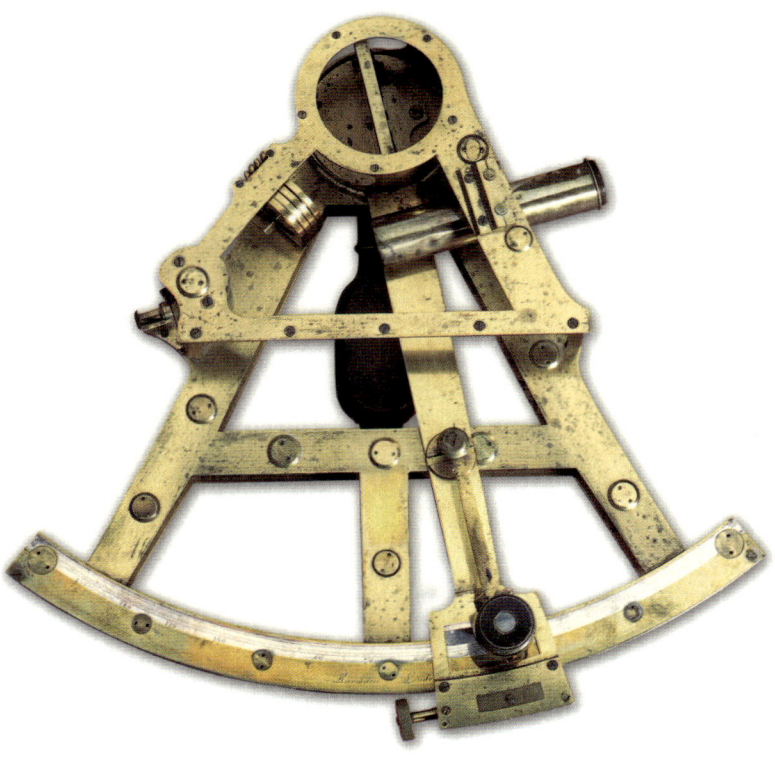

*Spiegelsextant,* um 1790 hergestellt von Jesse Ramsden, London. Der von Humboldt während der amerikanischen Reise verwendete Sextant gleicher Bauart von Ramsden war etwas größer und damit auch genauer. Er war sein wichtigstes Vermessungsinstrument.

Friedrich Albrecht Carl Gren, dem Herausgeber des *Handbuchs der Chemie* und des *Journals der Physik.* Humboldts selbst erklärtes Ziel war es nun, hinter das Geheimnis des Lebens zu kommen. Begeistert schrieb er am 9. Februar 1796 an Freiesleben: »Ich glaube, nun bald den gordischen Knoten des Lebensprozesses zu lösen.«[15]

Resultat dieser Versuche waren seine im Jahr 1797 und 1798 veröffentlichten *Versuche über die gereizte Muskel- und Nervenfaser.* In diesem zweibändigen Werk schildert Humboldt seine galvanischen Versuche an Fischen, Fröschen, Kröten, Eidechsen und Schildkröten, Hühnern, Gänsen, Raben, Dompfaffen,

Kanarienvögeln und Küken im Ei, Hunden, Kälbern, Kaninchen, Meerschweinchen, Füchsen, Schafen, Ziegen, Ratten, Mäusen und Fledermäusen, deren Organe er nach Tötung durch Reizen bestimmter Nerven auf ihre Erregbarkeit geprüft hatte.[16] Selbst seinen eigenen Körper nutzte Humboldt für diese Experimente als Untersuchungsobjekt. In schmerzhaften Selbstversuchen ersetzte er Galvanis Frösche gewissermaßen durch sich selbst:

Ich ließ mir zwei Blasenpflaster auf den Rücken anlegen, den Musc. trapez. und deltoid. bedeckend, jedes von der Größe eines Laubtalers. Ich selbst lag dabei flach auf dem Bauche ausgestreckt. Als die Blasen aufgeschnitten waren, fühlte ich bei der Berührung mit Zink und Silber ein heftiges schmerzhaftes Pochen, ja der Musc. cucular. schwoll mächtig auf, so dass sich seine Zuckungen bis ans Hinterhauptbein und die Stachelfortsätze des Rückenwirbelbeins fortsetzten. Eine Berührung mit Silber gab mir vier einfache Schläge, die ich deutlich unterschied, Frösche hüpften auf meinem Rücken, wenn ihr Nerv auch gar nicht den Zink unmittelbar berührte, einen halben Zoll von demselben ablag und nur vom Silber getroffen wurde. Meine Wunde diente zum Leiter und dann fand ich nichts dabei. Meine rechte Schulter war bisher am meisten gereizt. Sie schmerzte heftig, und die durch Reiz häufiger herbeigelockte lymphatisch seröse Feuchtigkeit war rot gefärbt und, wie bei bösartigen Geschwüren, so scharf geworden, dass sie, wohin sie den Rücken herablief, denselben in Striemen entzündete. – Das Phänomen war zu auffallend, um es nicht zu wiederholen. Die Wunde meiner linken Schulter war noch mit

ungefärbter Feuchtigkeit gefüllt. Ich ließ mich auch dort mit Metallen stärker reizen, und in vier Minuten waren heftiger Schmerz, Entzündung, Röte und Striemen da. Der Rücken sah, rein abgewaschen, mehrere Stunden wie der eines Gassenläufers aus.[17]

Nicht zum letzten Mal zeigt sich hier seine Bereitschaft, große persönliche Risiken einzugehen, um zu neuen wissenschaftlichen Erkenntnissen zu gelangen. Ergebnis seiner Suche nach der Lebenskraft war, so Humboldt, dass es nicht ein einzelner Stoff ist, der diese bedingt, da Leben das Resultat mehrerer Kräfte und mehrerer Stoffe ist, sondern dass das Zusammenwirken dieser Kräfte[18] das Leben verursacht:

Das Gleichgewicht der Elemente in der belebten Materie erhält sich nur so lange und dadurch, dass diese Teil des Ganzen ist. Ein Organ bestimmt das andere, eines gibt dem andern die Temperatur, in welcher diese und keine anderen Affinitäten wirken. Ein Metall oder ein Stein kann zertrennt werden, und bleiben die äußeren Bedingungen dieselben, so werden die zertrennten Stücke auch die Mischung behalten, welche sie vor der Trennung hatten. Nicht so jedes Atom der belebten Materie, es sei starr oder tropfbar flüssig. Die gegebene Definition schließt sich unmittelbar an die Idee des unsterblichen Denkers an, »dass im Organismus alles wechselseitig Mittel und Zweck sei«.[19]

Es waren vor allem seine pflanzenphysiologischen und die galvanischen Arbeiten, die Humboldt damals in der Wissenschaftswelt bekannt machten. Zum Teil veröffentlichte er sie in Grens *Journal der Physik*, teilweise auch in den von Lorenz Crell herausgegebenen *Chemischen Annalen* und zahlreichen anderen wissenschaftlichen Zeitschriften. Sein Beitrag »Über die grüne Farbe der unterirdischen Vegetabilien« erschien 1792 sogar in Jean-Claude Delamétheries *Journal de Physique, de chimie, d'histoire naturelle et des arts* in Paris.[20] Im Juni wurde er 1793 in die »Kaiserlich Leopoldinisch-Karolinische Akademie der Naturforscher« aufgenommen, und im selben Monat erhielt er für seine *Florae Fribergensis specimen* die »Kursächsische Prämienmedaille für Kunst und Wissenschaft in Gold«. Seine *Versuche über die gereizte Muskel- und Nervenfaser* wurden 1799 sogar ins Französische und 1803 ins Spanische übersetzt.

Die Ergebnisse dieser Forschungen waren keine wissenschaftlichen Meilensteine wie diejenigen Luigi Galvanis oder Alessandro Voltas, mit dem Humboldt im August 1795 am Comer See selbst Froschschenkelversuche durchgeführt und den er einen »großen Mann, dem ich so gern nachstände«[21], genannt hatte. Trotzdem waren Humboldts pflanzenphysiologische und galvanische Experimente und Publikationen beeindruckende Schritte auf dem Weg, das Geheimnis des Lebens zu ergründen.

Zwei andere wissenschaftliche Konzepte Humboldts aber sollten sich in der Zukunft als weitaus bedeutender erweisen. Auch sie entwickelte Humboldt in seiner Freizeit, neben seinem Amt im preußischen Bergdienst. Bereits 1794 dachte er über ein Buch nach, das den Titel tragen sollte: »Ideen zu einer künftigen Geschichte und Geographie der Pflanzen oder historische Nachrichten von der allmählichen Ausbreitung der Gewächse über den Erdboden und ihren allgemeinsten geognostischen Verhältnissen«.[22] Dieses Konzept realisierte er später, im Jahr 1803, zunächst als

Aquarellskizze und 1805 als Publikation seiner *Geographie der Pflanzen in den Tropenländern*. Er schuf damit eine neue wissenschaftliche Disziplin.

Im Januar 1796 tauchte erstmals in einem seiner Briefe die »Idee einer physischen Weltbeschreibung« (»physique du monde«) auf.[23] Diese Konzeption sollte bald zu Humboldts wissenschaftlicher Leitidee werden: »Ich wollte die Länder, die ich besuchte«, schrieb er später, »einer allgemeineren Kenntnis zuführen; und ich wollte Tatsachen zur Erweiterung einer Wissenschaft sammeln, die noch kaum skizziert ist und ziemlich unbestimmt bald *Physik der Welt*, bald *Theorie der Erde*, bald *Physikalische Geographie* genannt wird.«[24]

Zudem entwickelte er eine spezielle graphische Darstellungsform, die er »Pasigraphie« nannte. Mit ihrer Hilfe werden geographische Erscheinungen durch Buchstaben, Richtungspfeile, Symbole und Abkürzungen für Formationen und Gesteine dargestellt. Humboldt nutzte sie vor allem bei der Wiedergabe von Schnitten durch Landschaften, sogenannten Landschaftsprofilen. Durch den Bergbau war er zu der Idee inspiriert worden, »ganze Länder wie ein Bergwerk darzustellen«[25].

Es waren viele Erfolge, auf die Alexander von Humboldt in den Jahren 1792 bis 1796 stolz sein konnte: Sowohl in seinen wissenschaftlichen Untersuchungen als auch in seiner administrativen Arbeit als preußischer Beamter hatte er Außergewöhnliches geleistet. Bald wurde dadurch auch der Dichter und Naturwissenschaftler Johann Wolfgang Goethe auf ihn aufmerksam. Stolz schrieb Humboldt einem Freund:

Goethe hat Wort gehalten und kam um meinethalben herüber. Er war drei Tage bei uns, unendlich freundlich gegen mich. Er wollte mich mit Gewalt mit nach Weimar nehmen, weil es ihm der Herzog eingeprägt hatte, mich mitzubringen. Aber so gern ich mit Goethe bin (er ist mir eigentlich hier der liebste), so wären denn doch leicht die Feiertage darauf gegangen.[26]

Im März 1794 hatten sie sich in Jena zum ersten Mal getroffen. Beide verband das Interesse an naturkundlichen Studien und die Anerkennung der Erfahrung als Grundlage der Erkenntnis. Intensiv befassten sie sich mit galvanischen Experimenten, an denen sich im darauffolgenden Jahr auch Wilhelm von Humboldt beteiligte. Wichtige Impulse kamen dabei von dem berühmten Anatomen Justus Christian Loder. In Jena traf Alexander auch Friedrich Schiller. Dieser lud Humboldt ein, für seine Zeitschrift *Die Horen* einen Beitrag zu verfassen. Humboldt wählte dafür das Thema, das ihn zu dieser Zeit am meisten beschäftigte: die Lebenskraft. Es war seine erste und einzige nichtwissenschaftliche Veröffentlichung. Sie trug den Titel »Die Lebenskraft oder der Rhodische Genius. Eine Erzählung«. Die Arbeit, auch ein Beweis für Alexanders klassizistische Kunstauffassung, wurde zwar 1795 gedruckt, sie stieß jedoch, wohl aufgrund ihrer literarischen Mängel, bei Schiller auf wenig Anerkennung.[27]

Obwohl Alexander von Humboldt Schiller bewunderte, schätzte dieser dessen wissenschaftliche Ideen und Arbeiten nicht besonders. Schiller äußerte einmal über Humboldts wissenschaftlichen Ansatz: »Es ist der nackte, schneidende Verstand, der die Natur, die immer unfasslich und in allen Punkten ehrwürdig und unergründlich ist, schamlos ausgemessen haben will und mit einer Frechheit, die ich nicht begreife, seine Formeln, die oft nur leere Worte und immer nur enge Begriffe sind, zu ihrem

*Wilhelm und Alexander von Humboldt und Goethe bei Schiller in Jena, 1796.* Holzstich von Andreas Müller in: Die Gartenlaube 1860, Nr. 15. Mit Goethe verband Alexander das Interesse an naturkundlichen Studien und die Anerkennung der Erfahrung als Grundlage der Erkenntnis.

Maßstabe macht. Kurz, mir scheint er für seinen Gegenstand ein viel zu grobes Organ und dabei ein viel zu beschränkter Verstandesmensch zu sein. Er hat keine Einbildungskraft, und so fehlt ihm nach meinem Urteil das notwendigste Vermögen zu seiner Wissenschaft – denn die Natur muss angeschaut und empfunden werden, in ihren einzelnsten Erscheinungen wie in ihren höchsten Gesetzen.«[28]

Goethe hingegen brachte dem 20 Jahre jüngeren Gelehrten eine tiefe, lebenslange Bewunderung entgegen, auch wenn er im Plutonismus-Neptunismus-Streit, im Gegensatz zu Alexander, nie von seiner neptunistischen Überzeugung abwich. Viele Jahre später, im Jahr 1826 äußerte er gegenüber seinem Sekretär Johann Peter Eckermann: »Alexander von Humboldt ist diesen Morgen einige Stunden bei mir gewesen. Was für ein Mann! Ich kenne ihn so lange, und doch bin ich von neuem über ihn in Erstaunen. Man kann sagen, er hat an Kenntnissen und lebendigem Wissen nicht seinesgleichen. Und eine Vielseitigkeit, wie sie mir gleichfalls noch nicht vorgekommen ist! Wohin man rührt, er ist überall zu Hause und überschüttet uns mit geistigen Schätzen. Er gleicht einem Brunnen mit vielen Röhren, wo man überall nur Gefäße unterzuhalten braucht und wo es uns immer erquicklich und unerschöpflich entgegenströmt. Er wird einige Tage hier bleiben, und ich fühle schon, es wird mir sein, als hätte ich Jahre verlebt.«[29]

Am 19. November 1796 starb die Mutter der Brüder Humboldt. Während Wilhelm nun Schloss Tegel übernahm, kam Alexander jetzt zu dem Kapital, mit dem er seine Forschungsreise in die Tropen Amerikas finanzieren konnte. Sofort begann er, seinen lange erträumten Plan in die Tat umzusetzen. Nur einen Monat später schrieb er an Carl Ludwig Willdenow:

Ohnerachtet mich meine Sendung zu dem französischen General [Moreau] und mein Aufenthalt bei der Armee im Juli und August sehr gestört hat, so habe ich doch den Sommer viel zu Stande gebracht. Mein großes physikalisches Werk über den Muskelreiz und chemischen Prozess des Lebens ist fast vollendet. Es enthält an die 4000 Versuche und auch viel über Pflanzenphysiologie ... Im Winter gebe ich einen Teil chemischer Abhandlungen heraus, die fertig liegen: Versuche über den Lichtstrahl und das Stickgas; Verwandlung der Morcheln in Talg durch Behandlung mit Salpetersäure; ein neu erfundenes Barometer, das sich auf ein neues Prinzip gründet, und mit dem hier schon sehr glückliche Messungen gemacht sind; Arbeiten über den Phosphor als Eudiometer; über zwei neue Gasarten, oxygenierte Kohlensäure und Azoture de Phosphore oxydée ... In Genf wird ein französisches Werk von mir gedruckt, *Lettres physiques à Mr. Pictet*, das sind Memoiren, die ich einzeln dem Nationalinstitut geschickt und die dieses einzeln zum Druck befördert hat. Über Respiration der Pflanzen habe ich diesen Sommer viel experimentiert ...

Du siehst hieraus, mein lieber Willdenow, dass ich zwar weniger schreibselig bin als andere, aber gewiss nicht unfleißiger. – Mache nur, dass das gute Pathchen [Willdenows Sohn Carl Wilhelm] schnell heranwachse, damit ich es nach Indien mitnehmen kann. Meine Reise ist unerschütterlich gewiss. Ich präpariere mich noch einige Jahre und sammle Instrumente, ein bis anderthalb Jahr bleibe ich in Italien, um mich mit Vulkanen genau bekannt zu machen, dann geht es über Paris nach England, wo ich leicht auch wieder ein Jahr bleiben könnte (denn ich eile schlechterdings nicht, um recht präpariert anzukommen), und dann mit englischem Schiffe nach Westindien [Amerika].

Erlebe ich das Ende dieser Pläne nicht, nun so habe ich wenigstens tätig begonnen und die Lage benutzt, in die mich glückliche Verhältnisse gesetzt haben.[30]

Ohne jedes Zögern, ohne Gewissensbisse und Wehmut beendete Humboldt im Jahr 1796 seine vielversprechende Karriere im preußischen Staatsdienst, die ihm wahrscheinlich bald das Amt eines Staatsministers eingebracht hätte. Die Erbschaft seiner Mutter eröffnete ihm die Möglichkeit, nun endlich ohne jede Einschränkung seine eigenen Pläne zu realisieren. Von jetzt an war er immer bemüht, seine Unabhängigkeit zu bewahren und sich einen möglichst großen Freiraum für seine wissenschaftlichen Projekte zu schaffen. In den Staatsdienst kehrte er nie mehr zurück. Drei Jahre später schrieb er aus Venezuela:

*Chronometer*, 1799 hergestellt von Ferdinand Berthoud, Paris. Humboldt führte ein ähnliches, von dessen Neffen, Louis Berthoud, gefertigtes Instrument in Amerika mit sich. Zusammen mit dem Sextanten ermöglichte es ihm, die geographische Länge des jeweiligen Standortes mit großer Genauigkeit zu bestimmen. Humboldt war der Erste, der diese elegante Methode auf einer langen Landreise erfolgreich einsetzte.

Im Besitz eines ansehnlichen Vermögens nach dem Tode meiner Mutter habe ich meine Stelle in preußischen Diensten aufgegeben, um als Privatmann und als Bürger eines Staates, von dessen Freiheit wir damals träumten, halb wachend mich oft noch träumt, ein menschliches, freies, hilfreichnützliches Leben zu führen.[31]

Im März 1797 zog er nach Jena. Dort konnte er einerseits Goethe näher sein, andererseits auch, angeleitet vom Direktor der Sternwarte von Gotha, Franz Xaver von Zach, sich intensiv im Umgang mit geodätischen, geophysikalischen und astronomischen Messinstrumenten üben.

Zach zeigte ihm unter anderem, wie man mit einem Spiegelsextanten astronomische Ortsbestimmungen durchführt. Der Sextant wurde, neben dem Barometer und dem Chronometer, zu Humboldts wichtigstem Messinstrument. Mit einer großen Sammlung wissenschaftlicher Instrumente im Gepäck brach Alexander zwei Monate später zu seiner großen Reise auf.

Napoleons Krieg mit Italien hinderte ihn jedoch daran, direkt zu seinem ersten Reiseziel Neapel zu gelangen. Eigentlich hatte er dort eingehende vulkanologische Untersuchungen am Vesuv geplant, die ihm später zu Vergleichen in anderen Ländern dienen sollten. Über Dresden und Prag kam er jetzt allerdings nur bis Wien. Die ständigen Ortswechsel boten ihm genügend Gelegenheit, umfangreiche Messungen durchzuführen und den Umgang mit den wissenschaftlichen Instrumenten weiter zu perfektionieren. In Wien, das ihm weitaus weltoffener als Berlin erschien, traf er, neben anderen Gelehrten, Nikolaus Joseph von Jacquin. Dieser hatte 1755 bis 1759 mit einer botanischen Expedition nach Westindien die Forschungsreisen Österreichs eingeleitet. Bereits mit 19 Jahren hatte Humboldt Jacquins *Anleitung zur Pflanzenkenntnis nach Linnés Methode*, die erstmals 1785 erschienen war, mit Begeisterung gelesen. Von Wien aus unternahm Humboldt einen Abstecher nach Ungarn und reiste dann weiter nach Salzburg. Hier interessierten ihn besonders die umliegenden Salinen und Bergwerke. Über München, Stuttgart und Straßburg führte ihn sein Weg schließlich nach Paris, wo er am 12. Mai 1798 eintraf.

# Erfolg in Paris und zerschlagene Reiseträume

In der französischen Metropole sah er seinen Bruder und seine Schwägerin Caroline wieder, die sich bereits seit Mitte November 1797 hier aufhielten. Paris war noch immer die wissenschaftliche Hauptstadt der Welt. Es war wieder Ruhe eingekehrt nach den Abgründen der Terrorherrschaft, in die die Revolution von Juni 1793 bis Juli 1794 gestürzt war. Tausende hatten damals ihr Leben unter der Guillotine verloren, unter ihnen auch Antoine de Lavoisier, der Begründer der modernen Chemie.

Sofort nach seiner Ankunft nahm Alexander Kontakt zu den angesehensten französischen Naturwissenschaftlern auf. Die meisten kannten seinen Namen bereits durch seine französischen Publikationen und luden ihn zu Vorträgen, vor allem in die Akademie der Wissenschaften, ein. Dort sprach Humboldt unter anderem über seine galvanischen Experimente und über die Zusammensetzung der Atmosphäre – sein neues Forschungsgebiet, zu dem wenige Monate später in Braunschweig ein Buch von ihm erscheinen sollte.[1] Zu seinen

*Paris von der Seine*, Ausschnitt. Kolorierter Stahlstich, Kunstanstalt des Bibliographischen Instituts, Hildburghausen, um 1830.

Gesprächspartnern zählte beinahe die gesamte wissenschaftliche Prominenz in Paris: Dies waren vor allem der berühmte Naturforscher und Herausgeber des *Journal de Physique, de chimie, d'histoire naturelle et des arts*, Jean-Claude Delamétherie, bei dem Alexander bereits einen Aufsatz veröffentlicht hatte, aber auch die Chemiker Antoine-François de Fourcroy, Louis Bernard Guyton de Morveau, Louis-Nicolas Vauquelin, Louis Jacques Thénard, Pierre-Jean Robiquet und Jean-Antoine Chaptal. Er traf mit dem Mathematiker Jean-Charles de Borda, den Astronomen Jean-Baptiste Joseph Delambre, Joseph Jérôme Lefrançais de Lalande und Pierre-Simon Laplace zusammen, er tauschte sich mit dem Geologen Déodat Gratet de Dolomieu, den Botanikern Antoine Laurent de Jussieu und René Louiche Desfontaines aus, und er lernte den berühmten Botaniker und Zoologen Jean-Baptiste de Lamarck und den Zoologen und Anatomen Georges Cuvier kennen.

In Paris, dessen Instrumentenindustrie erfolgreich mit derjenigen von London und Genf konkurrierte, konnte Humboldt seine Expeditionsausrüstung weiter ergänzen und seine Messtechniken verfeinern, vor allem im Bereich der geomagnetischen Phänomene. Hier hatte er auch ausgiebig Gelegenheit, seine Erfahrung in der Sammlung und Konservierung botanischer und zoologischer Objekte zu erweitern. Zusammen mit dem Mathematiker Jean-Charles de Borda bestimmte er die magnetische Inklination auf dem Pariser Observatorium, und am 2. Juni hatte er das Glück, in Lieusaint bei Paris den Abschluss der Basismessung für den Meridianabschnitt zwischen Dünkirchen und Barcelona mitzuerleben. Es war ein bedeutendes wissenschaftliches Ereignis, das unter anderem zur Festlegung einer neuen Maßeinheit diente: des standardisierten Urmeters. Von den Mitgliedern der Akademie der Wissenschaften erhielt Humboldt einen der ersten Meterstäbe. Dieser begleitete ihn auf seiner weiteren Reise.

Auch Louis Antoine de Bougainville, der 1766 bis 1769 die erste Weltumsegelung im Auftrag des französischen Königs unternommen hatte, war am 2. Juni in Lieusaint anwesend. Er lud Humboldt ein, ihn auf einer neuen Expedition zu begleiten. Da man den inzwischen fast 70-jährigen Flottenkommandanten und Feldmarschall jedoch für zu alt hielt, wurde an dessen Stelle Kapitän Thomas Nicolas Baudin mit der Reise betraut. Vier Monate lang wartete Humboldt vergeblich, um schließlich zu erfahren, dass die neue französische Regierung die Mittel für diese Expedition wegen der Rüstungsausgaben für den bevorstehenden Krieg gestrichen hatte. Die Weltreise Baudins wurde auf unbestimmte Zeit verschoben.

Humboldt wohnte damals im Hôtel Boston, Rue du Colombier n. 7. Hier traf er durch Zufall den vier Jahre jüngeren Mediziner und Botaniker Alexandre Aimé Goujaud-Bonpland, der ebenfalls als Mitglied der Baudinschen

Expedition vorgesehen war. Die beiden freundeten sich rasch an, und Humboldt entschloss sich, den sympathischen, kräftigen und in der vergleichenden Anatomie geschulten jungen Mann zu fragen, ob er ihn auf eine andere, nämlich seine eigene Forschungsreise begleiten wolle. Bonpland sagte sofort zu. Das umfangreiche Wissen dieser beiden jungen Forscher bildete zusammen mit der hervorragenden instrumentellen Ausstattung und ihrem außergewöhnlichen Improvisationstalent die Voraussetzung für die bestvorbereitete wissenschaftliche Expedition, die bis dahin unternommen worden war.

Am 20. Oktober 1798 verließen Humboldt und Bonpland Paris. Ihr Plan war es, von Marseille aus mit einem schwedischen Schiff, zusammen mit dem schwedischen Generalkonsul von Algier, Matthias Archimboldus Skjöldebrand, den Humboldt in Paris kennengelernt hatte, nach Algier überzusetzen. Den Winter wollten sie im Atlasgebirge verbringen, dann mit einer Karawane nach Mekka reisen und sich schließlich in Ägypten den Mitgliedern der Napoleonischen Expedition anschließen. Herausragende französische Forscher hatten dort

*Reisebarometer*, hergestellt in Deutschland, ca. 1780. Um Höhenprofile der bereisten Gebiete zu zeichnen, führte Humboldt Höhenmessungen durch. Selbst bei den schwierigsten Bergbesteigungen hatte er immer ein Barometer dabei, um über die Differenz des Luftdrucks die gerade erreichte Höhe feststellen zu können.

mit der wissenschaftlichen Erschließung des historischen Ägyptens begonnen. Den Plan, nach Westindien zu segeln, schob Humboldt wegen des Seekriegs zwischen England, Spanien und Frankreich vorerst auf.

In Paris begann Humboldt, ein Reisetagbuch zu schreiben. Es gleicht anfangs noch einem persönlichen Reisebericht, der nicht ausschließlich als Grundlage für eine spätere wissenschaftliche Veröffentlichung bestimmt war. Wie in manchen Briefen an seine besten Freunde finden sich hier auch Schilderungen persönlicher Gefühle und Begebenheiten – etwas, was auf der späteren Reise stark in den Hintergrund gerät. Vor allem in diesen Texten zeigt sich Humboldt als glänzender Porträtist eines Panoptikums skurriler Gestalten, die ihm während der Reise begegnet sind. Diese Textpassagen waren nicht für die Öffentlichkeit bestimmt. Am Rand der Eintragungen von Paris nach Marseille notierte er: »Soll nicht gedruckt werden.«

Ich trat nie eine Reise mit so gutem Mute an. Diese Stimmung verdanke ich größtenteils meinem Bruder und der Li [Caroline von Humboldt]. Fremde Stärke erhebt. Der Abschied war tief empfunden. Als die Li den Kleinen* zu mir emporhob, hätte ich fast die Haltung verloren. Aber es war nur auf einen Augenblick. Wir blieben alle, wie man in solchen Momenten des Lebens sein soll. [...] Ich sah mir Bonpland an, mit dem ich eine so weite Reise unternehmen sollte. Welche Verheiratung! Die Diligence [Postkutsche] fuhr fort. Meine Augen sahen Wilhelmen am längsten. Er sah sehr heiter aus, und das tat mir unendlich wohl. Die letzte Miene eines Menschen ist so wichtig für den Eindruck, den er zurücklässt. Wessen Leben, wie das meinige, ein ewiges Anknüpfen und Trennen ist, fühlt das so tief.

Bis Lyon brauchten wir vier Nächte, von denen wir eine (die erste) im Wagen zubrachten. Elende Gesellschaft. Boivin, ein Branntweinhändler in Montpellier, wie es schien sehr reich, aber so geizig als sinnlich. Er wusste nie, ob er essen oder fasten sollte. [...] Am *25sten* morgens 2 Uhr fuhren wir von Lyon weg. Ein junger Neufchateler Kaufmann und ein alter Kerl mit einer wahren Spitzbubenphysiognomie begleiteten uns. Wir aßen mittags in dem schweinischen Péage, abends in Valence. Hier vergaß uns der Conducteur und fuhr mit der leeren Diligence weg. Wir mussten von 12 bis 2 Uhr eine Meile weit bis zur Paillasse [Unterkunft] nachlaufen. Zum Glück war es Mondschein, doch war der Chronometer in einem Lande in Gefahr, wo man täglich mordet und raubt. [...] Am *27sten* abends um 6½ Uhr trafen wir in Marseille ein. Die Idee, dass Herr Skjöldebrand vielleicht schon abgereist sei, hatte uns ununterbrochen auf dem Wege gequält, wir wussten hundert Trost- und Schreckensgründe dafür und dagegen. Wir wollten noch denselben Abend in den Hafen laufen, um nach schwedischen Schiffen zu fragen. Alle unsere Besorgnisse waren behoben, als wir ins Posthaus traten und als der Postmeister uns Skjöldebrands Wohnung selbst anzeigte. [...] Am *29sten* packten wir die Instrumente aus, ein fürchterlicher Anblick, der Theodolit in Stücken; ebenso das *éboulloir*** und fast alle

---

*    Deren einjähriger Sohn Theodor von Humboldt.

**   Gerät zur Bestimmung des Alkohol-Gehalts einer Flüssigkeit über deren Siedepunkt.

*Teleskop,* um 1800, hergestellt von Dollond, London. Ein solches Teleskop benutzte Humboldt für astronomische Beobachtungen. Er bestimmte damit auch den Durchgang der Jupitersatelliten, um daraus die geographische Länge des Beobachtungsortes abzuleiten und sein Chronometer zu überprüfen. Sein sehnlichster Wunsch, einen neuen Kometen zu entdecken, ging leider nicht in Erfüllung.

Thermometer. Ich war einige Stunden lang beschäftigt, zerbrochene Instrumente auszupacken. Bonpland verlor mehr den Mut als ich. Ein Spaziergang am Hafen ließ mich alles vergessen. Bei Tische fanden wir unter 20 Personen acht bis zehn, die Deutsch sprachen. Die Elsässer stritten sich mit den Lothringern, wer die angenehmere Aussprache habe, und ein Leipziger Jude, der lange in der Spandauer Straße in Frankfurt an der Oder gewohnt haben wollte, wurde als Sachse zum Schiedsrichter aufgerufen. Ein Scharlatan, der Hühneraugen schneidet, trat herein. Auch er war ein Deutscher, aus Bamberg. Kann man doch nie seinen Mist vergessen!

*30sten.* Eine reiche Herborisation [Sammlung botanischer Proben] an der Küste. Viel Fuci [Tang]. Den Mittag zu Herrn Tuilis, dem Direktor der Seesternwarte. Er war sonst Kaufmann in Kairo, ein kleiner, mit der Revolution unzufriedener Mann, aber sehr gefällig.

*31sten.* Ich beobachtete mit großer Genauigkeit die Inklination der Magnetnadel. Dann zu Tuilis. Er bildete mir durch falsche Rechnungen ein, mein Chronometer habe 1'48" variiert. Das ließ mich sehr unruhig schlafen. (Abends am 30. in der Komödie. Unendlicher Knoblauchgestank.)[...]

*3. November* (13. Brumaire). Morgens eine weite und sehr reiche Herborisation auf den Hügeln hinter der Stadt. Wir fanden viel Eichen, Pistazien etc. Die *Garde champêtre* [Feldhüter] wollte mich arretieren [festnehmen], weil ich (auf die getrockneten Pflanzen deutend) gewiss von dem Zeuge in fremde Länder sende. Zum Glück hatte ich meinen Pass bei mir. Bei Tische ein Bruder des General Marceau*, von unbedeutender Physiognomie. Einer seiner Freunde, der viel Verstand verriet und den weißhaarigen Leipziger

---

\*  François-Séverin Marceau (1769–1796), General der französischen Revolutionsarmee, Sieger in zahlreichen Schlachten.

50

*Teleskop,* um 1800, hergestellt von Dollond, London, Detail.

in die Bordells geführt hat, sagte: Die Deutschen reisen umher und ruhten nicht eher, als bis sie alles beschnüffelt hätten. Sie wollten überall eingeführt sein, wenn sie aber einmal wo gewesen wären, würden sie gewöhnlich nicht genugsam geehrt, und dann schrieben sie Bücher gegen Frankreich. Der hätte den Berner Bären kennen müssen! Auf dem Kastell wurden zwei neutrale Schiffe signalisiert, die uns sehr in Unruhe setzten. Es waren Dänen. Die Zeitungen ließen uns gar fürchten, der Sturm habe die Fregatte nach Göteborg zurückgetrieben.

*4ten November bis 9ten* (14. bis 19. Brumaire). Immer noch in Marseille und ziemlich einförmig. Wir gingen herborisieren, schnitten Krebse und Muscheln, ich zeichnete sie. Alle Mittag nahm ich Sonnenhöhen. Nur auf dem Abtritt konnte ich die Sonne se-

hen. Die Neugierde schaffte mir Besuch, und der Abtritt war drei Tage lang so voll, dass ich fast gehindert war. [...]

*11ten November* (21. Brumaire). Das Ganze des Hafens [von Toulon] verdient das Rühmen gar nicht, welches man davon macht. Ich sah nirgends Größe oder Pracht. Venedig war weit, weit schöner. Doch schrie Buonafuß wie alle Franzosen (wenn sie die Tuilerien ansehen) bei jedem Schritte, »alles dies ist nur in Frankreich zu sehen«. Chariatiden von Puget am Rathause. Die Stadt ist elend klein, nur der Hafen hat eine freundliche Lage, obgleich man nirgends das freie Meer sieht und auch die Felsen weder romantisch noch imponierend durch ihre Masse sind. [...] Nach Tische besahen wir die äußere und innere Rade [Reede], bestiegen den *Admiral Le Hardy,* ein altes Linienschiff von 74 Kanonen, auf dem die Marseiller Signale zu unserem Troste wiederholt wurden für die Fregatte *La Boudeuse,* welche Bougainvilles Weltumseglung mitgemacht. Sie wurde eben segelfertig gemacht, um einige Kauffahrteischiffe [Handelsschiffe] nach Marseille zu convoyiren [begleiten], wohin sie in 5 Stunden zu segeln hofften. Alle Mannschaft war auf dem Verdeck, alles regte sich und spannte die Segel. Es wurde mir so leicht und weit ums Herz, alles fahrtwärts gehen zu sehen. Als ich aber in die Kajüte herabstieg, ein großes geräumiges Zimmer, da fiel mir Baudins Reise schwer auf die Seele. Ich lag 10 Minuten lang im Fenster und sah auf den hellen Spiegel. Die anderen vermissten mich endlich. Ich hätte weinen können, indem ich so lebhaft an die gescheiterten Pläne dachte! [...]

*12. November* (22. Brumaire). Morgens mit Lomet nach Hyères. Die Stadt von schändlicher Bauart liegt an einem Hügel, auf dessen Gipfel die Ruinen eines Schlosses. [...] Beim Nachhausefahren gab uns ein alter Kapitän seinen kleinen, kurzen, dicken Sohn mit. Unbegreiflich, dass wir erst in Toulon selbst, nach drei Stunden, am Busen merkten, dass der Sohn ein Mädchen und zwar eine Maîtresse aus Rom war, in der Tat nicht hübsch genug, um sie so weit mitzuschleppen. Sie stieg in Toulon am Tore aus. Wir glaubten, sie wisse Bescheid. Abends sehr spät kam der Kapitän zu uns, um uns zu fragen, was wir mit seiner Frau (in der Angst des Suchens vergaß er die Maskerade) angefangen. Sie sei für ihn verschwunden. Abends Theater, ein abscheulicher, langer Saal, und welche Musik! In allen Zwischenakten republikanisches Gezänk. Wer still und friedsam leben will, der verlasse das südliche Frankreich. Alles erinnert hier an die Schreckenszeit, und zwei Menschen sprechen nicht eine Viertelstunde miteinander, ohne dass nicht das Gespräch auf den Parteigeist der Revolution falle. [...]

*15ten November bis 29sten* (25. Brumaire bis 9. Frimaire). Immer mit Harren zugebracht. Skjöldebrand hatte den Plan, wenn die Fregatte am 1. Dezember nicht käme, ein finnländisches Schiff mit uns für 360 Piaster zu nehmen, um seine Frau nicht länger zu exponieren [Gefahren auszusetzen]. Indes blickten wir unverwandt nach Notre Dame des Signaux. Einmal (ich war auf dem Observatoire) wurden 15 neutrale Schiffe und eine Fregatte signalisiert. Wir waren alle auf den Beinen. Es war ein hochmastiger Korsar. Indes kam die Nachricht, der Dey [von Algier] habe der Republik den Krieg erklärt. Skjöldebrand meinte, Bonpland könne nun nicht mit.

Ich würde leicht 30 000 Francs für ihn zahlen müssen. Er könne als Sklave auch früher niedergemetzelt werden. Diese Betrachtungen setzten uns zwei Tage lang in heftige Seelenmotion. Ich wünschte eine Nacht hindurch selbst, mich von ihm zu trennen. Er konnte für Griechenland mir sehr hinderlich sein! Man fragte jedermann um Rat, er sollte den Bedienten spielen ... es endigte sich wie bei allen Seelenbewegungen damit, dass man sich von selbst beruhigte. [...] Wir standen an, gleich nach Spanien abzugehen. Nach reifer Überlegung aber schien es besser zu warten, bis Skjöldebrand eine deutliche Auskunft über das Schicksal der Fregatte erhalten.

*Vom 29sten November bis 7ten Dezember* (9. bis 17. Frimaire). Wir gerieten nun recht eigentlich in die Spielgesellschaft der Konsulen. Wir wurden alle Abend bald bei Madame Meusnier, bald bei Fölsch, bald bei Fromenditi, bald bei Skjöldebrand eingeladen. Man spielte mit schändlicher Habsucht Pharo, Vendôme ... Die alten Weiber von 70 Jahren, die Kinder von 7 Jahren, alles spielte von 30 Sous bis 10 Louis d'or auf einer Karte und von 6 Uhr abends bis 4 Uhr morgens. Jetzt, da die Leidenschaften den Menschen ihre Tünche nahmen, sahen wir erst, in welcher pöbelhaften Gesellschaft wir waren. Die Mägde steckten den Kindern Geld zu, um für sie zu spielen. Die alten Weiber betrogen wie die Raben. Man beklagte die, welche verloren. Skjöldebrand verlor in acht Tagen über 150 Louis d'or und weigerte sich, wenn 60 Louis d'or in der Bank waren, 40 Francs zu halten. Skjöldebrand sprach von Betrug, von Stehlen ... Das alles reizte nicht. Man spielte immer weiter, man sprach von Menschen, die man bitten müsse, weil sie reich wä-

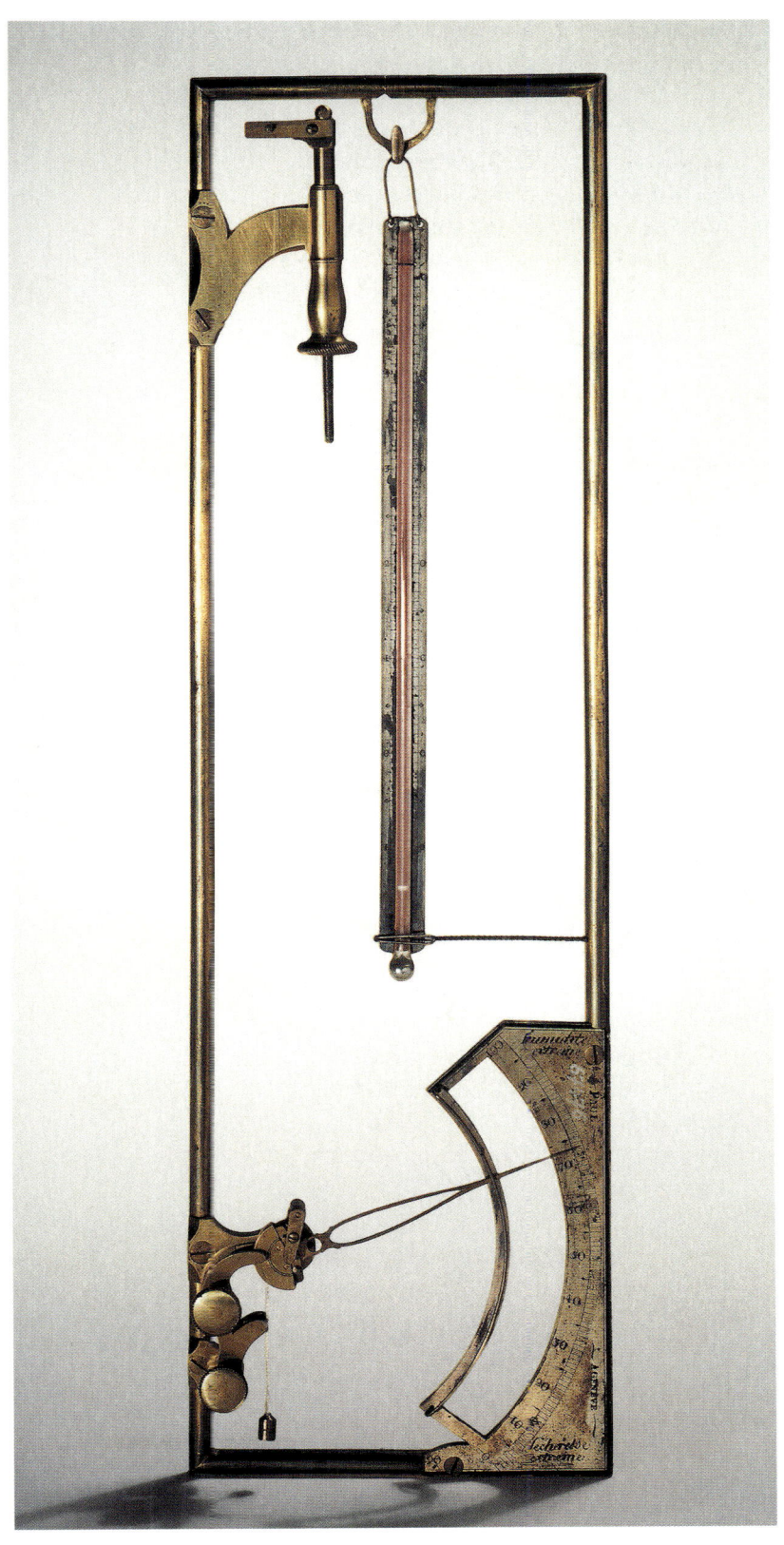

ren und das Geld nicht achteten. Der Wirt (man servierte eine Art Fußbad, Tee genannt, worunter man noch kaltes Wasser gießt, und harte Eier), der Wirt hatte einen Beutel mit Geld zwischen den Beinen und bot jedermann, der minder hoch spielte, an, ihm einige Louis d'or zu leihen. Lieh man, so wurde man alle Minuten erinnert, wie viel man geliehen. Der pöbelhafteste von allen war Herr Fromenditi, dessen langhalsige Frau uns bei Herrn Fölsch das dezente Spiel vom *foudre de Jupiter avec sa foudre foudroyante* hatte spielen lassen. Er behauptete, jede Münze, die an die Erde fiel, gehöre ihm, auch erzählte er, seine Erziehung habe seinen Vater monatlich nur 2 Francs gekostet. Die einzige, in der Tat sehr liebenswürdige Frau ist Madame Meusnier. Etwas Spielgeist hat sie auch, aber man merkt ihr an, dass sie in eine bessere Gesellschaft gehört. Sie war lange in Guadeloupe. [...]
Ich gewann in dieser Gesellschaft an einem Abend 14 Louis d'or, Bonpland ebenso viel. Aus Dezenz [Anstand] verlor ich wieder alles. Nun glaubte ich, abbrechen zu dürfen und lief fleißig aufs Land, das nach solchen Abenden neue Reize für mich gewann. Besonders angenehm war ein Spaziergang nach Allauch in die Gipsbrüche. Die gutmütigen Wirtsleute wollten uns (weil es Fasttag war) keine Wurst geben. Unsägliches Blut hat der Parteigeist in diesen Haufen armseliger Häuser fließen lassen! Und nach alledem ist man dahin zurückgekehrt, von

*Haarhygrometer* von Jacques Paul, Genf, um 1800. Die Luftfeuchtigkeit ist eine wichtige meteorologische Größe. Das von Saussure 1783 entwickelte Haarhygrometer, bei dem die Längenänderung eines menschlichen Haares als Maß für die Luftfeuchtigkeit verwendet wird, reagiert sehr schnell. Es wurde später in der Meteorologie allgemein eingesetzt.

wo man ausgegangen. Man hält es für Todsünde, Wurst zu essen. Die Wirtin sagte, die heilige Jungfrau auf dem Berge *(la bonne mère d'Allauch)* wolle solchem Gräuel nicht zusehen!

Diese Jungfrau bewohnt die Ruinen eines alten Schlosses, dessen Gemäuer, Treppen und Tore in der Tat Größe verkündigen. Wir sahen die Sonne von dort aus sich ins Meer tauchen. Wir hatten so lange verweilt, dass uns die Nacht überfiel. Der Weg war zum Halsbrechen, aber wir sprachen von Gespenstern, und so kamen wir froh und gespannt nach Hause. [...]

Als wir in unser Wirtshaus kamen, empfing uns Skjöldebrand mit böser Nachricht. Es war ein Brief von dem Kapitän des *bâtiment marchand* [Handelsschiff] an Skjöldebrand angekommen. Dieser Brief meldete, dass der Sturm die Fregatte schon seit $1^1/_2$ Monaten nördlich von Holland von ihm getrennt habe, dass er nichts von ihrem Schicksal wisse und dass er, indem er schon 20 Tage warte, nach noch 14 Tagen allein seinen Weg nach Algier antreten wolle. Zugleich hatte Busnak Briefe von Algier, welche meldeten, dass die Pest, welche in Oran und Tremeshend gar nicht aufgehört, jetzt schon in Algier selbst wüte. Also vielleicht vor dem Frühjahr keine Fregatte, jetzt schon Pest und überall Nachrichten von heftigsten Verfolgungen im Orient, von einem Misstrauen gegen alle Fremden ...

Diese Betrachtungen erregten die heftigsten Seelenbewegungen am 14ten und 15ten Frimaire. Der Weg nach der Levante, besonders der nach Ägypten, war versperrt, die schönsten und letzten Blütenmonate Januar, Februar und März vielleicht noch harrend in Marseille zugebracht, dann fünf Monate lang der Pest wegen eingesperrt,

unsicher selbst über die politische Wendung der Algierer Angelegenheiten – das alles brachte Entschlüsse zur Reife. Aber Korsika, Spanien oder Tunis (dahin war allenfalls Gelegenheit), das war die Frage ... Korsika schien, so reich gewiss auch die Pflanzenbeute dort und in Sardinien gewesen wäre, zu klein, zu isoliert, zu unmittelbar nach Frankreich zurückführend. Spanien leuchtete am Abend (14ter Frimaire) Bonpland und mir am meisten ein. Man könne ein herrliches Frühjahr in Valencia, Cádiz zubringen, dort oder in Lissabon Gelegenheit nach Teneriffa, nach Cap de Bonne Espérance, nach Brasilien ... finden, man sei im August selbst Afrika näher, man habe dann sechs pestfreie Monate vor sich. Die Nacht brachte ich fast schlaflos zu. Es war doch so schmerzhaft, die schöne Hoffnung, Europa zu verlassen, wieder vereitelt zu sehen, ich glaubte, nicht eher Ruhe des Gemüts zu genießen, als bis diese Hoffnung erfüllt war; Gelegenheit nach Tunis sei wahrscheinlich noch da. Der Krieg sei nicht erklärt, ich könne Skjöldebrand vorangehen, ihm über Constantine nachkommen, dort noch keine Pest. Ich sah ein, dass es eben nicht das Klügere sei, aber genug, ich wollte nach Tunis. Ich erklärte am frühen Morgen an Bonpland meine Gründe. Sei es, dass ich zum ersten Male etwas Furchtähnliches in ihm bemerkte, sei es, dass sein kindischer Hang nach Montpellier (wo sein ältester Bruder studiert) entgegenstrebte, er schien von meinen Gründen nicht überzeugt, wenigstens schien der Plan ihn sehr kalt zu lassen. Ich lief zu Busnak, um zu fragen, ob sein Schiff noch da sei, er war nicht auf und schlief mit seiner Maîtresse; man sagte mir im Comptoir [Handelshaus], das Schiff, ein Ragusaner, sei noch da,

*Marseille.* Kolorierter Stahlstich, Kunstanstalt des Bibliographischen Instituts, Hildburghausen, um 1830. Von Ende Oktober bis Mitte Dezember 1798 warteten Humboldt und Bonpland hier und in Toulon vergeblich auf eine Möglichkeit, nach Nordafrika zu segeln.

ein Freund von Busnak befrachte es für Rechnung des Dey. Es schien also der Form nach sehr neutral. Ich lief sogleich zu dem Freunde, fand einen sehr freundlichen Mann, der mir sagte, der Kapitän Bianchi, der Führer des Schiffes, sei eben in seinem Comptoir, einer seiner Verwandten, des Arabischen kundig, gehe mit nach Tunis, er habe viel Merkwürdiges von mir gehört und werde alles tun, um mir gefällig zu sein. Der Kapitän Bianchi, der von Passagieren hörte und in dem die Hoffnung zum Gewinn erwachte, trat sogleich herzu – ein 40-jähriger kalter, aber gutmütig scheinender Mann. Er erklärte, dass er in zweimal 24 Stunden absegle und dass mit 50 bis 70 Piastern der Kontrakt bald geschlossen sein würde. Der Termin, welchen er setzte, schien für uns, die wir noch das Packen, Pflanzenauslesen und alle Formalitäten der Pässe vor uns hatten,

sehr kurz. Doch hielt ich es nicht für unmöglich, in zwei Tagen alles (selbst das lange Mémoire über die Luftzerlegung des Winters 1798) zu vollenden. Ich versprach, dem Kapitän Bianchi in drei Stunden in der Börse [Loge] bestimmten Bescheid zu sagen. Die Sohlen brannten mir, Frankreich zu verlassen. Vor Freude trunken, ohne die Gefahr zu bedenken, in die ich in einem so entfernten, dem Kriegsschauplatz nahen Lande geraten konnte, kündigte ich Bonpland unser Glück an. Er schien für dieses Glück wenig empfänglich, doch erheiterte auch ihn der Gedanke, so schnell abzusegeln, die Möglichkeit, die einförmige Lage des Marseiller Lebens zu verlassen. Wir liefen in den Hafen, um die *Speranza* (das zweimastige Schiff des Ragusaners) zu besehen. Ich fand wie gewöhnlich alles wunderschön. Ein alter Matrose, der sehr reines Ita-

*Toulon.* Kolorierter Stahlstich, Kunstanstalt des Bibliographischen Instituts, Hildburghausen, um 1830. Humboldt meinte über die Hafenstadt: »Ich sah nirgends Größe oder Pracht. Venedig war weit, weit schöner.«

lienisch sprach, bewillkommnete uns sehr höflich. Bonpland fand alles sehr schweinisch, in der Tat war auch eine schwarze Sau in dem Zimmer, welches man uns einräumen wollte. Von dem Hafen jagen wir zu Guys, dem *Commissaire des Relations Extérieures* [Beauftragten für Auswärtige Angelegenheiten], um zu fragen, ob es möglich sei, unsere Pässe in 48 Stunden zu visieren. Zum Glück und Unglück war Guys selbst in Aix. Der junge Vence, der Neffe des Kommandanten in Toulon, ein feiner junger Mann, wies uns zu dem *Adjoint des Citoyen Guys*. Ich stellte dem Manne unseren Casus und die Eile vor, mit der wir expediert sein wollten. Aber wie groß war unsere (wenigstens meine) Verwunderung, als der Adjoint mit vieler Beredsamkeit versicherte, dass wir einen sehr tollen Entschluss gefasst hätten, dass

er Bianchis Schiff genau kenne, dass es nicht allein keineswegs neutral sei, sondern dass in Tunis selbst die Erbitterung so groß gegen alle Franken sei, dass er dahin unsere Pässe keineswegs zu visieren wage. Er war selbst Konsul in Tunis gewesen und jetzt für Syrien bestimmt. Wenn man schwankt, wo ohnedies die Lust allein die Vernunft zum Schweigen gebracht hat, bedarf es eines kleinen Umstandes nur, um die Vernunft in ihre Rechte eintreten zu lassen. Die Beredsamkeit des Mannes siegte, wir standen innerhalb 10 Minuten von dem Plane, nach Tunis zu reisen, ab, und um nicht aufs Neue zu wanken, ließ ich sogleich die Pässe für Spanien visieren. Weise, vorsichtig mochte der neue Entschluss wohl sein – aber kränkend war er nicht minder. Wäre ich allein gewesen, hätte Bonpland Lust statt Abneigung gezeigt, ich hätte meinen Plan

56

durchgesetzt. Gewagt war er freilich, aber bleibt man nicht ewig untätig, wenn man nie etwas wagt?

Also nun nach Spanien, vielleicht noch 6 bis 8 Monate auf europäischem Boden. Ich lief gegen 3 Uhr auf die Börse, um dem Kapitän Bianchi zu sagen, dass ich in 48 Stunden meine Geschäfte nicht vollenden könne. Zu meiner größten Kränkung blieb die *Speranza* noch 5 bis 6 Tage im Hafen. Ich konnte nie nach der Sternwarte gehen, ohne dass nicht meine Augen unwillkürlich auf sie gerichtet waren, ja dem Absegeln nahe, legte sie sich allein mitten in den Hafen. Ich hätte sie so gern durch andere Masten verdeckt gesehen. Bei kalter Überlegung glaubte ich so und nicht anders handeln zu müssen. Aber dem Palmenlande so nahe und zurück in das Innere des Landes eingeengt ... Mein künftiges Schicksal wird entscheiden, ob ich das bessere gewählt, wenigstens wird meine eigene und fremde Schwäche dies künftige Schicksal zu deuten wissen. Wir bemerkten, dass 12 Stunden, nachdem Kapitän Bianchi auslief, sich ein fürchterlicher Sturm erhob, der fast acht Tage lang wütete. Zwischen Sète und Agde sammelte man die Trümmer vieler gescheiterter Schiffe.[2]

Am 15. Dezember 1798 verließen Humboldt und Bonpland Marseille. Über Nimes, Montpellier und Perpignan reisten sie zur spanischen Grenze. Meist in der Kutsche fahrend oder zu Fuß, neben den Pferden hergehend, führte sie ihr Weg von Barcelona über Valencia nach Madrid. Man hat diese Reise einen »Messzug« genannt: Humboldts systematische Ortsbestimmungen und Höhenmessungen mit Sextant, Chronometer und Barometer führten zu den ersten genauen Profilzeichnungen eines europäischen Landes.[3] Mit diesen Messungen konnte er unter anderem nachweisen, dass die Iberische Halbinsel aus einem Hochplateau (»meseta«) besteht. Seinem Freund und Lehrer Franz Xaver von Zach berichtete er am 12. Mai 1799 aus Madrid:

Ich habe die Sonne und die Sterne erster Größe so oft beobachtet, als die Umstände mir es haben erlauben wollen, mehr als 28 Mal von meiner Abreise von Barcelona vom 20. Nivose bis zum 21. Pluviose, als ich Valencia verließ. Im Königreiche Valencia habe ich viel vom Auszischen des Pöbels leiden müssen ... Oft habe ich den Schmerz gehabt, die Sonne kulminieren zu sehen, ohne meine Instrumente auspacken zu dürfen. Ich war genötigt, die Stille der Nacht zu erwarten, um mich mit einem Stern zweiter Größe zu begnügen, der sich traurig in einem künstlichen Horizonte darstellt. [...] Zu Mattorel beobachtete ich auf freier Straße von etwa 30 Zuschauern umgeben, die sich zuschrien, dass ich den Mond anbete.[4]

# Neue Ziele und ein Reisepass von unschätzbarem Wert

Noch immer hatte sich Humboldt zum Ziel gesetzt, nach Ägypten zu gelangen. Er hoffte, von Cartagena aus unter spanischer Flagge leichter nach Algier und dann weiter nach Tunis reisen zu können. Aber in Madrid änderte er seine Pläne. Er entschloss sich, bei König Karl IV. die Erlaubnis zu einer Forschungsreise durch die hispanoamerikanischen Kolonien zu erwirken. Im Grunde war dies für einen Ausländer ein fast unerfüllbarer Wunsch. Doch sein gewinnendes Auftreten und sein großes Verhandlungsgeschick verfehlten ihre Wirkung am Hofe nicht. Den Weg zur königlichen Erlaubnis ebneten ihm vor allem der Minister für Auswärtige Angelegenheiten, Don Mariano Luis de Urquijo, den Humboldt 1790 in London kennengelernt hatte, und der sächsische Gesandte Philipp Baron von Forell. In dem am 7. Mai 1799 von Urquijo im Namen des spanischen Königs ausgestellten Reisepass heißt es:

*Madrid, Plaza de Cibeles,* Ausschnitt. Stahlstich, Kunstanstalt des Bibliographischen Instituts, Hildburghausen, um 1830. In der spanischen Hauptstadt erhielt Humboldt die Erlaubnis, die spanischen Kolonien ohne jede Einschränkung zu bereisen. »Nie, nie hat ein Naturalist mit solcher Freiheit verfahren können«, schrieb er.

Gemäß dem Entschlusse des Königs (den Gott erhalten möge), sei es dem Hrn. Alexander Friedrich Freiherrn *von Humboldt,* Oberbergrat Seiner Majestät des Königs von Preußen, gestattet, in Begleitung seines Gehilfen oder Sekretärs *Alexander Bonpland* nach Amerika und andern überseeischen Besitzungen seines Reichs zu gehen, um seine bergmännischen Studien fortzusetzen und für den Fortschritt der Naturwissenschaften wertvolle Sammlungen, Beobachtungen und Entdeckungen zu machen. Demgemäß befiehlt Seine Majestät den Generalkapitänen, Kommandanten, Gouverneuren, Intendanten, Oberrichtern und allen sonstigen Gerichtsbehörden oder Personen, welche es angeht, dass sie besagtem Hrn. Alexander Friedrich Baron von Humboldt auf seiner Reise keine Hindernisse in den Weg stellen, noch ihn aus irgendwelchem Grunde am Transporte seiner physischen, chemischen, astronomischen und mathematischen Instrumente und Apparate, noch an der Anstellung der Beobachtungen und Experimente, die er für gut hält, noch am freien Sammeln von Pflanzen, Tieren, Samen und Stei-

nen, noch an Bergmessungen oder an der Untersuchung ihrer natürlichen Beschaffenheit, noch an astronomischen Beobachtungen in keinem der genannten Gebiete hindern; sondern ganz im Gegenteil befiehlt der König, dass alle betreffenden Personen besagtem Hrn. Alexander Friedrich Freiherrn von Humboldt und seinem Gehilfen alles zu Gefallen tun, ihnen jede Hilfe und jeden Schutz, den sie brauchen, gewähren; ferner befiehlt und verordnet Seine Majestät allen denen, deren Amt und Dienst es erheischt, dass sie entgegennehmen und nach Europa an dieses erste Staatssekretariat für das Königliche *Gabinete de Historia Natural* [Naturhistorische Sammlung] alle diese Historia betreffende Naturprodukte enthaltenden Kisten einschiffen, welche ihnen von besagtem Hrn. Alexander Friedrich Freiherrn von Humboldt, der mit dem Auftrage reist, solche Erzeugnisse zu suchen und zu sammeln und das königliche naturwissenschaftliche Kabinett und die königlichen Gärten zu bereichern, übergeben werden sollten. Solches ist der Wille Seiner Majestät.
Aranjuez, 7. Mai 1799.
L. de Urquijo[1]

Die spanische Krone versprach sich von Humboldts Expedition Hinweise auf eine bessere wirtschaftliche Nutzung der Kolonien, besonders der zahlreichen Bergwerke. Dies zeigt der Stellenwert des Bergbaus im Reisepass. Dass dies allerdings nur ein Teil seines großen Forschungsprogramms war, wird aus der weiteren Aufzählung der geplanten Studien im Reisepass deutlich, vor allem aber im Brief vom 11. April 1799 an seinen Freund David Friedländer:

Ich denke, Mitte Mai von hier abzugehen und mich den 2. Junius in Coruña

nach der Havanna einzuschiffen. Mein großer Apparat von chemischen, physikalischen und astronomischen Instrumenten begleitet mich. Werfen Sie einen Blick auf den Weltteil, den ich von Kalifornien an bis zum Patagonenlande zu durchlaufen (messen und zerlegen) gedenke – welch ein Genuss in dieser wunderbar großen und neuen Natur! So unabhängig, so frohen Sinnes, so regsamen Gemüts hat wohl nie ein Mensch sich jener Zone [der Tropen] genähert. Ich werde Pflanzen und Tiere sammeln, die Wärme, die Elastizität, den magnetischen und elektrischen Gehalt der Atmosphäre untersuchen, sie zerlegen, geographische Längen und Breiten bestimmen, Berge messen – aber alles dies ist nicht Zweck meiner Reise. Mein eigentlicher, einziger Zweck ist, das Zusammen- und Ineinanderweben aller Naturkräfte zu untersuchen, den Einfluss der toten Natur auf die belebte Tier- und Pflanzenschöpfung. Diesem Zwecke gemäß habe ich mich in allen Erfahrungskenntnissen umsehen müssen. Daher die Klagen derer, welche nicht wissen, was ich treibe, dass ich mich mit zu vielen Dingen zugleich abgebe. Wir haben Botaniker, Mineralogen, aber keinen Physiker, wie ihn die *sylva sylvarum* [Wald der Wälder, im Sinne von Sammelwerken] erheischt. Ich weiß wohl, dass ich meinem großen Werke über die Natur nicht gewachsen bin, aber dieses ewige Treiben in mir (als wären es 10 000 Säue) wird nur durch die stete Richtung nach etwas Großem und Bleibendem erhalten.[2]

In seiner Reisebeschreibung *Relation Historique du Voyage aux Régions équinoxiales du Nouveau Continent*, die ab 1814 zunächst auf Französisch, später

*Madrid.* Kolorierter Stahlstich von Saulnier, um 1830. »Seit einem Jahr war ich so vielen Hindernissen begegnet, dass ich es kaum glauben konnte, dass mein sehnlichster Wunsch endlich in Erfüllung gehen sollte«, schrieb Humboldt über seinen Aufenthalt in Madrid.

dann auch auf Deutsch erschien, berichtet Humboldt auch über seine Begegnungen mit den dortigen Wissenschaftlerkollegen:

Verschiedene Gründe hatten uns eigentlich bewegen sollen, noch länger in Spanien zu verweilen. Abbé [Antonio José] Cavanilles ein ebenso geistreicher wie mannigfaltig gebildeter Mann; [Louis] Neé, der mit [Thaddäus] Haenke die Expedition Malaspinas als Botaniker mitgemacht und allein eine der größten Kräutersammlungen, die man je in Europa gesehen, zusammengebracht hat; Don Casimir Orte-

ga, Abbé [Pierre André] Pourret und die gelehrten Verfasser der *Flora von Peru*, [Jose Antonio] Ruíz und [Hipólito] Pavón, stellten uns ihre reichen Sammlungen zur unbeschränkten Verfügung. Wir untersuchten einen Teil der mexikanischen Pflanzen, die von [Martín de] Sessé; [José Mariano] Mociño und [Vicente] Cervantes entdeckt worden und von denen Abbildungen an das naturhistorische Museum zu Madrid gelangt waren. In dieser großen Anstalt, die unter der Leitung [José] Clavijos stand, des Herausgebers einer gefälligen Übersetzung der Werke Buffons, fanden wir allerdings

61

keine geologischen Darstellungen der Kordilleren; aber [José Luis] Proust, der sich durch die große Genauigkeit seiner chemischen Arbeiten bekannt gemacht hat, und ein ausgezeichneter Mineraloge, [Christian] Herrgen, gaben uns interessante Hinweise auf verschiedene mineralische Substanzen Amerikas. Mit bedeutendem Nutzen hätten wir uns wohl noch länger mit den Naturprodukten der Länder beschäftigt, die das Ziel unserer Forschungen waren, aber es drängte uns zu sehr, von der Erlaubnis, die der Hof uns gewährt, Gebrauch zu machen, als dass wir unsere Abreise hätten verschieben wollen. Seit einem Jahr war ich so vielen Hindernissen begegnet, dass ich es kaum glauben konnte, dass mein sehnlichster Wunsch endlich in Erfüllung gehen sollte.[3]

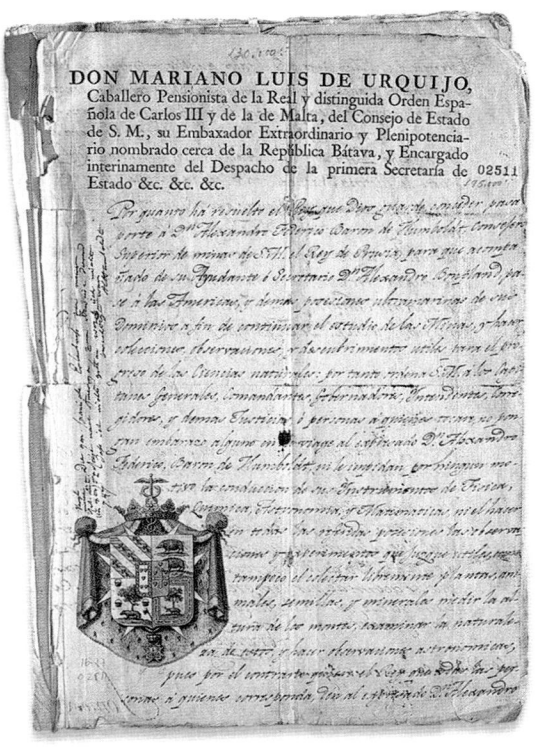

*Humboldts Reisepass*, ausgestellt in Aranjuez, am 7. Mai 1799. Darin wurden die spanischen Statthalter in den Kolonien im Namen des Königs angewiesen, dem »Freiherrn von Humboldt und seinem Gehilfen alles zu Gefallen [zu] tun, ihnen jede Hilfe und jeden Schutz, den sie brauchen, [zu] gewähren«.

Am 13. Mai 1799 verließen Humboldt und Bonpland Madrid mit dem Ziel La Coruña. Nun konnte Alexander seinen Jugendtraum, die Reise in die amerikanischen Tropen, direkt und ohne Umwege realisieren. Sechs Jahre lang hatte er sich vorbereitet. Er hatte alle ihm zugängliche Literatur über den Neuen Kontinent gelesen, die naturhistorischen Sammlungen studiert, zahlreiche Reisen innerhalb Europas unternommen und sich im Umgang mit den verschiedensten wissenschaftlichen Instrumenten geübt. Nun war er gerüstet. Das Arsenal von über 40 Messinstrumenten, das er mit sich führte, war das mit Abstand beste und umfangreichste, mit dem bis dahin eine Expedition gereist war. Nicht einmal die Mannschaften Louis Antoine de Bougainvilles und James Cooks waren mit einer derartigen Fülle von Instrumenten ausgerüstet gewesen. Am 4. Juni 1799 schrieb Humboldt aus dem Hafen von La Coruña an Karl Freiesleben:

Im Augenblick, da ich mich nach Mexiko einschiffe, muss ich, noch einmal, guter Herzens-Freiesleben, mein Andenken in Dir zurückrufen. Ich wollte Dir einen langen, langen Brief schreiben, aber der Wind hat sich so schnell günstig geändert, dass mir nur wenige Minuten übrig bleiben. Du weißt aus meinem letzten Briefe aus Barcelona, dass ich 2 Monate vergeblich in Marseille auf die schwedische Fregatte Jaramas wartete, welche mich nach Algier führen sollte, von wo aus ich mit der Karawane von Mekka den Landweg nach Kairo antreten wollte. Ich ging nach Spanien, um von dort aus nach Marokko zu reisen. Ein französischer Botanist, Bonpland, ein guter

Mensch, der mich aber seit 6 Monaten sehr kalt lässt, das heißt, mit dem ich ein bloß wissenschaftliches Verhältnis habe, begleitet mich. Ich trat in Madrid in die große Gesellschaft. Der sächsische Gesandte Forell und eine Ministerial-Veränderung waren mir sehr günstig. Der neue Günstling Urquijo empfahl mich dem König und der Königin. Ich wurde beiden vorgestellt, die Gunst am Hofe wuchs, und ich erhielt, was Spanier selbst für unmöglich hielten, die vollste Erlaubnis, mit allen Instrumenten, wie ich will, in allen spanischen Kolonien zu arbeiten, zu messen. Mit königlichen Empfehlungen an alle Vizekönige segeln wir nun nach Havanna und Mexiko ab; von dort aus denke ich, Kalifornien, Panama, den Vulkan von Tonguragua [Tungurahua, heute Ecuador], Peru … in 3 bis 4 Jahren zu besuchen. Welch ein Glück ist mir eröffnet! Mir schwindelt der Kopf vor Freude. Ich gehe ab mit der spanischen Fregatte *Pizarro*; wir landen vorher in den Canarien und an der Küste Caracas in Süd-Amerika. Die Nachricht von der persönlichen Gunst des Königs, meine Fertigkeit, Spanisch zu reden, und der edle, brave, echt dienstfertige spanische Charakter lässt mich gute Aufnahme in jener Hemisphäre hoffen. Welchen Schatz von Beobachtungen werde ich nun zu meinem Werke über die Konstruktion des Erdkörpers sammeln können! Von dort aus mehr, mein guter Herzensfreund. Der Mensch muss das Gute und Große wollen. Das Übrige hängt vom Schicksal ab. Wie es mir auch gehe, so wird der Gedanke an Dich, an das, was wir uns waren, wie Du wohltätig auf mich gewirkt, mich nie, nie verlassen. Umarme den lieben Fritz [Freieslebens Bruder], Deine teuren Eltern, und grüße [Abraham Gottlob] Werner, den Obereinfahrer [Freieslebens Onkel Carl Friedrich Freiesleben] und [den Studienfreund Johann Michael] Böhme. Entschuldige mich, dass ich allen nicht selbst schreibe. Aber wenn man viel arbeitet, ist das unmöglich. Schreibe mir ja, Guter, seit Spanien sah ich keine Zeile von Dir. Um Himmels willen, nimm das nicht für einen Vorwurf! Gebe die Briefe an [Joseph Friedrich Freiherr zu] Racknitz [kurfürstlich sächsischer Offizier], der sie an Forell nach Madrid besorgt durch die Gesandtschaft, bloß an Mr. de Humboldt à la Havane.

In Mexiko sehe ich sächsische Bergleute, Del Río. Wir sprechen von Freiberg. Ich erinnere mich des Katzensteins und meines Versprechens, das Gold auszukratzen.[4]

Als Alexander von Humboldt zusammen mit Aimé Bonpland als zahlender Passagier der Korvette *Pizarro* vom spanischen Hafen La Coruña aus in See stach, war zum ersten Mal ein unabhängiger Forschungsreisender unterwegs. Humboldt finanzierte seine Reise selbst. Darin liegt, so banal dies zunächst klingen mag, der Schlüssel zum Verständnis ihrer enormen Wirkung. Der Tod seiner Mutter im Jahr 1796 hatte ihm ein Vermögen beschert, das er fortan ausschließlich und bedingungslos für seine Forschungen, die Publikation ihrer Ergebnisse und für die Förderung junger Wissenschaftler einsetzte. Die Tatsache, dass er seine Expedition selbst bezahlte, ließ ihm freie Hand in der Wahl seiner Reiseroute, der Reisebegleiter und der Verkehrsmittel. Diese Art des Reisens enthob ihn der Verantwortung für Schiff und Mannschaft und eröffnete ungeahnte Möglichkeiten der Improvisation. Die zweite unabdingbare Voraussetzung für die Durchführung einer derartigen Rei-

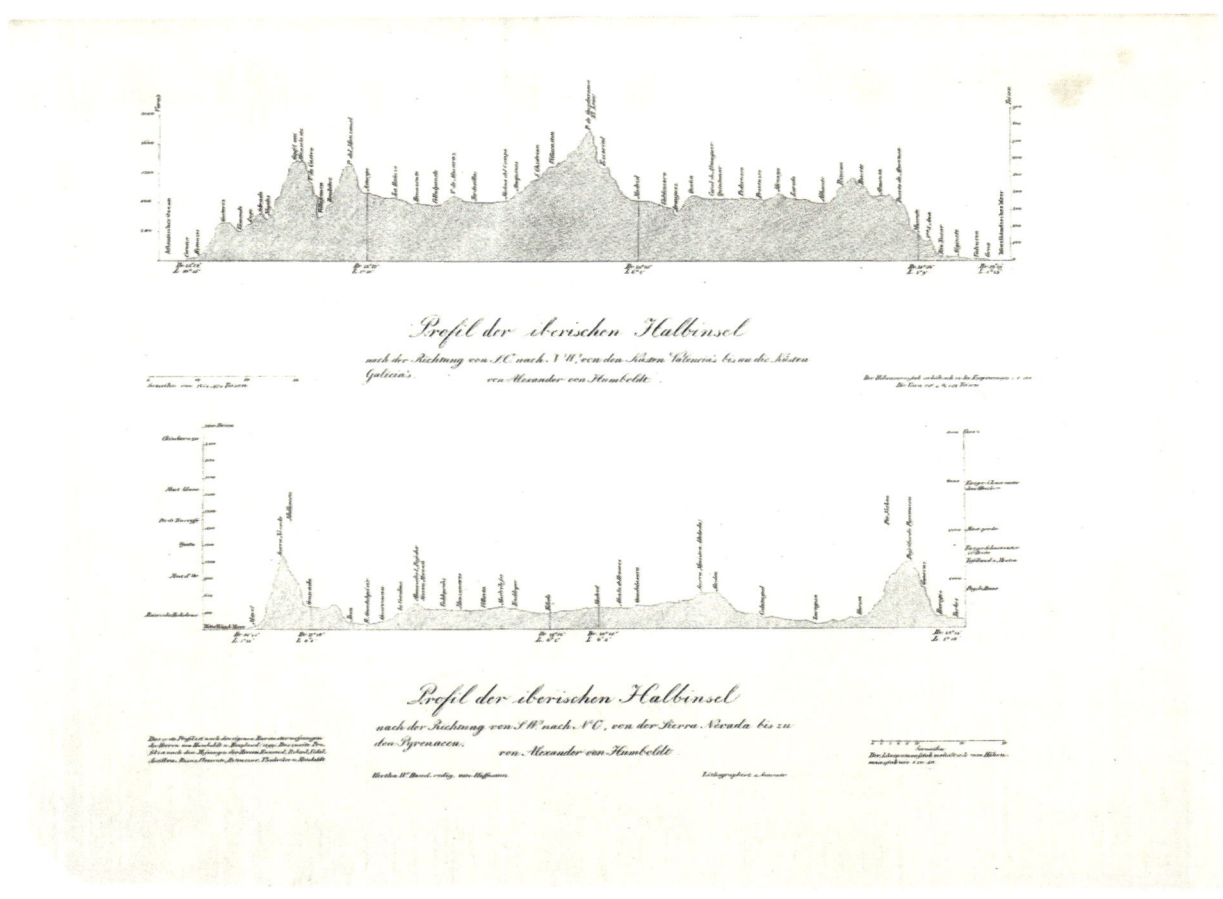

*Profile der Iberischen Halbinsel.* Kupferstich nach Messungen und Zeichnungen von Alexander von Humboldt, in der Zeitschrift Hertha, Stuttgart und Tübingen, 1825. Humboldts systematische Ortsbestimmungen und Höhenmessungen mit Sextant, Chronometer und Barometer führten zu den ersten genauen Profilzeichnungen eines europäischen Landes.

se war ihm vom spanischen Hof erfüllt worden: die Erlaubnis, die spanischen Kolonien frei und unbeaufsichtigt erforschen zu dürfen. »Nie war einem Reisenden eine umfassendere Erlaubnis zugestanden worden, nie hatte die spanische Regierung einem Fremden größeres Vertrauen bewiesen«,[5] notierte Humboldt später stolz in seinem Reisebericht. Der im Auftrag des spanischen Königs ausgestellte Pass, den er in Amerika vorweisen konnte, sicherte ihm die notwendige Bewegungs- und Forschungsfreiheit.

Es war die Unabhängigkeit Alexander von Humboldts, die diese Reise so

einzigartig machen sollte. Nach Unabhängigkeit hatte er sich während seiner gesamten Jugend gesehnt. Nun wurde sie zum entscheidenden Merkmal eines neuen Typus des Forschungsreisenden.

Als er in die Neue Welt aufbrach, gehörte die mit Kolumbus 300 Jahre zuvor begonnene Epoche der Conquista und der Entdeckungsreisen der Vergangenheit an. Inzwischen waren die Landstriche der Neuen Welt, zumindest in groben Zügen, entdeckt, mehr oder weniger genau kartographiert und von den europäischen Mächten in Besitz genommen worden. Die Landkarten lieferten ein, wenn auch oft noch ungenaues Abbild des amerikanischen Kontinents. Vor allem die Küstenverläufe, elementar für Wirtschaft und Militär, waren gut kartographiert. Die in den Karten verzeichneten Grenzen spiegelten die kolonialen Besitzverhältnisse. Mit der Entdeckung und Eroberung des amerikanischen Kontinents durch die Europäer hatte aber auch dessen Ausbeutung begonnen. Um diese so effizient wie möglich voranzutreiben, war es für die Mächte Europas elementar, ihre Kolonien möglichst genau zu kennen. Dazu benötigte man Gelehrte und Spezialisten. Seit der zweiten Hälfte des 18. Jahrhunderts reiste keine Expedition mehr ohne Wissenschaftler und Zeichner, vor allem Botaniker und Kartographen gehörten fortan zum Stammpersonal. Die Frage nach dem Nutzen der Kolonien und das Wissensbestreben der Aufklärung waren die zentralen Antriebskräfte für die staatlich finanzierten Expeditionen von Alejandro Malaspina, James Cook, George Vancouver, Charles-Marie de la Condamine, Louis Antoine de Bougainville und Thomas-Nicolas Baudin. Die Aufgaben und Untersuchungsgebiete der mitreisenden Wissenschaftler waren dabei genau definiert, ihre Rolle innerhalb der Expeditionsgruppe exakt festgelegt. Mit Cook fuhren beispielsweise auf dessen erster Weltumsegelung der Botaniker Sir Joseph Banks, später die Naturforscher Johann Reinhold und Georg Forster, mit Malaspina die Botaniker Thaddäus Haenke und Louis Née; sie alle waren von ihren staatlichen Auftraggebern abhängig und damit in ihrem Aktionsradius, ihren Forschungsaufgaben und ihren späteren Publikationsmöglichkeiten eingeschränkt. Man erwartete

*Modell eines englischen Sloop, ca. 1785.* Gebaut von Klaus Schrage, Berlin, 1989. Solchen englischen Schiffen suchte die mit ungefähr 35 Meter Decklänge relativ kleine spanische Korvette Pizarro während ihrer Fahrt nach Amerika auszuweichen. Die Pizarro unterschied sich von diesem Schiffstyp im Wesentlichen nur durch den etwas schmaleren Rumpf.

von ihnen, dass sie ihre Untersuchungen in den Dienst ihres Landes stellten und die gewonnenen Ergebnisse später ihren Auftraggebern zur Nutzung überließen. Hauptziel war die Ausbeutung der Kolonien. »Unsere Reise«, schrieb beispielsweise Malaspina, »ist keine Entdeckungsreise gewesen. Sie hat zum Ziel gehabt, Amerika so zu erkunden, dass das Land mit einfachen und einheitlichen Methoden gerecht und zweckmäßig regiert werden kann.«[6] Humboldts Expedition stand dazu in absolutem Gegensatz. Sie diente nicht einer bestimmten europäischen Nation, sondern, wie er selbst immer wieder betonte, einzig und allein »dem Fortschritt der *Naturwissenschaften*«[7]. »Nie, nie hat ein Naturalist mit solcher Freiheit verfahren können«,[8] schrieb er später.

# Die Fahrt auf der Pizarro

Die dreimastige, mit 18 Kanonen bewaffnete Korvette *Pizarro*, deren Schiffstyp auch als »leichte Fregatte« bezeichnet wurde, war dazu bestimmt, Post und Passagiere nach Havanna und Mexiko zu bringen. Das Kurierschiff galt zwar nicht als schneller Segler, Humboldt jedoch schien es für die Überfahrt nach Amerika sehr gut geeignet. Es ging ihm nicht um Schnelligkeit, sondern um gute Forschungsmöglichkeiten während der Reise. Der Kapitän, Don Emanuel Caxigas, erhielt vom Brigadier Don Rafael Clavijo, dem Oberbefehlshaber über die Post in La Coruña, den Befehl, dem preußischen Gelehrten bei dessen Messungen und chemischen Versuchen an Bord jede notwendige Unterstützung zu gewähren. Zudem bekam Caxigas die Anweisung, bei Teneriffa so lange anzulegen, dass die beiden Forscher den Hafen von Orotava besuchen und den Gipfel des Teide besteigen konnten.

*Das Innere des Kraters des Pics von Teneriffa,* Ausschnitt. Kupferstich von Pietro Parboni nach einer Zeichnung von Wilhelm Friedrich Gmelin. Tafel 54 in Alexander von Humboldt: Vues des Cordillères, Paris: Schoell, 1810. »Man überblickt von seiner Spitze nicht allein einen ungeheuren Meereshorizont, der über die höchsten Berge der benachbarten Inseln hinaufreicht, man sieht auch die Wälder von Teneriffa und die bewohnten Küstenstriche so nahe, dass noch Umrisse und Farben in den schönsten Kontrasten hervortreten«, schrieb Humboldt.

Der immer näher rückende Tag der Abfahrt bewegte Humboldt sehr:

Der Augenblick, wo man zum ersten Mal von Europa scheidet, hat etwas Ergreifendes. Wenn man sich auch noch so bestimmt vergegenwärtigt, wie stark der Verkehr zwischen beiden Welten ist, wie leicht man bei den großen Fortschritten der Schifffahrt über den Atlantik gelangt, der verglichen mit dem Pazifik ein nicht sehr breiter Meeresarm ist, das Gefühl, mit dem man zum ersten Mal eine weite Reise antritt, hat immer etwas tief Bewegendes. Es gleicht keiner der Empfindungen, die uns von früher Jugend auf bewegt haben. Getrennt von den Wesen, an denen unser Herz hängt, im Begriff, gleichsam den Schritt in ein neues Leben zu tun, ziehen wir uns unwillkürlich in uns selbst zurück, und es überkommt uns ein Gefühl des Alleinseins, wie wir es nie empfunden.[1]

Den Aufbruch hielt Humboldt in einem neuen Tagebuch fest:

Begonnen an Bord des *Pizarro*, den 3. Junius 1799.
Die Nacht vom 3ten zum 4ten ward sehr unruhig zugebracht. Wir glaubten, die letzte Nacht auf europäischem

Boden zu schlafen. Wenn der Wind sich änderte, sollten wir den 4ten früh um 8 Uhr absegeln. Der Wind blies noch immer aus Westen, und obgleich der dicke Nebel, der auf dem Meere lag, Nordost anzukündigen schien, so versicherten die zur schnellen Abreise eben nicht sehr gestimmten Offiziere des *Pizarro* doch, wir könnten wohl noch ein 10 bis 12 Tage oder gar (wie der Alcudia, der vor uns abgesegelt war) ein drei Wochen lang im Hafen harren.

Unsere Lage war eben nicht angenehm, da wir schon Bücher, Instrumente, Kleidung, alles was wir bedurften, an Bord hatten. Dazu kam die Nachricht, dass man bei Sisarga eine englische Escadre oder Convoy signalisiert hatte. Don Rafael Clavijo versicherte indes, der Feind sei gegen Lissabon hin ohne Verzug gesegelt und von den zwei englischen Fregatten und dem Kriegsschiff von 50 Kanonen, welche den ganzen Mai hindurch vor Coruña kreuzten, sei nichts mehr sichtbar.

Am 4ten abends ward der Wind wirklich Nordwest (eine Richtung, die in dieser Jahreszeit sehr gewöhnlich und fast beständig ist), aber er war so schwach, dass der Kapitän der Fregatte, Don Emanuel Caxigas, den ich abends am Hafen sprach, kaum vor dem 6ten morgens abzusegeln gedachte. Wir schliefen sehr unbesorgt, und da ohnedies bis 9 Uhr uns niemand avertierte [benachrichtigte], so eilten wir eben nicht, unsere kleinen Landgeschäfte zu vollenden. Zu unserer großen Verwunderung stürzte um 9 Uhr der Patron der Schaluppe des Don Rafael mit der Nachricht in unser Zimmer, dass wir in einer Stunde an Bord sein müssten, um sogleich unter Segel zu gehen. Diese Eile hatte in der Tat etwas Bestürzendes. Wir hatten so

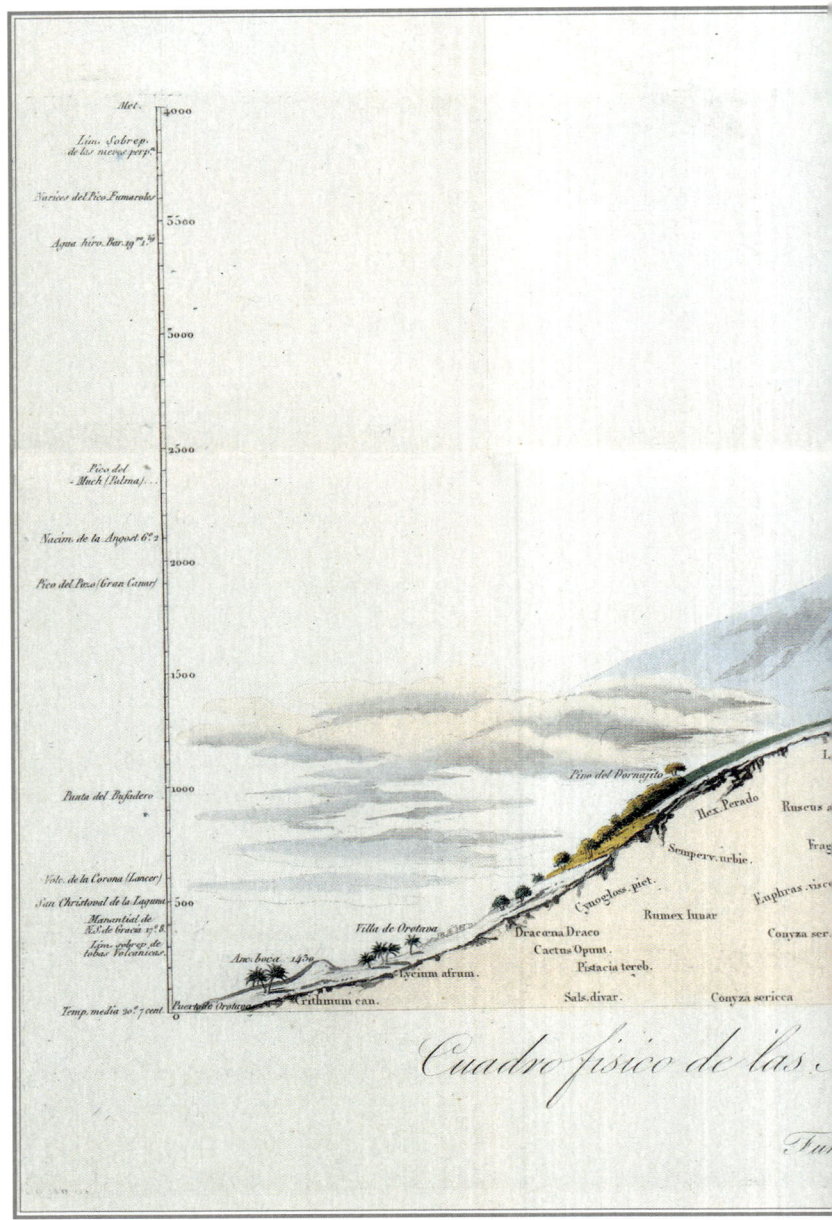

*Physikalisches Gemälde der Kanarischen Inseln.*
Geographie der Pflanzen des Pics von Teneriffa. Nach Beobachtungen von Leopold von Buch und Carlos Smith. Kolorierter Kupferstich von Jean Louis Coutant nach einer Zeichnung von Pierre Antoine Marchais. In: Alexander von Humboldt: Viaje a las regiones equinocciales del Nuevo Continente, Paris: Casa de Rosa, 1826.

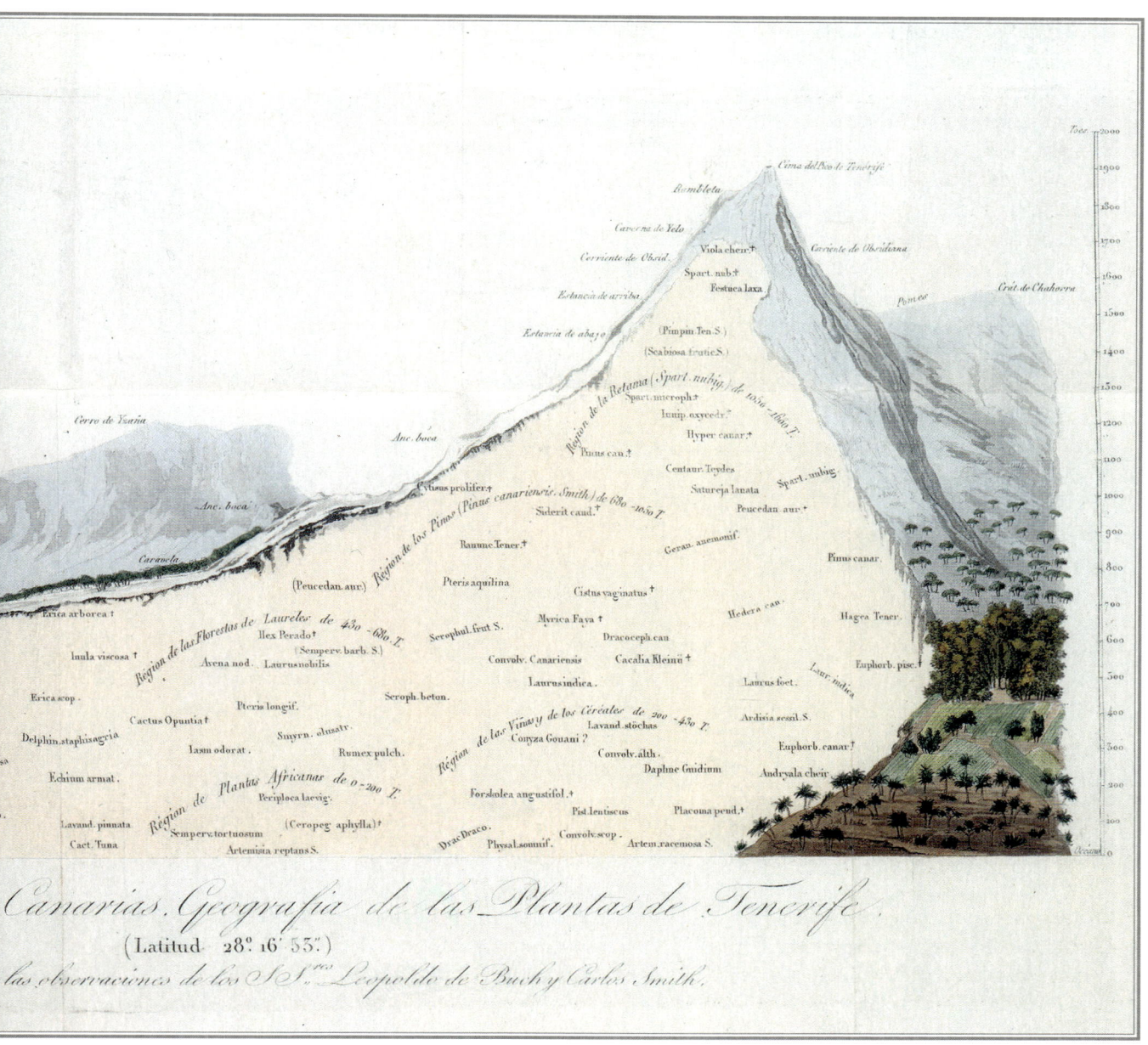

Canarias. Geografia de las Plantas de Tenerife.
(Latitud 28° 16' 53")
las observaciones de los S.S.res Leopoldo de Buch y Carlos Smith.

gewiss geglaubt, drei bis vier Stunden vorher avertiert zu werden. 43 Briefe, die ich geschrieben, waren zu kuvertieren und hundert kleine Dinge zu besorgen.[2]

Letztendlich verzögerte sich die Abfahrt jedoch auf Anordnung des Kapitäns dann doch nochmals um einen Tag.

Um 2 Uhr (den 5ten Junius nachmittags) waren wir an Bord des Pizarro. Der Kanonenschuss »leva« wird gefeuert ... Wir trafen die zwei Kanarier, Salcedo und Eduardo, besonders der Erste sehr liebenswürdig, den alten, nach Saint Blaise bestimmten Marine-Kommissar, Don Francisco Bermúdez, mit zwei Negern und einer schönen Negerin, von der er ein zweijähriges, sehr eulenartiges Mulattenkind hatte [...] Um 2¼ Uhr waren wir schon (kaum hatte ich es bemerkt) unter Segel. Mein Auge war fest auf die Küste geheftet. Meine Stimmung war gut, wie sie sein muss, wenn man ein großes Werk beginnt. Ich nahm mir vor, sie nicht durch die Besorgnis vor dem Feinde zu verderben. Der Wind war nicht sehr heftig, aber das Meer ging sehr hoch, und da der Kanal, welcher aus dem Hafen ins Meer führt, sich gegen Norden öffnet, so hatten wir viel Arbeit, gegen den Wellenschlag auszulaufen. Wir mussten über achtmal virer de bord [wenden]. Bei den Wendungen, die wegen Schwere des Schiffes und Zug des Wassers sehr schwierig waren, gingen wir viel rückwärts, so dass drei Viraden [Wenden] ganz verlorengingen. Wir hatten lange das Schloss San Antonio, wo der unglückliche Malaspina gefangen sitzt (ein Opfer der buhlerischen ματαλλανα), im Auge.* Von Europa scheidend hätte ich gern etwas Besseres, mit der Menschheit Versöhnenderes gesehen. Der sehr irascible [reizbare] Kapitän wütete fürchterlich bei den Wendungen. Nach dem Schreien der Offiziere und dem Durcheinanderlaufen von 30 Matrosen zu urteilen, hätte ein des Meeres Unkundiger auf eine große Gefahr schließen müssen. Da das Manöver bei den Wendungen kaum 10 Minuten dauerte, so war der Übergang aus der scheinbaren, fürchterlichen Wut in die gleichgültigste Ruhe sehr merk-

würdig. Bei der Virade, dicht vor dem Schlosse San Amaro, lief die Fregatte eine Gefahr, welche die Offiziere erst nachher gestanden. Der Strom zog uns den Felsklippen zu, an denen das Meer 14 bis 18 Fuß [4,5 bis 5,8 Meter] hoch brandete. Die Segel waren schon geändert, und doch wollte das Schiff sich nicht wenden. Noch 3 bis 4 Minuten, und wir lagen auf der Klippe. Ich merkte wohl, dass die Wut wieder schreiend und ernst sich äußerte, aber die ganze Größe der Gefahr sah ich nicht ein. Ich wäre sonst wohl nicht so ganz sorglos geblieben. Die Kanarier, Bonpland und die ganze Negerfamilie waren nun schon vollkommen seekrank. Die Negerin hatte mit entblößtem Busen sich sehr orientalisch auf ein Bette gestreckt. Neben ihr das speiende Kind – alles sehr malerisch. Der kleine Knabe hatte zugleich Kolik, so dass es sehr schwierig war, mit einem und demselben Gefäß beide Bedürfnisse zugleich zu befriedigen. Ich selbst litt von dem Meere nicht, obgleich das Meer sehr hoch ging. Die Wellen etwa 12 Fuß [4 Meter] hoch. Erst um 6¹/₂ Uhr abends waren wir bei dem Herkulesturm (jetzt Leuchtturm) und also in offener See. Um dem Feinde zu entgehen, steuerten wir Nordwest. Geschwindigkeit zwei Leguas [11,14 Kilometer] die Stunde. Thermometer 8° [10° Celsius], sehr kalter, zunehmender Nordost-Wind. Gegen 9 Uhr sahen wir unweit Sisarga das letzte einsame Licht (eine Fischerwohnung) an der Küste. Nachts nahm der Wind zu.[3]

Zwei Wochen später, am 19. Juni 1799, warf die *Pizarro* vor der Reede von Santa Cruz auf Teneriffa Anker. Die knappe Woche, die Humboldt und Bonpland auf der Kanareninsel verbrachten, sollte als

---

\* Das pseudo-griechische Wort Matallana bezieht sich auf die Marquesa de Matallana, eine Hofdame von Maria Luisa, Gemahlin Karls IV. von Spanien. Malaspina war auf Grund einer Hofintrige gefangen genommen worden.

*Drachenbaum von Orotava*. Kupferstich von Louis Bouquet nach einer Zeichnung von Pierre Antoine Marchais auf Grundlage einer Skizze von Ozonne. Tafel 69 in Alexander von Humboldt: Vues des Cordillères [...], Paris: Schoell 1810. Humboldt schätzte dessen Höhe auf 16 bis 19 Meter. Sein Umfang betrug nach seinen Messungen in Wurzelhöhe 14,6 Meter. »Ebendiese Dicke hatte er bereits erreicht«, schrieb Humboldt, als im 15. Jahrhundert »die Spanier zum ersten Mal auf Teneriffa landeten.«

eine Art Probelauf für die Expedition in Amerika dienen. Mit dem 3718 Meter hohen Vulkan Teide bot sich ihnen ein ideales Untersuchungsobjekt, an dem sich erstmals Humboldts multidisziplinäres Forschungsprogramm in seiner ganzen Fülle erproben ließ. Welch großen Eindruck die Vulkaninsel auf ihn machte, schilderte er seinem Bruder Wilhelm in einem Brief aus »Puerto Orotava, am Fuß des Pic de Teneriffa«:

Unendlich glücklich bin ich auf afrikanischem Boden angelangt, und hier von Kokospalmen und Pisangbüschen [Bananen] umgeben. Am 5. Juni reisten wir ab. Wir waren, bei sehr frischem Nordwestwind, und mit dem Glücke, fast gar keinem Schiffe zu begegnen, schon am zehnten Tage an der Küste von Marokko; den 17. Juni auf Graziosa, wo wir landeten; und am 19ten im Hafen von Sta. Cruz de Teneriffa. Unsre Gesellschaft war sehr gut: vorzüglich ein junger Kanarier, D. Francesco Salcedo, der mich sehr lieb gewann, unendlich zutraulich, und lebendigen Geistes, wie alle Einwohner dieser glücklichen Insel. – Ich habe sehr viele Beobachtungen, besonders astronomische, und chemische (über Luftgüte, Temperatur des Meerwassers usw.), gemacht. Die Nächte waren prächtig: eine Mondhelle in diesem reinen milden Himmel, dass man auf dem Sextanten lesen konnte; und die südlichen Gestirne, der Zentaur und Wolf! Welche Nacht! Wir fischten das sehr wenig bekannte Tier Dagysa [ein Meeresweichtier], eben da wo Banks es entdeckte, und ein neues Pflanzengenus, eine weinblättrige grüne Pflanze (kein Fukus) [Tang], aus 50 Toisen [58,5 Meter] Tiefe. Das Meer leuchtete alle Abend. Bei Madeira kamen uns Vögel entgegen, die sich vertraulich zu uns gesellten und tagelang mit uns schifften.

Wir landeten in Graziosa, um Nachricht zu haben, ob englische Fregatten vor Teneriffa kreuzten; man sagte nein, wir verfolgten unsern Weg und kamen glücklich an, ohne ein Schiff zu sehen. Wie, ist unbegreiflich; denn eine Stunde nach uns erschienen sechs englische Fregatten vor dem Hafen. Von nun an ist bis Westindien nichts mehr von ihnen zu fürchten. – Meine Gesundheit ist vortrefflich, und mit Bonpland bin ich äußerst zufrieden. Schon in Teneriffa haben wir erfahren, welche Gastfreundschaft in allen Kolonien herrscht. Alles bewirtet uns, mit und ohne Empfehlung, bloß um Nachrichten aus Europa zu haben; und der Königliche Passeport tut Wunder. In Santa Cruz wohnten wir bei dem General Armiaga: hier (in Puerto Orotava), in einem englischen Hause, bei dem Kaufmann John Collogan, wo Cook, Banks und Lord Macartney auch wohnten. Man kann sich nicht vorstellen, welche Aisance [Gewandtheit, Wohlstand] und welche Bildung der Weiber in diesen Häusern ist.

Den 23. Juni, abends. Gestern Nacht kam ich vom Pic zurück. Welch ein Anblick! Welch ein Genuss! Wir waren bis tief im Krater, vielleicht weiter als irgendein Naturforscher. Überhaupt waren alle, außer Borda und Mason,* nur am letzten Kegel. Gefahr ist wenig dabei; aber Fatige [Mühsal] von Hitze und Kälte: Im Krater brannten die Schwefeldämpfe Löcher in unsre Kleider, und die Hände erstarrten bei 2° Réaumur [2,5° Celsius]. Gott, welche Empfindung, auf dieser Höhe (11 500 Fuß) [3505,2 Meter]! Die dunkelblaue Himmelsdecke über sich; alte Lavaströme zu den Füßen, um sich dieser Schauplatz der Verheerung (3 Quadratmeilen Bimsstein), umkränzt von Lorbeerwäldern; tiefer hinab, die Weingärten, zwischen denen Pisangbüsche [Bananenstauden] sich bis ans Meer erstrecken, die zierlichen Dörfer am Ufer, das Meer, und alle sieben Inseln, von denen Palma und Gran Canaria sehr hohe Vulkane haben, wie eine Landkarte unter uns. Der Krater, in dem wir waren, gibt nur Schwefeldämpfe; die Erde ist 70° Réaumur [87,5° Celsius] heiß. An den Seiten brechen die Laven aus. Auch sind dort die kleinen Krater wie die, welche vor zwei Jahren die ganze Insel erleuchteten. Man hörte damals zwei Monate lang ein unterirdisches Kanonenfeuer, und häusergroße Steine wurden 4000 Fuß [1200 Meter] hoch in die Luft geschleudert. Ich habe hier sehr wichtige mineralogische Beobachtungen gemacht. Der Pic ist ein Basaltberg, auf welchem Porphyrschiefer und Obsidianporphyr aufgesetzt ist. In ihm

---

\*   Jean Charles de Borda (1733–1799), französischer Marineoffizier und Mathematiker; Charles Mason (1730-1787), englischer Astronom.

wütet Feuer und Wasser. Überall sah ich Wasserdämpfe ausbrechen. Fast alle Laven sind geschmolzener Basalt. Der Bimsstein ist aus dem Obsidianporphyr entstanden; ich habe Stücke, die beides noch halb sind.

Vor dem Krater, unter Steinen, die man *la Estancia de los Ingleses* nennt, am Fuß eines Lavastroms, brachten wir eine Nacht im Freien zu. Um zwei Uhr nachts setzten wir uns schon in Marsch nach dem letzten Kegel. Der Himmel war vollkommen sternhell, und der Mond schien sanft; aber diese schönen Zeiten sollten uns nicht bleiben. Der Sturm fing an, heftig um den Gipfel zu brausen; wir mussten uns fest an den Kranz des Kraters anklammern. Donnerähnlich tobte die Luft in den Klüften, und eine Wolkenhülle schied uns von der belebten Welt. Wir klommen den Kegel hinab, einsam über den Dünsten, einsam wie ein Schiff im Meere. Dieser schnelle Übergang von der schönen heitern Mondhelle zu der Finsternis und der Öde des Nebels machte einen rührenden Eindruck. Nachschrift. In der Villa Orotava ist ein Drachenblutbaum (Dracaena Draco), 45 Fuß [13,70 Meter] im Umfang. Vor 400 Jahren, zu den Zeiten der Guanchos*, war er schon so dick als jetzt.

Fast mit Tränen reise ich ab; ich möchte mich hier ansiedeln: und bin doch kaum vom europäischen Boden weg. Könntest du diese Fluren sehn, diese tausendjährigen Wälder von Lorbeerbäumen, diese Trauben, diese Rosen! Mit Aprikosen mästet man hier die Schweine. Alle Straßen wimmeln hier von Kamelen.[4]

Eine sehr ausführliche, teilweise poetische Schilderung über Teneriffa und den Aufstieg auf den Teide veröffentlichte Hum-

---

* Ureinwohner der Kanarischen Inseln.

boldt später in seinem Reisebericht:

Obgleich es Sommer war und der schöne afrikanische Himmel über uns sich ausbreitete, hatten wir doch in der Nacht unter der Kälte zu leiden. Das Thermometer fiel auf fünf Grad. Unsere Führer machten ein großes Feuer mit den dürren Zweigen der Retama [Ginster]. Ohne Zelt und Mäntel lagerten wir uns auf Haufen verbrannten Gesteins, und die Flammen und der Rauch, die der Wind beständig gegen uns her trieb, wurden uns sehr lästig. Wir hatten versucht, mit Hilfe von Tüchern eine Art Windschutz herzustellen; aber das Feuer bemächtigte sich dieser Absperrung, was wir freilich erst bemerkten, als die Flammen das meiste ergriffen hatten. Wir hatten noch nie eine Nacht in so bedeutender Höhe zugebracht, und ich ahnte damals nicht, dass wir einst auf dem Rücken der Kordilleren in Städten wohnen würden, die höher liegen als die Spitze des Vulkans, den wir am nächsten Morgen vollends besteigen sollten. Je tiefer die Temperatur sank, desto mehr bedeckte sich der Pic mit dicken Wolken. Bei Nacht stockt die Luftströmung, die den Tag über von den Ebenen in die hohen Luftregionen aufsteigt, und infolge der Abkühlung verliert die Luft auch von ihrer das Wasser auflösenden Kraft. Ein starker Nordwind jagte die Wolken; von Zeit zu Zeit brach der Mond durch das Gewölk, und seine Scheibe glänzte auf tief dunkelblauem Grunde; der Anblick des Vulkans verlieh dieser nächtlichen Szene etwas wahrhaft Großartiges. Der Pic verschwand bald gänzlich im Nebel, bald erschien er in fürchterlicher Nähe und warf wie eine ungeheure Pyramide seinen Schatten auf die Wolken unter uns. [...] Die Besteigung des Vulkans von Teneriffa ist nicht nur dadurch anziehend, dass sie uns so reichen Stoff für wissenschaftliche Forschung liefert; sie ist es noch weit mehr dadurch, dass sie dem, der Sinn hat für die Größe der Natur, eine Fülle malerischer Reize bietet. Solche Empfindungen zu schildern, ist eine schwere Aufgabe; sie wirken umso stärker auf uns, wenn sie etwas Unbestimmtes haben, wie es die Unermesslichkeit des Raumes und die Größe, Neuheit und Mannigfaltigkeit der uns umgebenden Gegenstände mit sich bringen. Wenn ein Reisender die höchsten Berggipfel unseres Erdballs, die Katarakte der großen Ströme, die gewundenen Täler der Anden beschreiben soll, so läuft er Gefahr, den Leser durch den eintönigen Ausdruck seiner Bewunderung zu ermüden. Es scheint mir den Zwecken, die ich bei dieser Reisebeschreibung im Auge habe, angemessener, den eigentümlichen Charakter zu schildern, der jeden Landstrich auszeichnet. Man lehrt die Physiognomie einer Landschaft umso besser kennen, je genauer man die individuellen Züge heraushebt, sie miteinander vergleicht und so auf diesem Wege der Analyse den Quellen der Genüsse nachgeht, die uns das große Gemälde der Natur bietet.

Die Reisenden wissen aus Erfahrung, dass man auf der Spitze sehr hoher Berge selten eine so schöne Aussicht hat und so mannigfaltige malerische Effekte beobachtet wie auf Gipfeln von der Höhe des Vesuvs, des Rigi, des Puy de Dôme. Kolossale Berge wie der Chimborazo, der Antisana oder der Monte Rosa haben eine so gewaltige Masse, dass man die mit reichem Pflanzenwuchs bedeckten Ebenen nur in großer Entfernung sieht und ein bläulicher Dunst gleichförmig über der ganzen Landschaft liegt. Durch seine schlanke

Gestalt und seine eigentümliche Lage vereinigt nun der Pic von Teneriffa die Vorteile niedrigerer Gipfel mit denen, wie sehr bedeutende Höhen sie bieten. Man überblickt von seiner Spitze nicht allein einen ungeheuren Meereshorizont, der über die höchsten Berge der benachbarten Inseln hinaufreicht, man sieht auch die Wälder von Teneriffa und die bewohnten Küstenstriche so nahe, dass noch Umrisse und Farben in den schönsten Kontrasten hervortreten. Es ist, als ob der Vulkan die kleine Insel, die ihm zur Grundlage dient, erdrückte; er steigt aus dem Schoße des Meeres dreimal höher auf, als die Wolken im Sommer ziehen. Wenn sein seit Jahrhunderten halb erloschener Krater Feuergarben auswürfe wie der Stromboli der Äolischen Inseln, so würde der Pic von Teneriffa dem Schiffer in einem Umkreis von mehr als 260 Meilen als Leuchtturm dienen.

Wir lagerten uns am äußeren Rand des Kraters und blickten zuerst nach Nordwesten, wo die Küsten mit Dörfern und Weilern geschmückt sind. Vom Winde fortwährend hin und her getriebene Dunstmassen zu unseren Füßen boten uns das mannigfaltigste Schauspiel. Eine gleichförmige Wolkenschicht zwischen uns und den tiefen Regionen der Insel, dieselbe von der oben die Rede war, war da und dort durch die kleinen Luftströme durchbrochen, welche nachgerade die von der Sonne erwärmte Erdoberfläche zu uns heraufsandte. Der Hafen von Orotava, die dort ankernden Schiffe, die Gärten und Weinberge um die Stadt wurden durch die Öffnung sichtbar, welche jeden Augenblick größer zu werden schien. Aus diesen einsamen Regionen blickten wir nieder in eine bewohnte Welt; wir ergötzten uns am lebhaften Kontrast zwischen

*Teneriffa mit dem Vulkan Teide.* Kolorierter Kupferstich in Friedrich Justin Bertuchs Bilderbuch für Kinder, Weimar, um 1810.

den dürren Flanken des Pics, seinen mit Schlacken bedeckten steilen Abhängen, seinen pflanzenlosen Plateaus und dem lachenden Anblick des bebauten Landes, wir sahen, wie sich die Gewächse nach der mit der Höhe abnehmenden Temperatur in Zonen verteilen.[5]

Die Idee, die Insel in verschiedene höhenbedingte Vegetationszonen einzuteilen, arbeitete Humboldt im Verlauf der späteren Reise in der Region des Äquators zur *Geographie der Pflanzen in den Tropenländern* am Beispiel der Vulkanregion des Chimborazo und des Cotopaxi aus. Im Jahr 1817 veröffentlichte er eine Veranschaulichung seiner »Pflanzengeographie« am Beispiel des Teide.[6]

Großes Interesse widmete Humboldt auch den Guanchen, den Ureinwohnern der Kanarischen Inseln:

Bevor ich die Alte Welt verlasse und in die Neue übersetze, möchte ich einen Gegenstand behandeln, der von allgemeinem Interesse ist, weil er sich auf die Geschichte der Menschheit und die verhängnisvollen Umwälzungen bezieht, durch welche ganze Völkerschaften vom Erdboden verschwunden sind. Auf Kuba, Santo Domingo, Jamaica fragt man sich, wo die Ureinwohner dieser Länder hingekommen sind; auf Teneriffa fragt man sich, was aus den Guanchen geworden ist, deren in Höhlen versteckte, vertrocknete Mumien ganz allein der Vernichtung entgangen sind. Im 15. Jahrhundert holten fast alle Handelsvölker, besonders aber die Spanier und Portugiesen, Sklaven von den Kanarischen Inseln, wie man sie jetzt von der Küste von Guinea holt. Die christliche Religion, die in ihren Anfängen die menschliche Freiheit so mächtig förderte, diente der europäischen Habsucht als Vorwand. Jedes Individuum, das gefangen wurde, ehe es getauft war, verfiel der Sklaverei. Zu jener Zeit hatte man noch nicht zu beweisen gesucht, dass der Neger eine Rasse zwischen Mensch und Tier ist; der gebräunte Guanche und der afrikanische Neger wurden auf dem Markte zu Sevilla gleichzeitig verkauft, und man stritt nicht über die Frage, ob nur Menschen mit schwarzer Haut und Wollhaar der Sklaverei verfallen sollten.

Auf dem Archipel der Kanaren bestanden mehrere kleine, einander feindlich gegenüberstehende Staaten. Oft war dieselbe Insel zwei unabhängigen Fürsten unterworfen, wie in der Südsee und überall, wo die Gesellschaft noch nicht sehr weit fortgeschritten ist. Die Handelsvölker befolgten damals hier dieselbe arglistige Politik wie jetzt auf den Küsten von Afrika: Sie leisteten den Bürgerkriegen Vorschub. So wurde ein Guanche Eigentum eines anderen Guanchen, und

dieser verkaufte jenen den Europäern; manche zogen den Tod der Sklaverei vor und töteten sich und ihre Kinder. So hatte die Bevölkerung der Kanaren durch den Sklavenhandel, durch die Menschenräuberei der Piraten, besonders aber durch lange blutige Zwiste bereits starke Verluste erlitten, als Alonso de Lugo sie vollends eroberte. Den Rest der Guanchen raffte im Jahr 1494 größtenteils die berühmte Pest, die sogenannte *Modorra* hin, die man den vielen Leichen zuschrieb, welche die Spanier nach der Schlacht bei Laguna hatten frei liegen lassen. Wenn ein halbwildes Volk, das man um sein Eigentum gebracht, im selben Lande neben einer zivilisierten Nation leben muss, so sucht es sich in den Gebirgen und Wäldern zu isolieren. Inselbewohner haben keine andere Zuflucht, und so war denn das herrliche Volk der Guanchen zu Anfang des 17. Jahrhunderts so gut wie ausgerottet; außer ein paar alten Männern in Candelaria und Guimar gab es keine mehr.[7]

Die Kritik an den politischen Zuständen der spanischen Kolonien, die Humboldt zunächst in seinen Reisetagebüchern formulierte, findet sich auch in seinem späteren, im Jahr 1814 veröffentlichten Reisebericht:

Das niedere Volk ist fleißig, aber es entwickelt seine Tätigkeit mehr in fernen Kolonien als auf Teneriffa selbst, wo dieselbe auf Hindernisse stößt, die eine kluge Verwaltung allmählich aus dem Wege räumen könnte. Die Auswanderung wird abnehmen, wenn man sich entschließt, das unangebaute Grundeigentum des Staats unter der Einwohnerschaft zu verteilen, die Ländereien, welche zu den Majoraten der großen Familien gehören, zu verkaufen und allmählich die Feudal-

rechte abzuschaffen. [...]
Am Abend des 25. Juni verließen wir
die Reede von Santa Cruz und schlugen den Weg nach Südamerika ein. Es
wehte stark aus Nordost und das Meer
schlug infolge der Gegenströmungen
kurze gedrängte Wellen. Die Kanarischen Inseln, auf deren hohen Bergen ein rötlicher Dunst lag, verloren
wir bald aus den Augen. Allein der
Pic zeigte sich von Zeit zu Zeit, wenn
der Himmel aufriss, wahrscheinlich
weil der in der hohen Luftregion herr-
schende Wind dann und wann die
Wolken um den Piton verjagte. Zum
ersten Mal empfanden wir, welch
lebhaften Eindruck der Anblick von
Ländern an der Grenze des heißen
Erdgürtels, wo die Natur so reich, so
großartig und so wundervoll auftritt,
auf unser Gemüt macht. Wir hatten
nur kurze Zeit auf Teneriffa verweilt,
und doch schieden wir von der Insel,
als hätten wir lange dort gelebt.[8]

Die weitere Fahrt der *Pizarro* verlief
ruhig. Humboldt verbrachte die Tage
an Bord mit einem umfangreichen Programm an Messungen und, zusammen
mit Bonpland, mit botanischen und
zoologischen Studien an Pflanzen und
Tieren, die sich vom Schiff aus während der Fahrt an Bord holen ließen
oder, wie fliegende Fische und Vögel,
durch Zufall an Deck landeten. Wie
sehr Humboldt Wissenschaft und Poe-
sie zu einer Einheit verwob, zeigt sich
in vielen Passagen seines Reiseberichts.
In seiner Betrachtung des Sternenhim-
mels verschmolzen astronomische Beobachtungen und Ästhetik:

Seit unserem Eintritt in die heiße
Zone wurden wir nicht müde, in jeder Nacht die Schönheit des südlichen Himmels zu bewundern, an

dem, je weiter wir nach Süden vor-
rückten, immer neue Sternbilder vor
unseren Blicken aufstiegen. Ein son-
derbares, ganz unbekanntes Gefühl
wird in einem rege, wenn man bei
der Annäherung an den Äquator und
namentlich beim Übergang aus der
einen Halbkugel in die andere sieht,
wie die Sterne, die man von frühester
Kindheit an gekannt, immer tiefer
hinabrücken und endlich verschwinden. Nichts mahnt den Reisenden so
lebhaft an die ungeheure Entfernung
seiner Heimat als der Anblick eines
neuen Himmels. Die Gruppierung
der großen Sterne, einige zerstreu-
te Nebelflecke, die an Glanz mit der
Milchstraße wetteifern, Strecken, die
sich durch ihr tiefes Schwarz aus-
zeichnen, geben dem südlichen Himmel eine ganz eigentümliche Physiognomie. Dieses Schauspiel regt selbst
die Einbildungskraft von Menschen
an, die den physischen Wissenschaften sehr ferne stehen und zum Him-
melsgewölbe aufblicken, wie man
eine schöne Landschaft oder eine
großartige Aussicht bewundert. Man
braucht kein Botaniker zu sein, um
schon am Anblick der Pflanzenwelt
den heißen Erdstrich zu erkennen,
und wer auch keine astronomischen
Kenntnisse hat, wer von Flamsteads
und Lacailles Himmelskarten nichts
weiß, fühlt, dass er nicht in Europa
ist, wenn er das ungeheure Sternbild
des Schiffs oder die leuchtenden Ma-
gellanschen Wolken am Horizont
aufsteigen sieht. Erde und Himmel,
allem in den Äquinoktialländern
drückt sich der Stempel des Fremd-
artigen auf. [...]
Unsere freudige Genugtuung beim Erscheinen des Südlichen Kreuzes wurde lebhaft von denjenigen unter der
Mannschaft geteilt, die in den Kolo-

*Meeresleuchten.* Holzstich aus dem Buch von Hermann Klencke: Alexander von Humboldt's Leben und Wirken, Reisen und Wissen, Leipzig: Otto Spamer, 1882. »Wir gelangten in eine Zone«, schreibt Humboldt, »wo das Meer mit einer ungeheuren Menge Medusen bedeckt war. Das Schiff stand beinahe still, aber die Weichtiere zogen gegen Südost, viermal rascher als die Strömung.«

nien gelebt hatten. In der Meeresein-samkeit begrüßt man einen Stern wie einen Freund, von dem man lange Zeit getrennt gewesen. Bei den Portugie-sen und Spaniern steigert sich diese Anteilnahme noch durch besondere Gründe: religiöses Gefühl zieht sie zu einem Sternbild hin, dessen Gestalt an das Wahrzeichen des Glaubens mahnt, das ihre Väter in den Einöden der neuen Welt aufgepflanzt.[9]

Am 15. Juli 1799 allerdings änderte sich die Stimmung auf der *Pizarro:*

Der heutige Morgen und gestrige Abend sehr traurig. Ein alter Matrose, den man unvorsichtigerweise krank embarquiert [an Bord gebracht] hat-te, brachte ein Fieber in das Schiff, das wenigstens epidemisch wurde, wenn es nicht schon epidemisch war. Fürchterlich verdorbene Luft, Mangel

an Ausleerung zur rechten Zeit durch Brechen, Aderlasse, Purganzen [Ab-führmittel], gar keine China [Mittel gegen Malaria] (sie fehlte an Bord), die größte Gleichgültigkeit eines di-cken Chirurgus, der den ganzen Tag die Hände auf dem Bauch im hinteren Teil des Laderaums saß, die strafbarste Gleichgültigkeit des Kapitäns, der aus 25-jähriger Erfahrung versicherte, auf den Courierschiffen sei man nie krank – alles dies beförderte die Ausbreitung und Verschlimmerung des Fiebers. Es war kontinuierlich und äußerte sich schon in 12 Stunden mit Raserei. Dem alten Matrosen wurde im Sterben vor etwa 8 Tagen das Abendmahl ge-reicht. Nachdem er seinen Tod in ei-ner sarg-artigen Lage (er hing so nahe am Balken, dass sein Gesicht nicht 5 bis 8 Zoll [13,5 bis 21,5 cm] davon abstand und in der heißen Zone!) er-wartet hatte, bereitete man ihm, weil

Die Fahrt auf der Pizarro

nun das geistliche Schauspiel angehen sollte, ein neues, prächtig ausstaffiertes Gemach zu. Im vorderen, luftigeren Schiffsraum spannte man mit farbigen Segeln eine Art Zelt. Selbst der Boden war mit Linnen bedeckt. Hierher wurde der Kranke gebracht. Der Commissär legte seine Uniform an, und mit langen Lichtern hielten wir eine Prozession, um den Capellan, der dem Sterbenden das Abendmahl gab, zu begleiten.

Man fragte ihn hunderterlei Dinge, die er glauben müsse, wir antworteten statt seiner. Diese Zeremonie rettete wahrscheinlich dem Matrosen das Leben. Er atmete kühlere, reinere Luft. Er genas von Tage zu Tage, und rührend war es mir, als er bleichen Antlitzes und mit langem Barte am 13ten morgens den Kopf auf das Verdeck herausstreckte, um auch die Insel Tabago zu sehen und, wie er sagte, Gott zu danken, dass er noch einmal Land (und setzte er hinzu), ein so schönes grünes Land sehe. Er genas sichtlich, aber in 4 bis 5 Tagen lag noch ein Matrose, alle Neger des Commiss[ärs] (zwei Neger, die Negerin und der kleine Fernando, ein liebenswürdiges Kind!) und zwei Passagiere, ein Asturier und ein Katalane, krank an demselben Fieber. Ich sprach von Räuchern mit Essig, von einer Luftröhre, die man neben dem Maste aufsetzen sollte. Der Kapitän fand diese Ideen sehr lustig, und es geschah nichts.

Der Asturier, einziger Sohn einer Witwe, ging mit zwei noch jüngeren Vettern zu einem Onkel in der Insel Kuba, um dort sein Glück zu gründen. Er war 19 Jahre alt, blond und hatte ein offnes, sehr frohes, liebenswürdiges Äußeres. Auch soll er ziemlich gebildet gewesen sein, da er drei Jahre lang Philosophie studiert hatte. Er fiel in Raserei von dem

ersten Tage seiner Krankheit an. Der Capellan war um sein Seelenheil sehr besorgt, man konnte ihn nicht beichten lassen. Gestern Abend um 6 Uhr gab man ihm die letzte Ölung. Nach dem Rosenkranz saßen wir alle besorgt und niedergeschlagen auf dem Verdeck. Die fast volle Mondscheibe erleuchtete die Felsenküste von Paria. Wir sprachen von den alten Bewohnern dieser Küste und wie die Entdecker das Glück dieser Menschen bis auf die letzten Generationen gestört. Die Luft, das Licht, das Meer, alles war milde.

Mit einem Schrei »Jesus María, Virgo del Carmen, er ist verschieden, die Füße sind steif und kalt«, sprang der eine junge Asturier (er war meinem Jugendfreunde John Guille in Barcelona so wunderbar ähnlich) auf das Verdeck. Er schlug mit dem Kopf bald auf den Cabestan [Ankerwinde], bald auf den Bord des Schiffes. Er heulte fürchterlich. Dieser Ausdruck tiefer Empfindung in einem jungen Gemüte, die Idee eines gescheiterten Glückes (gesund und heiter in das Schiff zu steigen, um im Golf von Mexiko von einem Fuscher [Pfuscher, dem Chirurgus] gemordet zu werden), die Eiskälte dieses Fuschers, die Härte des Kapitäns, der schon vom Überbordwerfen sprach – machte diesen Augenblick sehr tragisch. Es wird nicht der letzte sein, den ich in diesem Weltteil erlebe! Nun läutete man die Todesglocke. Alles lag auf den Knien und betete. Dann wurde der Körper auf das Verdeck gebracht und in das Boot gelegt, worin einige Soldaten schliefen. Diese Leiche im Mondschein und vor 10 Tagen heiter und froh in die Zukunft blickend, die neue Welt eröffnet, dem Zwang des elterlichen Hauses entgangen und nun in wenigen Stunden ein Fraß der Fische. Heute Morgen um 6 Uhr wur-

de die Leiche von einem Brett mit einem Sandsack an den Füßen (nach Einweihung des Priesters) über Bord geworfen.

Dieser Tod veranlasste den Entschluss, nicht in dem verpesteten Courier weiterzusegeln. Alle Passagiere blieben in Cumaná und genasen kaum in 30 bis 40 Tagen. Der Katalane sah einer Leiche ähnlich. Der Neger starb toll als Folge des Fiebers. So wurde meine Reise nach Orinoco, Río Negro veranlasst … Vielleicht wäre ich in Havanna auch gestorben, wo eben der *vómito negro* [das schwarze Erbrechen, Gelbfieber] herrschte.[10]

*Humboldts amerikanische Reise.* Ausschnitt der »Karte zur Übersicht von A. von Humboldt's Reisen in der Neuen und Alten Welt« von August Petermann, Gotha: Justus Perthes, 1869.

81

# Ankunft in der Tropenwelt

Am 16. Juli 1799, 41 Tage nach der Abfahrt von La Coruña und 20 Tage nachdem sie in Teneriffa abgelegt hatte, ankerte die *Pizarro* an der Küste von Tierra Firme, dem heutigen Venezuela. Über seine erste Begegnung mit amerikanischen Ureinwohnern notierte Humboldt:

Als wir uns eben anschickten, an Land zu gehen, sah man zwei Pirogen die Küste entlangfahren. Man rief sie durch einen zweiten Kanonenschuss an, und obgleich man die Flagge von Kastilien aufgezogen hatte, kamen sie doch nur zögernd herbei. Diese Pirogen waren, wie alle der Eingeborenen, aus einem einzigen Baumstamm gefertigt und in jeder befanden sich 18 Indianer vom Stamme der Guayqueríes, nackt bis zum Gürtel und von hohem

*Alexander von Humboldt.* Ölgemälde von Friedrich Georg Weitsch, 1806. Das kurz nach der Forschungsreise entstandene Gemälde zeigt Humboldt in einer idealisierten Urwaldlandschaft beim Botanisieren. Links steht das Reisebarometer, sein neben dem Sextanten wichtigstes Messinstrument.

Wuchs. Ihr Körperbau zeugte von großer Muskelkraft und ihre Hautfarbe lag zwischen Braun und Kupferrot. Von weitem, wie sie unbeweglich dasaßen und sich vom Horizont abhoben, konnte man sie für Bronzestatuen halten. Dieser Anblick beeindruckte uns umso mehr, da er so wenig dem Begriff entsprach, den wir uns nach manchen Reiseberichten von den charakteristischen Zügen und der großen Körperschwäche der Eingeborenen gemacht hatten. Wir machten in der Folge, ohne die Grenzen der Provinz Cumaná zu überschreiten, die Erfahrung, wie auffallend die Guayqueríes äußerlich von den Chaymas und den Kariben verschieden sind. So nahe alle Völker Amerikas miteinander verwandt scheinen, da sie ja derselben Rasse angehören, so unterscheiden sich doch die Stämme nicht selten bedeutend im Körperwuchs, in der mehr oder weniger dunklen Hautfarbe, im Blick, aus dem bei den einen Ruhe und Sanftmut, bei andern eine unheilvolle Mischung von Traurigkeit und Grausamkeit spricht.

Sobald die Pirogen so nahe waren, dass man die Indianer spanisch anrufen konnte, verloren sie ihr Misstrauen und fuhren geradezu an Bord. Wir erfuhren von ihnen, das niedrige Eiland, bei dem wir geankert, sei die Insel Coche, die immer unbewohnt gewesen und an der die spanischen Schiffe, die aus Europa kommen, gewöhnlich weiter nördlich, zwischen derselben und der Insel Margarita, durchgehen, um im Hafen von Pampatar einen Lotsen an Bord zu nehmen. Unbekannt in der Gegend, waren wir in den Kanal südlich von Coche geraten, und da die englischen Kreuzer sich damals häufig in diesen Strichen zeigten, hatten uns die Indianer für ein feindliches Fahrzeug gehalten. […]

Die Guayqueríes gehören zum Stamm zivilisierter Indianer, welche an den Küsten von Margarita und in den Vororten der Stadt Cumaná wohnen. Nach den Kariben des spanischen Guayana sind sie der schönste Menschenschlag in Tierra Firme. Sie genießen verschiedene Vorrechte, da sie seit der ersten Zeit der Eroberung sich als treue Freunde der Kastilier bewährt haben. Der König von Spanien nennt sie daher auch in seinen Handschreiben »seine lieben, edlen und getreuen Guayqueríes«. Die Indianer, auf die wir in den zwei Pirogen gestoßen, hatten den Hafen von Cumaná in der Nacht verlassen. Sie wollten Bauholz in den Cedrowäldern holen, die sich vom Kap San José bis über die Mündung des Río Carúpano hinaus erstrecken. Sie gaben uns frische Kokosnüsse und einige Fische von der Gattung Choetodon, deren Farben wir nicht genug bewundern konnten. Welche Schätze enthielten in unseren Augen die Kähne der armen Indianer! Ungeheure Vijaoblätter bedeckten Bananenbüschel;

der Schuppenpanzer eines Tatou, die Frucht der Crescentia cujete, die den Eingeborenen als Trinkgefäße dienen, Naturkörper, die in den europäischen Kabinetten zu den gemeinsten gehören, hatten ungemeinen Reiz für uns, weil sie uns lebhaft daran mahnten, dass wir uns im heißen Erdgürtel befanden und das längst ersehnte Ziel erreicht hatten.

Der *Patrón* einer der Pirogen erbot sich, an Bord der *Pizarro* zu bleiben, um uns als Lotse *(de práctico)* zu dienen. Der Mann empfahl sich durch sein ganzes Wesen; er war ein scharfsinniger Beobachter und hatte sich in lebhafter Wissbegier mit den Meeresprodukten wie mit den einheimischen Gewächsen beschäftigt. Ein glücklicher Zufall fügte es, dass der erste Indianer, dem wir bei unserer Landung begegneten, der Mann war, dessen Bekanntschaft unseren Reisezwecken äußerst förderlich wurde. Mit Vergnügen schreibe ich in dieser Erzählung den Namen Carlos del Pino nieder: So hieß der Mann, der uns 16 Monate lang auf unseren Wegen längs der Küsten und im Binnenlande begleitet hat. […]

Der Wind war sehr schwach; der Kapitän hielt es für ratsamer, bis zu Tagesanbruch zu lavieren. Er scheute sich, bei Nacht in den Hafen von Cumaná einzulaufen, und ein unglückseliger Unfall, der vor kurzem eben hier vorgekommen war, schien diese Vorsicht zu gebieten. Ein Paketboot hatte Anker geworfen, ohne die Hecklaternen anzuzünden; man hielt es für ein feindliches Fahrzeug, und die Batterien von Cumaná gaben Feuer darauf. Dem Kapitän des Postschiffes wurde ein Bein weggerissen, er starb wenige Tage später in Cumaná.

Wir brachten einen Teil der Nacht auf dem Verdeck zu. Der Guayqueri-Lot-

*Ansicht Cumanás von der alten Burg.* Ölskizze von Ferdinand Bellermann, 1844. Durch Humboldts Vermittlung erhielt der Maler aus Erfurt ein königliches Reisestipendium, das ihm von 1842 bis 1845 eine Reise nach Venezuela ermöglichte. Die künstlerische Ausbeute dieses Aufenthaltes, 233 Ölskizzen und Zeichnungen, musste er allerdings als Gegenleistung in den Königlichen Museen abliefern.

se unterhielt uns mit der Schilderung von Tieren und Gewächsen seines Landes. Wir hörten zu unserer großen Befriedigung, wenige Meilen von der Küste sei ein gebirgiger, von Spaniern bewohnter Landstrich, wo empfindliche Kälte herrsche, und auf den Ebenen kämen zwei sehr verschiedene Krokodile vor, ferner Boas, Zitteraale und mehrere Tigerarten.* Obgleich die Worte Bava, Cachicamo und Temblador uns ganz unbekannt waren,

ließ uns die naive Beschreibung von Gestalt und Gewohnheiten der Tiere doch alsbald die Arten erkennen, welche die Kreolen** so benennen. Wir dachten nicht daran, dass diese Tiere über ungeheure Landstriche zerstreut sind, und hofften, sie gleich in den Wäldern bei Cumaná beobachten zu können. Nichts reizt die Neugierde des Naturkundigen mehr als der Bericht von den Wundern eines Landes, das er bald betreten soll.

Am 16. Juli 1799, bei Tagesanbruch, lag eine grüne, malerische Küste vor uns. Die Berge von Neu-Andalusien begrenzten, halb von Wolken verschleiert, nach Süden den Horizont. Die Stadt Cumaná mit ihrem Schloss erschien zwischen Gruppen von Ko-

---

\*   Humboldt bezeichnet, gemäß dem damaligen Sprachgebrauch, Kaimane als Krokodile und Jaguare als Tiger.

\*\*   Die in Hispano-Amerika geborenen Nachfahren von spanischen Eltern.

*Pflanzen aus dem Herbar von Humboldt und Bonpland aus Mexiko, Venezuela, Kuba und Peru* sowie ein *Mikroskop,* um 1790 hergestellt von Samuel Gottlieb Hofmann in Leipzig. Bonpland benutzte ein baugleiches Instrument. Es diente nicht nur botanischen und zoologischen Zwecken, sondern auch der Erheiterung der Damen der feinen Gesellschaft, die mit großem Vergnügen darin ihre Kopfläuse betrachteten.

kosbäumen. Um neun Uhr morgens, 41 Tage nach unserer Abfahrt von La Coruña, gingen wir im Hafen von Cumaná vor Anker.[1]

Noch am Tag der Landung hielt Alexander von Humboldt seine Eindrücke in einem Brief aus Cumaná an seinen Bruder Wilhelm fest:

Mit eben dem Glück, guter Bruder, mit dem wir im Angesichte der Engländer in Teneriffa angekommen sind, haben wir unsre Seereise vollendet. Ich habe viel auf dem Wege gearbeitet, besonders astronomische Beobachtungen gemacht. Wir bleiben einige Monate in [der Provinz] Caracas.

Wir sind hier einmal in dem göttlichsten und vollsten Lande. Wunderbare Pflanzen, Zitteraale, Tiger [Jaguare], Armadille [Gürteltiere], Affen, Papageien, und viele viele echte halbwilde Indianer, eine sehr schöne und interessante Menschenrasse. Caracas ist, wegen der nahen Schneegebirge, der kühlste und gesundeste Aufenthalt in Amerika; ein Klima wie Mexiko; und, obgleich von [Nikolaus Joseph von] Jacquin besucht, noch einer der unbekanntesten Teile der Welt, wenn man etwas nur in das Innere der Gebirge geht. Was uns, außer dem Zauber einer solchen Natur (wir haben seit gestern auch noch nicht ein einziges Pflanzen- oder Tierprodukt aus Europa gesehen), vollends bestimmt, uns hier in Caracas – zwei Tagereisen von Cumaná zu Wasser – aufzuhalten, ist die Nachricht, dass eben in diesen Tagen englische Kriegsschiffe in dieser Gegend kreuzen. Von hier bis Havanna haben wir nur eine Reise von acht bis zehn Tagen; und da alle europäischen Konvoyen hier landen, Gelegenheit genug, außer den Privatgelegenheiten.

Überdies ist gerade auf Kuba bis September und Oktober die Hitze am bösesten. Diese Zeit bringen wir hier in der Kühle und in gesunderer Luft hin; man darf hier sogar nachts im Freien schlafen.

Ein alter Marinekommissär mit einer Negerin und zwei Negern, der lange in Paris und Domingo und den Philippinen war, hält sich ebenfalls hier auf. Wir haben für 20 Piaster monatlich ein ganz neues freundliches Haus gemietet, nebst zwei Negerinnen, wovon eine kocht. An Essen fehlt es hier nicht; leider nur existiert jetzt nichts Mehl-, Brot- oder Zwiebackähnliches. Die Stadt ist noch halb in Schutt vergraben; denn dasselbe Erdbeben in Quito, das berühmte von 1797, hat auch Cumaná umgestürzt. Diese Stadt liegt an einem Meerbusen, schön wie der von Toulon, hinter einem Amphitheater 5000 bis 8000 Fuß [1625 bis 2600 Meter] hoher, und dick mit Wald bewachsener Berge. Alle Häuser sind von weißem Sinabaum und Atlasholz gebaut. Längs dem Flüsschen (Río de Cumaná), das wie die Saale bei Jena ist, liegen sieben Klöster und Plantagen, die waren englischen Gärten gleichen. Außerhalb der Stadt wohnen die Kupferindianer, von denen die Männer alle fast nackt gehen. Die Hütten sind von Bambusrohr, mit Kokosblättern gedeckt. Ich ging in eine. Die Mutter saß mit den Kindern, statt auf Stühlen, auf Korallenstämmen, die das Meer auswirft; jedes hatte Kokosschalen statt der Teller vor sich, aus denen sie Fische aßen. Die Plantagen sind alle offen, man geht frei ein und aus. In den meisten Häusern stehen selbst nachts die Türen offen: so gutmütig ist hier das Volk. Auch sind hier mehr echte Indianer als Neger.

Welche Bäume! Kokospalmen, 50 bis 60 Fuß [16,25 bis 19,5 Meter] hoch! Poinciana pulcherrima, mit einem Fuß [32,5 cm] hohem Strauße der prachtvollsten hochroten Blüten; Pisange [Bananen] und eine Schar von Bäumen mit ungeheuren Blättern und handgroßen wohlriechenden Blüten, von denen wir nichts kennen. Denke nur, dass dies Land so unbekannt ist, dass ein neues Genus, welches [José Celestino] Mutis* erst vor zwei Jahren publizierte, ein 60 Fuß [19,5 Meter] hoher weitschattiger Baum ist. Wir waren so glücklich, diese prachtvolle Pflanze (sie hatte zolllange Staubfäden) gestern schon zu finden. Wie groß also die Zahl kleinerer Pflanzen, die der Beobachtung noch entzogen sind? Und welche Farben der Vögel, der Fische, selbst der Krebse (himmelblau und gelb)! Wie die Narren laufen wir bis jetzt umher; in den ersten drei Tagen können wir nichts bestimmen, da man immer einen Gegenstand wegwirft, um einen andern zu ergreifen. Bonpland versichert, dass er von Sinnen kommen werde, wenn die Wunder nicht bald aufhören. Aber schöner noch als diese Wunder im Einzelnen, ist der Eindruck, den das Ganze dieser kraftvollen, üppigen und doch dabei so leichten, erheiternden, milden Pflanzennatur macht. Ich fühle es, dass ich hier sehr glücklich sein werde und dass diese Eindrücke mich auch künftig noch oft erheitern werden.

Wie lange ich hier bleibe, weiß ich noch nicht; ich glaube, hier und in Caracas an drei Monate; vielleicht aber auch viel länger. Man muss genießen, was man nahe hat. Wahrscheinlich mache ich, wenn der Winter künftigen Monat hier aufhört und die wärmste und müßigste Zeit eintritt, eine Reise an die Mündung des Orinoco, Boca del Drago (Drachenmaul) genannt, wohin von hier ein sicherer und gebahnter Weg geht. Wir sind an dieser Boca vorbeigesegelt, ein fürchterliches Wasserschauspiel! Nachts, den 4. Juli, sah ich zum ersten Mal das ganze südliche Kreuz vollkommen deutlich.[2]

Wie bereits während der Reise durch Europa erregten auch in Cumaná die in der Sonne glitzernden Messinstrumente, mit denen die beiden Forscher hantierten, die Aufmerksamkeit der Bevölkerung. Über die Schwierigkeiten, trotzdem ernsthafte wissenschaftliche Untersuchungen durchzuführen, berichtet Humboldt:

Die ersten Wochen unseres Aufenthalts in Cumaná verwendeten wir dazu, unsere Instrumente zu berichtigen, in der Umgegend zu botanisieren und die Spuren des Erdbebens vom 14. Dezember 1797 zu untersuchen. Die Mannigfaltigkeit der Gegenstände, die uns zugleich in Anspruch nahmen, ließ uns nur schwer den Weg zu geordneten Studien und Beobachtungen finden. Wenn unsere ganze Umgebung den lebhaftesten Reiz auf uns ausübte, so erregten dagegen unsere Instrumente die Neugier der Einwohnerschaft. Wir wurden durch häufige Besuche von der Arbeit abgehalten, und wollte man nicht Leute vor den Kopf stoßen, die so seelenvergnügt durch einen Dollond [ein Teleskop] die Mondflecken betrachteten, zwei Gase in der Röhre eines Eudiometers [Luftgütemeser] sich verzehren oder auf galvanische Berührung einen Frosch sich bewegen sahen, so musste man sich wohl herbeilassen, auf oft verworrene Fragen Auskunft zu

---

* José Celestino Mutis (1732–1808) war der bedeutendste Botaniker Lateinamerikas. Humboldt traf ihn 1801 in Bogotá.

geben und stundenlang dieselben Versuche zu wiederholen.

So ging es uns fünf ganze Jahre, sobald wir uns an einem Orte aufhielten, wo man in Erfahrung gebracht hatte, dass wir Mikroskope, Fernrohre oder elektromotorische Apparate besäßen. Dergleichen Auftritte wurden meist umso ermüdender, je verworrener die Vorstellungen waren, welche die Besucher von Astronomie und Physik hatten, welche Wissenschaften in den spanischen Kolonien den sonderbaren Titel »neue Philosophie«, *nueva filosofía*, führen. Die Halbgelehrten sahen mit einer gewissen Geringschätzung auf uns herab, wenn sie hörten, dass sich unter unsern Büchern weder das *Spectacle de la nature* vom Abbé Pluche, noch der *Cours de physique* von Sigaud la Fond, noch das *Wörterbuch* von Valmont de Bomare befanden. Diese drei Werke und der *Traité d'économie politique* von Baron Bielfeld sind die bekanntesten und geachtetsten fremden Bücher im spanischen Amerika von Caracas und Chile bis Guatemala und Nordmexiko. Man gilt nur dann als gelehrt, wenn man die Übersetzungen derselben recht oft zitieren kann, und nur in den großen Hauptstädten, in Lima, Santa Fé de Bogotá und Mexiko, fangen die Namen Haller, Cavendish* und Lavoisier an, jene zu verdrängen, deren Ruf seit einem halben Jahrhundert populär geworden ist.[3]

Bereits in der ersten Stadt, die Humboldt auf dem amerikanischen Kontinent kennenlernte, begegnete ihm eine Beson-

derheit des europäischen Kolonialismus, mit der er sich während seiner gesamten Forschungsreise intensiv auseinandersetzen sollte:

Wenn unser Haus in Cumaná für die Beobachtung des Himmels und der meteorologischen Vorgänge sehr günstig gelegen war, so mussten wir dagegen zuweilen bei Tage etwas mitansehen, was uns empörte. Der große Platz ist zum Teil mit Bogengängen umgeben, über denen eine lange hölzerne Galerie hinläuft, wie man sie in allen heißen Ländern sieht. Hier wurden die Schwarzen verkauft, die von der afrikanischen Küste herübergebracht werden. Unter allen europäischen Regierungen war die von Dänemark die erste und lange die einzige, die den Sklavenhandel abgeschafft hat, und dennoch waren die ersten Sklaven, die wir ausgestellt sahen, auf einem dänischen Sklavenschiff gekommen. Der gemeine Eigennutz, der mit den Pflichten der Menschlichkeit, Nationalehre und den Gesetzen des Vaterlandes im Streite liegt, lässt sich durch nichts in seinen Spekulationen stören. Die zum Verkauf ausgesetzten Sklaven waren junge Leute von 15 bis 20 Jahren. Man gab ihnen jeden Morgen Kokosöl, um sich den Körper damit einzureiben und die Haut glänzend schwarz zu machen. Jeden Augenblick erschienen Käufer und schätzten nach der Beschaffenheit der Zähne Alter und Gesundheitszustand der Sklaven; sie rissen ihnen den Mund gewaltsam auf, ganz wie es auf dem Pferdemarkt geschieht. Dieser entwürdigende Brauch schreibt sich aus Afrika her, wie die getreue Schilderung zeigt, die Cervantes nach langer Gefangenschaft bei den Mauren in einem seiner Theaterstücke vom Verkauf der Christenskla-

---

* Der Schweizer Arzt und Naturforscher Albrecht von Haller (1708–1777) war einer der bedeutendsten Anatomen und Physiologen seiner Zeit und machte sich auch als Dichter und Literaturkritiker einen Namen. Der britische Naturforscher Henry Cavendish (1731–1810) entdeckte u. a. den Wasserstoff.

ven in Algier entwirft. Man stöhnt auf bei dem Gedanken, dass es noch heutigen Tages auf den Antillen europäische Kolonisten gibt, die ihre Sklaven mit dem Glüheisen zeichnen, um sie wiederzuerkennen, wenn sie entlaufen. So behandelt man Menschen, die anderen Menschen die Mühe des Säens, Ackerns und Erntens ersparen.

Je tieferen Eindruck der erste Verkauf von Negern in Cumaná auf uns gemacht hatte, desto mehr wünschten wir uns Glück, dass wir uns bei einem Volk und auf einem Kontinent aufhielten, wo ein solches Schauspiel sehr selten vorkommt und die Zahl der Sklaven im Allgemeinen höchst unbedeutend ist. Dieselbe betrug im Jahre 1800 in den Provinzen Cumaná und Barcelona nicht über 6000, während man zur selben Zeit die Gesamtbevölkerung auf 110 000 schätzte. Der Handel mit afrikanischen Sklaven, den die spanischen Gesetze niemals begünstigt haben, ist jetzt völlig bedeutungslos an Küsten, wo im 16. Jahrhundert der Handel mit amerikanischen Sklaven schauerlich lebhaft war. Macarapan, früher Amaracapana genannt, Cumaná, Araya und besonders Neu-Cádiz, das auf dem Eiland Cubagua angelegt worden war, konnten damals als Comptoirs gelten, die zur Betreibung des Sklavenhandels errichtet waren. Girolamo Benzoni aus Mailand, der im Alter von 22 Jahren nach Tierra Firme gekommen war, machte im Jahre 1542 an den Küsten von Bordones, Cariaco und Paria Raubzüge mit, bei denen unglückliche Eingeborene weggeschleppt wurden. Er erzählt sehr naiv und oft mit einem Gefühlsausdruck, wie er bei den Geschichtsschreibern jener Zeit selten vorkommt, von den Grausamkeiten, die er mitangesehen. Er sah die Skla-

*Königspalme und andere Bäume.* Ölskizze von Ferdinand Bellermann, 1844.

ven nach Neu-Cádiz gebracht werden, wo sie mit dem Glüheisen auf Stirne und Armen gezeichnet wurden und den Beamten der Krone der *Quint* entrichtet wurde. Aus diesem Hafen wurden sie nach Haiti oder Santo Domingo geschickt, nachdem sie mehrmals die Herren gewechselt, nicht weil sie verkauft wurden, sondern weil die Soldaten mit Würfeln um sie spielten.[4]

Am 4. September 1799 brachen Humboldt und Bonpland mit einigen einheimischen Begleitern und Maultieren, die die notwendigsten Instrumente trugen, zu einer Missionsstation von Kapuziner-Mönchen bei den Chaymas-Indianern im Süden von Cumaná auf. Einer der Begleiter war José de la Cruz, ein Mulatte, den sie in Cumaná kennengelernt hatten. Er sollte ihnen während der gesamten amerikanischen Reise als Diener zur Seite stehen und später sogar mit ihnen nach Europa reisen.

Sowie man die plage [Küste] verlässt, tritt man in eine neue, belebtere Welt. Welche Üppigkeit des Pflanzenwuchses, welche Nacht unter dem dichtgewebten Laubdach. Hier sahen wir zuerst den majestätischen Wuchs der Cecropia peltata, der Hura crepitans, Cerbera, Erythrina Corallodendr[on]. Die dunkelgrünen, saftigen Pothos digitatum, Pothos ouatum, Dracontium pertusum, zahllose Costus, Alpinia, Curcuma, zuerst die Dorstenia Contrajerva, welche der ehrwürdige Jacquin lange für ein Cryptogam hielt und an dem in der Tat die Fruchtteile so schwer zu erkennen sind. Doch was wag ich es, die Pflanzen zu nennen, welche diese Felsen bis San Fernando bedecken. Wo eine große Wassermasse und Sonnenwärme vereinigt sind, da reiht die schaffende Natur den Stoff zu tausendfältigen Formen zusammen. Von dem zehnten Teil der Pflanzen, die uns umgaben, ahndeten wir auch nicht einmal das Geschlecht. Bonplands Klagen, dass unser Papiervorrat diesen Reichtum nicht fassen könne, störte fast meinen Genuss. Unsere Pflanzenbüchsen und Schnupftücher waren bald gefüllt, und vom [Berg] Imposíbile aus sandten wir einen Boten nach Cumaná, um neue 800 Bogen Papier kommen zu lassen. Der Weg ging meist in Schluchten, an deren einer Seite ein Waldstrom sich schäumend durch lose Felsmassen durchwindet. Wie des Himmels Bläue gegen dies dunkle Grün der Blätter kontrastierte, wie die faulenden Baumstämme (besonders Palo morado [violetter Stab]) und zahllose Blüten die Luft mit Wohlgerüchen füllten, und dabei eine so feierliche Stille des kühlen Wintermorgens.[5]

91

# Die Missionen

Später, im Jahr 1801, schrieb Humboldt in Havanna: »Ich habe nun zwei Jahre lang vom Kapuziner an (ich war lange in ihren Missionen, unter den Chaymas-Indianern) bis zum Vizekönig mit allen Menschenklassen genau verbunden gelebt.«[1] Dieser intensive Kontakt mit allen Bevölkerungsschichten erlaubte ihm einen weitaus tieferen Einblick in das Alltagsleben und in die Kulturen der Neuen Welt, als ihn jemals ein Mitglied einer vielköpfigen Expeditionsgruppe aus Europa haben konnte. Zu Humboldts Art des Reisens gehörte es, Konflikte zu vermeiden und sich mit offener Kritik an den herrschenden politischen Zuständen zurückzuhalten. Sein Pass mit dem Siegel des spanischen Königs verpflichtete ihn nach außen zur Loyalität gegenüber der spanischen Krone und deren Repräsentanten.

Hätte Humboldt seine politische Meinung zu den kolonialen Missständen noch während der Reise öffentlich geäußert, wäre sein Forschungsunternehmen auf der Stelle gescheitert. Er wäre des Landes verwiesen worden. Das erklärt, warum alle von Humboldt bereits während der amerikanischen Reise veröffentlichten Texte sich jeder politischen Stellungnahme enthalten.[2] Er war sich des Privilegs nur allzu bewusst, dass die spanische Kolonialmacht einen aufgeklärten preußischen Forscher fünf Jahre lang unbeaufsichtigt durch ihre bereits von inneren Krisen heimgesuchten Hoheitsgebiete reisen ließ. Seine Kritik am Kolonialsystem vertraute er nur guten Freunden und seinem Tagebuch an. So verfasste er Ende 1802, während seines Aufenthaltes in Lima eine Abhandlung über die Willkürherrschaft der Mönche in den Missionen der spanischen Kolonien, vor allem in den Gebieten Venezuelas. Diese Anklage floss zwar später auch in den ab 1814 publizierten Bericht über die *Reise in die Äquinoktial-Gegenden des Neuen Kontinents* ein. Dort allerdings hat Humboldt sie nicht mehr so scharf formuliert und auch nicht mehr mit so vielen Beispielen belegt wie hier in seinem Reisetagebuch:

*Kirche und Ruine des Konvents Caripe in der Provinz Cumaná*, Ausschnitt. Ölskizze von Ferdinand Bellermann, 1843.

Keine Religion predigt die Unmoral, aber was sicher ist, ist, dass von allen existierenden die christliche Religion diejenige ist, unter deren Maske die Menschen am unglücklichsten werden. Dass man doch die Missionen besuchte, dass man in die Hütten der unglücklichen Amerikaner einträte, die unter der Fuchtel von Franziskaner- oder Kapuzinerpatern leben; man würde wünschen, auf einer verlassenen Insel (der Kokos-Insel) zu leben, um niemals von den Europäern und ihrer Theokratie sprechen zu hören.

Die gegenwärtigen Missionen verursachen zwei Arten von Schäden: der eine vollzieht sich positiv, derjenige, die Zivilisation und Kultur der Menschen nicht zu fördern, der andere ist ein negativer und erregt die meiste Teilnahme, derjenige, das Gute zu verhindern, die Bevölkerung zu verringern, ungeheure Ländereien unbewohnbar zu machen und die freien Indios dazu zu bringen, sich täglich mehr von den christlichen Niederlassungen zurückzuziehen, wodurch der Hass gegen eine Menschenklasse vermehrt wird, die unter dem Anschein, ihnen Gutes zu tun, ihnen ihren Besitz, ihre Niederlassungen gewaltsam wegnimmt und sie glauben macht, dass es eine Sünde ist, sich darüber zu beklagen! Die deutschen Kleinstaaten beweisen zur Genüge, dass man den Launen eines Souveräns umso mehr unterworfen ist, je näher man ihm ist. Die Missionen sind Theokratien, denen sich die Indios leicht anpassen, weil jeder freie amerikanische Indio an eine mechanische Willfährigkeit gegenüber seinen Häuptlingen gewöhnt ist.

Es gibt keine unbegrenztere Despotie als die der Mönche. Welche schreckliche Vorstellung, dass derselbe Mensch, der von den Sünden freispricht, der nach seinem Belieben den mildesten Trost eines zukünftigen, glücklicheren Lebens entziehen kann, auch Herr und Gebieter über euer Eigentum, die Früchte eures Ackerbaus, eure geringfügigsten Handlungen ist. [...]

Die Missionare herrschen durch eine allen gemeinsame politische Intrige, welche vollständig erklärt, wie ein Weißer so despotisch regieren kann, der sich allein unter oft, besonders in ihrer Trunkenheit, gewalttätigen Indios (Morciélagos, Kariben) befindet. Die Intrige besteht darin, dass die Mission sich auf Geschenke gründet, die man den Anführern der Indios, den Sibierenes, den Kaziken, macht. Der Mönch hat immer drei bis vier Indios, und zwar die am meisten gefürchteten, auf seiner Seite. Er macht es wie die Souveräne, die Kreuze, Titel verleihen ... Die Mönche ernennen Kaziken, Gobernadores, ranghöhere Polizisten ... Sie verteilen die Stäbe (Ehrenzeichen) an diejenigen, die diese Rangabzeichen erlaubterweise tragen, um ihrerseits die Indios zu tyrannisieren. Diesen lässt man die Freiheit (Augustus nach dem Sturz der Republik), ihre Vorgesetzten zu wählen, aber der Mönch bestätigt, weist zurück ... Auf diese Weise gibt es in jeder Mission vier bis fünf Familien, die Interesse daran haben, die Partei des Mönchs zu nehmen. [...]

Der Missionar versucht, sein Dorf wie ein Kloster zu behandeln. Alles geschieht nach dem Ton der Glocken; der Indio ist nicht einen einzigen Augenblick in seinen Handlungen frei; man schickt ihn nach rechts und nach links, und die Flussreisen sind ausreichend, um die Missionen zu ruinieren. Der Indio will nichts anbauen, weil alles, was er hervorbringt, dem Pater gehört. In San Fernando de Atabapo

*Jagd auf den Jaguar.* Ölgemälde von Ferdinand Bellermann, 1866.

zwingt man ihn, dem Missionsmönch eine Fanega Kakao für vier bis sechs Realen zu verkaufen. Stockschläge, wenn der Indio seinen Kakao einem benachbarten Missionar zu verkaufen oder bei diesem seine Leinwand zu kaufen wagt. Jeder unterhält Monopolrechte in seinem Dorf. Ich reise mit einem Mönch, der auf dem großen Schildkrötenöl-Markt für fast 100 Piaster Leinwand, Bänder, Nadeln, gekauft hatte, die ihn nicht 20 Piaster gekostet hatten; denn statt mit Geld hatte er sie mit Tití-Affen, Viuditas-Affen, Felshühnern vom Orinoco bezahlt, die ihm die Indios zwangsweise für 2 Realen geben müssen und die er vor ihren Augen für 7 Piaster gut verkauft, während er denselben bei Strafe von 50 Peitschenhieben verbietet, den Kaufleuten von Guayana auch nur einen Affen auf eigene Rechnung zu verkaufen. Dieser Pater errichtete seinen Stand in allen Dörfern, durch die er kam; er hatte die Geduld, die Nadeln stückweise zu verkaufen, wobei er 3000 Prozent gewann. [...] Dasselbe Monopol, dieses Fehlen des Nutzens, den die Indios aus ihrer Arbeit ziehen, ist die Ursache, dass es in den Missionen mit einem so fruchtbaren Boden nur wenige Handelsprodukte gibt, dagegen das Elend in ihnen die Bevölkerung bemerkenswert verringert. Die Indios bauen nichts an, weil der Kakao ihnen keinen Profit bringt, sondern ihnen im Gegenteil das Unglück (die Unbequemlichkeit) des Reisens verschafft. Im Gegenteil, sie zerstören heimlich die Bäume. [...]
Ich sage das, weil ich es mit meinen eigenen Augen gesehen habe und ohne Hass gegen die Mönche, die mir niemals persönlich etwas zuleide getan haben, unter denen ich eine Anzahl sehr achtungswürdiger Personen kennengelernt habe und über die ich mich in meinem Werk mit viel mehr Vorsicht äußern werde, als ich es hier tat; denn ich möchte, dass dort eine Gesinnung des Friedens, der Gerechtigkeit und des Wohltuns herrscht. Ich bin in den Missionen gut aufgenommen worden, ich bin dort weder aus Gnade noch heimlich hineingekommen, ich bin auf direkten Befehl des Königs empfangen worden. Ein Historiker hat keine andere Verpflichtung als die der Wahrhaftigkeit, und sie muss ihm umso heiliger sein, als das Unglück der ausgedehntesten Gebiete davon abhängt. Man möge den Bericht des Vizekönigs Góngora, Erzbischofs von Bogotá, lesen, die Denkschriften von zahlreichen Bischöfen, selbst von Klostervorstehern, besonders wenn sie gerade von Europa angekommen und noch nicht daran gewöhnt sind, die Indios misshandelt zu sehen, und man wird darin viel schlimmere Sachen finden, als ich sie gesehen habe; z. B. hat der Missionar von San Fernando de Atabapo, der bei seinem Gardian angeklagt war, mit der Frau eines Indios zu leben, seinem Küchenjungen, von dem er glaubte, dass er ihn verraten habe, mit den Zähnen einen Hoden abgerissen. Der Mann ist heute Kirchendiener und eine anatomische Merkwürdigkeit, denn er hat Kinder, obwohl er nur mit einem Flügel schlägt. Der Mönch hat lange Zeit im Prozess gestanden, aber seine Klosterbrüder haben verstanden, ihn aus der Affäre zu ziehen, indem sie sagten, dass es wahr wäre, dass er den Penis zwischen den Zähnen gekaut habe (man könnte glauben, von den Kariben-Indianern zu sprechen!), aber dass er es in der Wut über den Anblick des Knaben getan habe, der eine kleine Indianerin in seinem keuschen Haus

geküsst habe. Er liest die Messe in der Nähe der Küste. Aber das Faktum ist sehr sicher; ich habe es von den Mönchen selbst und kann die Personen bei Namen nennen!

Diese blutigen Ausschreitungen und andere, bei denen Indios zu Tode gepeitscht wurden (wovon alle Missionen Beispiele liefern), sind im Allgemeinen zu selten, um sie als Hauptursache des Unglücks der Indios anzuführen. Es ist mit ihnen wie mit den Afrikanern; man sagt, dass es ihnen gut geht, wenn man sie nicht tötet; man glaubt, dass sie durch die Gesetze geschützt sind, wenn man ihnen ohne Richter nur 25 Schläge zu geben wagt. Aber man vergisst, dass es besser ist, bei einem einzigen Mal unter den Schlägen den Geist aufzugeben als ein trostloses Leben in die Länge zu ziehen, in dem man alle Tage geschlagen wird, jede Woche (nach der Laune des Herrn) drei- bis viermal in die Bäckerei, die »Pistrina« [Stampfmühle] nach Lima geschickt wird, ein Leben schlimmer als der Tod zu führen. Das Unglück des Indios in den Missionen besteht darin, dass er Sklave des Paters ist, des Gobernadors, des Alguacil, des Hauptmanns ... dass er keinen eigenen Willen hat, dass man ihn sechs Monate des Jahres von seiner Familie trennt, um ihn im Kanu des Paters rudern zu lassen, dass er kein Eigentum hat, weil der Missionar ihn zwingt, ihm alles abzutreten,

was er nötig hat, dass man ihn jeden Augenblick, sogar in der Kirche, auspeitscht, dass er unbewegt sieht, wie seine Frau, seine Mutter, ohne Unterschied des Alters beim Gebet geschlagen wird, weil sie »infierno« (Hölle) wie »invierno« (Winter) ausspricht ... Es gibt nichts Widerlicheres als (in den Kariben-Missionen) den Priester nach der Messe im Ornat vor der Kirchentür Aufstellung nehmen zu sehen, um die Geschenke (Abgaben) der Indios zu empfangen, die in zwei Reihen anstehen und Holz, Bananen, Manioc dem Mönch demütig zu Füßen legen. Nach diesem Akt der Huldigung befiehlt der Priester, die Indios auszupeitschen, die seinem Despotismus Widerstand geleistet haben; man peitscht oft drei viertel Stunden lang sieben bis acht bis neun Indios; der Priester kehrt in die Sakristei zurück und legt sein »geistliches Ehrenkleid« ab. Ihr [Gründer der christlichen Orden], die ihr die Gelübde der Demut, der Armut begründet habt ... die ihr die Einfachheit der Urkirche nachgeahmt habt, seht eure Anhänger in [West-]Indien! Was für eine Beschäftigung, unvereinbar mit der Stellung eines Priesters ... In Quito züchtigen die Herren der Haciendas vor der Kirche. Es ist eine grausame Idee, dass die Indios ihren Gott nicht anbeten können, ohne dass man sie auspeitscht.[3]

# Die Höhle der Guácharos

Am 17. September 1799 verließen Humboldt und seine Begleiter die Kapuziner-Mission bei den Chaymas-Indianern. Bereits einen Tag später erreichten sie die 80 Kilometer von Cumaná im Nordosten Venezuelas gelegene Höhle der Guácharos. Durch Humboldts Bericht erlangte sie weltweit große Beachtung. In sein Tagebuch notierte er:

So reich geschmückt und fröhlich der Eingang dieser Höhle ist, so schauderhaft ist ihr Inneres. Wo das Tageslicht zu verschwinden anfängt, hört man ein fernes, dumpfes Gekrächze der zahllosen Vögel Guácharos, welche diese Höhle so berühmt gemacht haben. Der Guácharo gehört zum Geschlecht Caprimulgus. Ich habe ihn gezeichnet und unten weitläufig systematisch beschrieben. Den Vogel würde ein ungelehrter Mensch einen bärtigen Habicht nennen. Er ist schön bunt gefleckt, braun mit schwarzen Punkten und weißen herzförmigen Augen. Der Unterschnabel, der mit einer dünnen Haut bespannt ist, und das ungeheuer krötenartige Maul lassen schon die krächzende Stimme ahnden, deren das Tier fähig ist. Wer viele 1000 Krähen in hohen Fichten hat zusammen nisten sehen, kann kaum einen Begriff von dem wütigen Lärmen haben, welchen die Guácharos in der Höhle betreiben. Sie nisten alle in 50 bis 60 Fuß [16 bis 20 Meter] Höhe, wo das Gewölbe mit trichterförmigen Löchern ausgehöhlt ist. Dieser Umstand macht den Ton noch dumpfer, da der

*Die Guácharo-Höhle in der Nähe von Caripe, in der Provinz Cumaná.* Ölskizze von Ferdinand Bellermann, 1843. Ein erster Höhepunkt der Amerikareise für Humboldt und Bonpland: »Diese von Nachtvögeln bewohnte Höhle ist für die Indianer ein schauerlich geheimnisvoller Ort; sie glauben, tief unten wohnen die Seelen ihrer Vorfahren.«

Widerhall ihm mehr Umfang gibt. Je tiefer man in die Höhle dringt, desto stärker wird der Lärm. Bisweilen hört das Gekrächze in einem Gewölbe auf, und man hört nur den entfernteren Chor. Ein so furchtbarer Aufenthalt, die Öffnung eines Gebirges, von dessen Höhe (so unbeträchtlich sie uns scheint, die wir den Pic de Teide und die Pyrenäen kennen) die Chaymas gigantische Vorstellungen haben (selbst Kreolen fragen, ob man so hohe Berge gesehen), der Umstand, dass niemand das Ende der Höhle kennt und der Unfug, welchen die Zauberer in dem Eingange noch heute treiben, haben die Cueva de los Guácharos, so lange dieser Weltteil bewohnt ist, zum Gegenstand religiöser Mythen gemacht. Den Chaymas ist die Höhle der Eingang zur Hölle. Die nächtlichen Vögel sind Vögel der Hölle. So bei den Griechen der Acheron und die Stygischen Vögel. Zu den Guácharos gehen heißt auf Chaymisch sterben. Die abgeschiedenen Seelen sind im hintersten Teile der Höhle. Daher wagt kein Indianer, allein in die Höhle zu gehen, und wir bemerkten sichtbaren Widerwillen und Angst bei denen, welche wir zwangen, mit uns vorzudringen. Sie versicherten, die Fackeln würden verlöschen, ohnerachtet der Vorrat groß war.

Der vordere Teil der Höhle ist schon profaner, seitdem die Indianer alle Jahr um Johannis dort einige Tage zubringen, um die Brut auszunehmen und die Manteca [Fett] zu gewinnen. Man streitet selbst darüber, ob dieser Gebrauch nicht erst von den fettlüsternen Kapuzinern eingeführt ist. Gewiss ist, dass jetzt die Nachstellung und das Fettsammeln ordentlicher und betriebsamer geschieht. Am Eingange sieht man Hütten, in denen das Fett-

ausbraten geschieht; man schneidet den kaum befiederten Jungen den Abdomen [Bauch] aus und bratet dort das Fett aus. Es ist weiß, halbflüssig und wie Öl, geruchlos. Alle Speisen, die wir im Kloster aßen, waren mit der Manteca gekocht. Man sammelt jährlich an 150 bis 160 Bouteillen [Flaschen] à 44 Quadratzoll Fett.[1] Da man nicht sehr tief in die Höhle eindringt, so bleibt noch Brut genug zur Fortpflanzung der Vögel übrig. Sonst ist es unbegreiflich, wie die Vögel nicht einen Ort verlassen, in dem man jährlich ein solches Blutbad anstellt. Auch gibt es kleinere Höhlen in der Gegend, aus denen vielleicht Guácharos in der großen nisten. [...]

Die Stalaktiten sind wie in allen sehr weiten Höhlen nicht sehr schön und nicht weiß, einige umso ungeheurere Säulen von 20 bis 25 Fuß [6,5 bis 8 Meter] Höhe. Die schönsten herabhängenden Zapfen am Eingange. Am hintersten Ende in 1450 Fuß [472 Meter] Entfernung steigt die Sohle der Höhle jäh unter 70 Grad an. Der Bach bildet einen kleinen Wasserfall. Von diesem Punkte aus, wo das Gekrächze der Vögel so groß ist, dass man sich mit Mühe versteht, sieht man die Öffnung, das Tageslicht mit den Zapfen und die buschige Felswand dem Eingang gegenüber – ein einzig pittoresker Anblick, eine Aussicht in eine andere, fröhlichere Welt.

Bonpland war so glücklich, zwei Guácharos, die um die Fackeln geblendet flattern, zu erlegen, nachdem man an zwölf vergebliche Schüsse da getan, wo die Menge am größten war. Das Geschrei, welches die Furcht verdoppelte, lässt sich nicht beschreiben. Auch verloren die Indianer allen Mut. Mit Mühe zwangen wir sie, den Hügel hinanzuklimmen.[2]

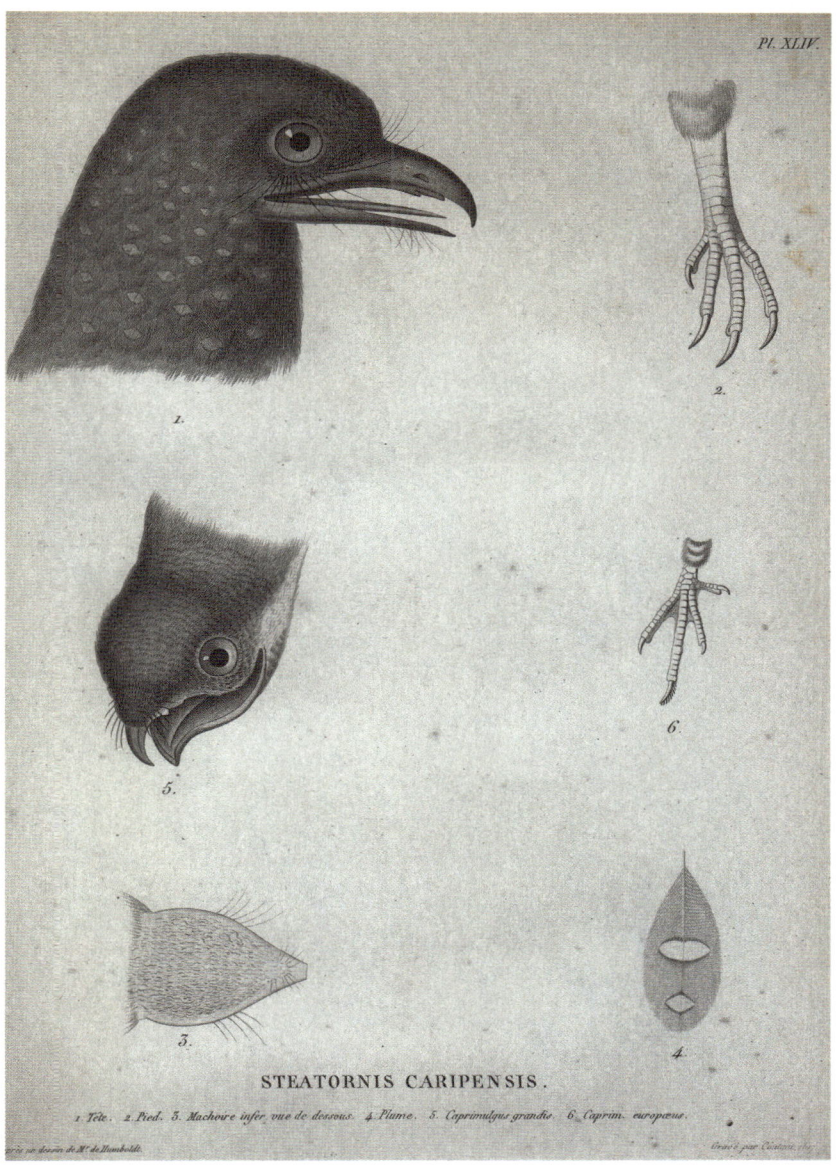

*Pl. XLIV.*

STEATORNIS CARIPENSIS.

*1. Tête. 2. Pied. 3. Machoire infer. vue de dessous. 4. Plume. 5. Caprimulgus grandis. 6. Caprim. europæus.*

*Guácharo oder Fettvogel (Steatornis caripensis).* Kupferstich von Jean Louis Coutant nach einer Zeichnung von Humboldt. Tafel 36 in Alexander von Humboldt und Aimé Bonpland: Recueil d'observations de zoologie et d'anatomie comparée, Bd. 2, Paris: Smith, 1833. Humboldt hat diese Vogelart erstmals wissenschaftlich beschrieben und abgebildet. »In einem Lande, wo man so großen Hang zum Wunderbaren hat«, schreibt er, »ist eine Höhle, aus der ein Strom entspringt und in der Tausende von Nachtvögeln leben, mit deren Fett man in den Missionen kocht, natürlich ein unerschöpflicher Gegenstand der Unterhaltung.«

Dass die Vögel nicht längst ausgerottet waren, führte Humboldt vor allem auf die Angst der Indianer vor den Seelen ihrer Vorfahren zurück, die die Höhle ihrem Glauben nach beherbergte. In seinem späteren Reisebericht merkte er zudem an: »Die Menge des gewonnenen Öls steht mit dem Gemetzel, das die Indianer alle Jahre in der Höhle anrichten, in keinem Verhältnis.«[3] Den Verkauf des Guácharo-Öls allerdings hatten allein die über die Indianer herrschenden Missionare in der Hand. Zu deren Handelsmonopol meinte Humboldt:

Es erschiene natürlich, dass der Ertrag der Jagd denen gehörte, die sie anstellen; aber in den Wäldern der Neuen Welt, wie im Schoße der europäischen Zivilisation, bestimmt sich das öffentliche Recht danach, wie sich das Verhältnis zwischen dem Starken und dem Schwachen, zwischen dem Eroberer und dem Unterworfenen gestaltet.[4]

101

# Von Cumaná nach Caracas

Nach ihrer Exkursion zu den Chay-mas-Indianern und zur Guácharo-Höhle kehrten Humboldt und Bonpland am 24. September 1799 nach Cumaná zurück. Sie hatten beschlossen, nicht wie geplant nach Havanna weiterzureisen, sondern das Landesinnere von Venezuela eingehend zu erforschen. Doch vorerst blieben sie noch bis zum 18. November in Cumaná, wo es neben dem täglichen wissenschaftlichen Arbeitspensum genügend Möglichkeiten gab, das gesellschaftliche Leben zu genießen:

Ein Fremder ist hier eine so seltene Erscheinung, dass jeder sich etwas von Europa oder vielleicht von Spanien (denn das übrige Europa kennt man hier nicht) erzählen lässt. Selbst indianische Damen (wir haben hier eine indianische Vorstadt, von den Guayqueríes bewohnt, lauter Hütten von Palmblättern) suchen uns heim und wenn man fragt, wie sie sich befinden, sagen sie sehr naiv: »Sehr wohl!« [...] Unsere Instrumente machen besonders großes Lärmen. Jeder will den Mond und die Sonne sehen, vor allem aber Läuse unter dem Mikroskop. Läuse sind nämlich unter den vornehmsten in gesticktem Musselin gekleideten Damen hier so häufig, dass die Damen, sobald ich das Mikroskop hervorsuche, schon wissen, wovon die Rede ist und sich sogleich eine die andere zu lausen beginnen. Ich bin oft erstaunt zu sehen, was für verschiedene Läusearten diese lockigen Frisuren (das Negerblut und Negerhaar mischt sich hier in alle Familien!) beherbergen. Jede Läuseart hat eigene indische Namen ... Seit einigen Wochen, da die Damen, nämlich Kreolen, hier geborene Spanierinnen, gemerkt, dass wir uns über ihren Läusereichtum mokieren, bringen sie eine Negerin oder mulattische Sklavin mit, an der sie die Gegenstände zum Mikroskop suchen. Die gebildetsten Menschen hier in Südamerika (sie müssen nämlich bedenken, dass wir in einer spanischen Provinz leben, die vor 30 Jahren noch fast ganz von heidnischen Indianern bewohnt war) haben keine Ahnung von einer Elektrisiermaschine, die sie *maquina aromatica* [Aroma-Ma-

*Meeresküste bei La Guayra bei Sonnenuntergang,* Ausschnitt. Ölskizze von Ferdinand Bellermann, um 1845.

schine] nennen … Könnten Sie, teure Christiane, nur einmal unseren Bällen beiwohnen, denn wir tanzen hier fast alle Tage, teils mit den Negern (denken Sie sich den Geruch von 80 schwitzenden Negern in feinem weißen Musselin, nämlich vornehme freie Neger) modische Tänze *el zambo, l'animalito,* teils mit Kreolen Anglaisen und selbst Menuett à la Reine, welche von den französischen Inseln sich hier als ganz neu übertragen hat und *Menuett Congo* heißt! Man glaubt bald vor Steifheit Spanier mit alten spanischen Sitten von 1500 zu sehen, bald unter den naivsten Geschöpfen der Südsee zu leben.

Wir haben demnach, so lange wir in dieser Palmenwelt leben, ein sehr gesundes fröhliches Leben geführt. Wir sind vollkommen jetzt an Klima, Sitten und Lebensart gewöhnt. Man schwitzt freilich viel, denn Cumaná ist der heißeste Ort in ganz Westindien, aber der Schweiß ist nicht unangenehm. Schwüle Tage gibt es nie und alle Abend blitzt es fünf Stunden lang. Die Nacht ist sehr kühl. Unsere Gesundheit hat nie den kleinsten Anstoß gehabt. Ich bin froher, gesunder und stärker (fetter) als in Europa.[1]

Schilderungen wie diese in einem Brief an seinen Jugendfreund Reinhard von Haeften und dessen Frau Christiane finden sich selten in Humboldts Publikationen. »Alles Persönliche«, bekannte er in der Einleitung zu seiner *Reise in die Äquinoktial-Gegenden des Neuen Kontinents,* »was nicht von direktem, sondern höchstens von stilistischem Interesse war, habe ich gestrichen.« Eines der wenigen Kapitel, in denen Humboldt diesem Vorsatz nicht völlig gefolgt ist, ist das über seinen zweiten Aufenthalt in Cumaná im Herbst 1799:

Wir blieben noch einen Monat in Cumaná. Die beschlossene Fahrt auf dem Orinoco und Río Negro erforderte Vorbereitungen aller Art. Wir mussten die Instrumente auswählen, die sich auf engen Kanus am leichtesten transportieren ließen; wir mussten uns für eine zehnmonatige Reise im Binnenlande, das in keinem Verkehr mit den Küsten steht, mit Geldmitteln versehen. Da astronomische Ortsbestimmung der Hauptzweck dieser Reise war, so war es mir von großem Belang, dass mir die Beobachtung einer Sonnenfinsternis nicht entging, die Ende Oktober eintreten sollte. Ich blieb lieber bis dahin in Cumaná, wo der Himmel meist schön und heiter ist. An den Orinoco konnten wir bis dahin nicht mehr kommen, und das hohe Tal von Caracas war für meinen Zweck minder günstig wegen der Dünste, welche die nahen Gebirge umziehen. Wenn ich die Länge von Cumaná genau bestimmte, so hatte ich einen Ausgangspunkt für die chronometrischen Bestimmungen, auf die ich allein rechnen konnte, wenn ich mich nicht lange genug aufhielt, um Monddistanzen zu nehmen oder die Jupitertrabanten zu beobachten.

Fast hätte ein unseliger Unfall mich genötigt, die Reise an den Orinoco aufzugeben oder doch lange hinauszuschieben. Am 27. Oktober, dem Tag vor der Sonnenfinsternis, gingen wir wie gewöhnlich am Ufer des Meerbusens spazieren, um der Kühle zu genießen und das Eintreten der Flut zu beobachten, die in diesem Gebiet nicht mehr als 12 bis 13 Zoll [32 bis 35 cm] beträgt. Es war acht Uhr abends und der Seewind hatte noch nicht eingesetzt. Der Himmel war bedeckt, und bei der Windstille war es unerträglich heiß. Wir gingen über den

*Wald bei Galipán, in der Nähe von La Guaira.* Bleistiftzeichnung von Ferdinand Bellermann, ca. 1845.

Strand zwischen dem Landungsplatz und der Vorstadt der Guayqueríes. Ich hörte hinter mir gehen, und wie ich mich umwandte, sah ich einen hochgewachsenen Mann von der Farbe der *Zambos* [Menschen mit schwarzen und indianischen Vorfahren], nackt bis zum Gürtel. Er hielt fast über meinem Kopf eine *Macana,* einen dicken, unten keulenförmig dicker werdenden Stock aus Palmholz. Ich wich dem Schlage aus, indem ich links zur Seite sprang. Bonpland, der mir zur Rechten ging, war weniger glücklich; er hatte den Zambo später bemerkt als ich und erhielt über der Schläfe einen Schlag, der ihn zu Boden streckte.

Wir waren allein, unbewaffnet, eine halbe Meile von jeder Wohnung auf einer weiten Ebene an der See. Der Zambo kümmerte sich nicht mehr um mich, sondern ging langsam davon und nahm Bonplands Hut auf, der die Gewalt des Schlags etwas gebrochen hatte und weit weggeflogen war. Aufs Äußerste erschrocken, da ich meinen Reisegefährten zu Boden stürzen und eine Weile bewusstlos daliegen sah, kümmerte ich mich nur um ihn. Ich half ihm aufstehen; Schmerz und Zorn gaben ihm doppelte Kraft. Wir stürzten auf den Zambo zu, der, sei es aus Feigheit, die bei dieser Kaste verbreitet ist, oder weil er von weitem

105

*Landschaft in Venezuela.* Ölgemälde von Ferdinand Bellermann, um 1850.

Leute am Strande sah, nicht auf uns wartete, sondern dem *Tunal* zulief, einem kleinen Buschwerk aus Fackeldisteln und baumartigen Avicennien [Mangrovenbäume]. Zufällig fiel er unterwegs; Bonpland, der zunächst an ihm war, rang mit ihm und setzte sich dadurch der äußersten Gefahr aus. Der Zambo zog ein langes Messer aus seinem Beinkleid, und im ungleichen Kampfe wären wir sicher verwundet worden, wären nicht baskische Handelsleute, die am Strande Kühlung suchten, uns zu Hilfe gekommen. Als der Zambo sich umringt sah, gab er die Gegenwehr auf; er entsprang wieder, und nachdem wir ihm lange durch die stacheligen Kakteen nachgelaufen, schlüpfte er wie aus Überdruss in einen Viehstall, aus dem er sich ruhig herausholen und ins Gefängnis abführen ließ.

Bonpland hatte in der Nacht Fieber; aber als ein mutiger Mann, voll der

Munterkeit, die eine der kostbarsten Gaben ist, welche die Natur einem Reisenden verleihen kann, ging er schon des anderen Tags wieder seiner Arbeit nach. Der Schlag der *Macana* hatte bis zum Scheitel die Haut gequetscht, und er spürte die Nachwehen mehrere Monate während unseres Aufenthaltes in Caracas. Beim Bücken, um Pflanzen aufzunehmen, wurde er mehrmals von einem Schwindel befallen, der uns befürchten ließ, dass im Schädel etwas ausgetreten sein möchte. Zum Glück war diese Besorgnis unbegründet, und die Symptome, die uns anfangs beunruhigt, verschwanden nach und nach. Die Einwohner von Cumaná bewiesen uns die rührendste Anteilnahme. Wir hörten, der Zambo sei aus einem der indianischen Dörfer gebürtig, die um den großen See von Maracaibo liegen. Er hatte auf einem Kaperschiff von Santo Domingo gedient und war aufgrund eines Streits mit dem Kapitän, als das Schiff aus dem Hafen von Cumaná auslief, an der Küste zurückgelassen worden. Er hatte das Signal bemerkt, das wir aufstellen ließen, um die Höhe der Flut zu beobachten, und hatte gelauert, um uns am Strande anzufallen. Aber wie kam es, dass er, nachdem er einen von uns niedergeschlagen, sich mit dem Raub eines Hutes zu begnügen schien? Im Verhör waren seine Antworten so verworren und dumm, dass wir nicht klug aus der Sache werden konnten; meist behauptete er, seine Absicht sei nicht gewesen, uns zu berauben; aber in der Erbitterung über die schlechte Behandlung an Bord des Kapers aus Santo Domingo habe er dem Drang, uns eines zu versetzen, nicht widerstehen können, sobald er uns habe französisch sprechen hören. Da der Rechtsgang hierzulande so langsam ist, dass die Ver-

hafteten, von denen die Gefängnisse wimmeln, sieben, acht Jahre auf ihr Urteil warten müssen, so hörten wir wenige Tage nach unserer Abreise von Cumaná nicht ohne Befriedigung, der Zambo sei aus dem Schlosse San Antonio entsprungen.[2]

Am 28. Oktober beobachteten Bonpland und Humboldt in Cumaná eine Sonnenfinsternis, die ihnen half, die Genauigkeit ihres Chronometers zu prüfen. Zufrieden notierte Humboldt: »Die vollkommene Übereinstimmung zwischen den Jupitertrabanten und den Angaben des Chronometers, von der ich mich an Ort und Stelle überzeugt, hatten mir großes Zutrauen zu Louis Berthouds Uhr gegeben, soweit sie nicht auf den Maultieren starken Stößen ausgesetzt war.«[3] Wenige Tage darauf wurden sie von einem Erdbeben überrascht:

Am 4. November gegen zwei Uhr nachmittags hüllten dicke, sehr schwarze Wolken die hohen Berge des Brigantin und Tataracual ein. Sie rückten allmählich bis in den Zenit. Gegen vier Uhr fing es an über uns zu donnern, aber ungemein hoch, ohne Rollen, trockene, oft kurz abgebrochene Schläge. Im Moment, wo die stärkste elektrische Entladung stattfand, um 4 Uhr 12 Minuten, erfolgten zwei Erdstöße, 15 Sekunden hintereinander. Das Volk schrie laut auf der Straße. Bonpland, der über einen Tisch gebeugt Pflanzen untersuchte, wurde beinahe zu Boden geworfen. Ich selbst spürte den Stoß sehr stark, obgleich ich in einer Hängematte lag. Der Stoß war, was in Cumaná ziemlich selten vorkommt, von Nord nach Süd gerichtet. Sklaven, die aus einem 18 bis 20 Fuß [5,8 bis 6,5 Meter] tiefen Brunnen am Manzanares Wasser schöpften, hörten ein

Getöse, das einem starken Kanonenschuss glich. Das Getöse schien aus dem Brunnen heraufzukommen, eine auffallende Erscheinung, die übrigens in allen Ländern Amerikas, die den Erdbeben ausgesetzt sind, häufig vorkommt.

Einige Minuten vor dem ersten Stoß trat ein heftiger Sturm ein, dem ein elektrischer Regen mit großen Tropfen folgte. Ich beobachtete sogleich die Elektrizität der Luft mit dem Voltaschen Elektrometer. Die Kügelchen wichen vier Linien auseinander; die Elektrizität wechselte oft zwischen positiv und negativ, wie immer bei Gewittern und im nördlichen Europa zuweilen selbst bei Schneefall. Der Himmel blieb bedeckt, und auf den Sturm folgte eine Windstille, welche die ganze Nacht anhielt. Der Sonnenuntergang bot ein Schauspiel von außerordentlicher Pracht. Der dicke Wolkenschleier zerriss dicht am Horizont wie zu Fetzen, und die Sonne erschien 12 Grad hoch auf indigoblauem Grunde. Ihre Scheibe war ungemein stark in die Breite gezogen, verschoben und am Rande ausgeschweift. Die Wolken waren vergoldet, und Strahlenbündel in den schönsten Regenbogenfarben liefen bis zur Mitte des Himmels auseinander. Auf dem großen Platze war viel Volk versammelt. Letztere Erscheinung, das Erdbeben, der Donnerschlag während desselben, der rote Nebel seit so vielen Tagen, alles wurde der Sonnenfinsternis zugeschrieben. [...]

Von Kindheit an prägen sich unserer Vorstellung gewisse Kontraste ein; das Wasser gilt uns als ein bewegliches Element, die Erde als eine unbewegliche, träge Masse. Diese Begriffe sind das Produkt der täglichen Erfahrung und hängen mit allen unseren Sinneseindrücken zusammen. Lässt sich

ein Erdstoß spüren, wankt die Erde in ihren alten Grundfesten, die wir für unerschütterlich gehalten, so ist eine langjährige Täuschung in einem Augenblick zerstört. Es ist, als erwachte man, aber es ist ein unangenehmes Erwachen. Man fühlt, die vorausgesetzte Ruhe der Natur war nur eine scheinbare, man lauscht hinfort auf das leiseste Geräusch, man misstraut zum ersten Mal einem Boden, auf den man so lange zuversichtlich den Fuß gesetzt. Wiederholen sich die Stöße, treten sie mehrere Tage hintereinander häufig ein, so nimmt dieses Zagen bald ein Ende.[4]

Schon bald bot sich den Reisenden ein weiteres Naturschauspiel, ein Meteorschauer, dessen Beschreibung Humboldt später publizierte. Der Bericht wurde für die Astronomie von großer Bedeutung, denn er beschrieb einen Sternschnuppenstrom, der später auf Grund seiner Beobachtungen genau berechnet werden konnte und den Namen »Leoniden« erhielt.[5] Der Name rührt vom Ursprung des Meteorschauers im Sternbild des Löwen her; doch der Auslöser für dieses Naturschauspiel ist der Komet Tempel-Tuttle, der auf seiner Umlaufbahn um die Sonne zahllose Bruchstücke hinterlässt.

Die Nacht vom 11. zum 12. November war kühl und von großer Schönheit. Gegen Morgen, von halb drei Uhr an, sah man gegen Ost höchst merkwürdige Feuermeteore. Bonpland, der aufgestanden war, um auf der Galerie die Kühle zu genießen, bemerkte sie zuerst. Tausende von Feuerkugeln und Sternschnuppen fielen hintereinander, vier Stunden lang: Ihre Richtung ging sehr regelmäßig von Nord nach Süd; sie füllten ein Stück des Himmels, das vom wahren Ostpunkt 30 Grad nach

*Humboldt und Bonpland beobachten die Leoniden.*
Lithographie, um 1910.

Nord und nach Süd reichte. Auf einer Strecke von 60 Graden sah man die Meteore in Ostnordost und Ost über den Horizont aufsteigen, größere oder kleinere Bogen beschreiben und, nachdem sie in der Richtung des Meridians fortgelaufen, gegen Süd niederfallen. Manche stiegen 40 Grad hoch, alle höher als 25 bis 30 Grad. Der Wind war in der niederen Luftregion sehr schwach und blies aus Ost; von Wolken war keine Spur zu sehen. Nach Bonplands Aussage war gleich zu Anfang der Erscheinung kein Stück am Himmel von der Größe dreier Monddurchmesser, das nicht jeden Augenblick von Feuerkugeln und Sternschnuppen gewimmelt hätte. [...]

Fast alle Einwohner von Cumaná sahen die Erscheinung mit an, weil sie vor vier Uhr aus den Häusern gehen, um die Frühmesse zu hören. Der Anblick der Feuerkugeln war ihnen keineswegs gleichgültig; die ältesten erinnerten sich, dass dem großen Erdbeben des Jahres 1766 ein ganz ähnliches Phänomen vorausgegangen war. In der indianischen Vorstadt waren die Guayqueríes auf den Beinen; sie behaupteten, »das Feuerwerk habe um ein Uhr nachts begonnen, und als sie vom Fischfang im Meerbusen zurückgekommen, hätten sie schon Sternschnuppen, aber ganz kleine, im Osten aufsteigen sehen«. Sie versicherten zugleich, an dieser Küste seien nach zwei Uhr morgens Feuermeteore sehr selten. Von vier Uhr an hörte die Erscheinung allmählich auf: Feuerkugeln und Sternschnuppen wurden seltener; indessen konnte man noch eine Viertelstunde nach Sonnenaufgang mehrere an ihrem weißen Licht und dem raschen Hinfahren im Nordosten erkennen. [...]

In einem von Vulkanen starrenden Land, auf der Hochebene der Anden, ist vor 30 Jahren eine ähnliche Erscheinung wie die am 12. November beobachtet worden. Man sah in der Stadt Quito nur an einem Stück des Himmels, über dem Vulkan Cayambe, Sternschnuppen in solcher Menge aufsteigen, dass man meinte, der ganze Berg stehe in Flammen. Dieses außerordentliche Schauspiel dauerte über eine Stunde; das Volk lief auf der Ebene von Exido zusammen, wo man eine herrliche Aussicht auf die höchsten Gipfel der Kordilleren hat. Schon war eine Prozession im Begriffe, vom Kloster San Francisco aufzubrechen, als man gewahr wurde, dass das Feuer am Horizont von Feuermeteoren herrührte, die bis zur Höhe von 12 bis

15 Grad nach allen Richtungen durch den Himmel schossen.[6]

Auf der Basis von Humboldts Angaben berechnete der Astronom Wilhelm Heinrich Olbers im Jahr 1837, dass dieser »Sternenregen« alle 33 Jahre verstärkt auftritt, und er prognostizierte für 1866 einen neuen Meteorsturm, der dann auch eintrat.

Mitte November 1799 verabschiedeten sich Humboldt und Bonpland von Vincente Emparán, dem Governeur der Provinz Cumaná, der sie bereitwillig unterstützt hatte. Am 18. November stachen sie mit einigen Begleitern in Richtung Caracas in See. Für die circa 300 Kilometer lange Fahrt hatten sie ein kleines Küstenschiff, eine Lancha von 2,6 Meter Breite, 1 Meter Tiefe und 10 Meter Länge mit einem großen Dreieckssegel, gemietet. Gesteuert wurde sie von »einem indianischen Schiffer vom Stamm der Guayqueríes«[7]:

Es war eine liebliche, sternhelle Nacht, in der wir unsere Reise antraten. Der Mond war noch nicht aufgegangen, aber der Nebel des Schützen goss eine milde Lichtmasse in die dunkelblauen Lüfte. Unaussprechlich ist die Anmut einer Tropennacht ... Diese Reinheit und Durchsichtigkeit des Dunstkreises, diese liebliche Kühle nach einem schwülen Tage, dieses sanfte, ruhige, planetenartige Licht der Gestirne, ihre Aneinanderhäufung in mannigfaltige Gruppen, welche (wie die Gruppen des Centaur, des Kranichs und Schiffes) durch sternleere Räume getrennt sind. [...]
Die Meeresfläche war sanft vom frischen Ost bewegt, bald verloren wir die Kokospalmen am Ufer des Manzanares und die Lichter in den indianischen Fischerhütten am Meeresstrande aus den Augen. Jede schäumende

Welle goss phosphorisches Licht über den dunkelgrünen Seespiegel, und als wir dem hohen Varillón an der Punta Araya nahe waren, spielten ganze Scharen von Marsouinen [Schweinswale] um das Boot. Dieses Schauspiel war ebenso schön als seltsam. Zwölf bis vierzehn wälzten sich in langen Zügen. Ihr Weg war durch breite Lichtstreifen bezeichnet. Denn wo sie mit der breiten Flosse die Meeresfläche berührten, schienen lichte Flammen aus den Furchen aufzuschlagen. Diese große Lichtmasse war unstreitig nicht der Bewegung allein zuzuschreiben, denn ein stark aufschlagendes Ruder erregt mindere Phosphorenz. Ich vermute, dass der Schleim, mit dem die Marsouine bedeckt sind, die Intensivität der Phosphorenz vermehrt.[8]

Während der Fahrt allerdings wurde die See zusehends rauer:

Den Stoß der Wellen bekam man auf unserem Fahrzeug wohl zu spüren; meine Reisegefährten litten sehr; ich aber schlief ganz ruhig, da ich, ein seltenes Glück, nie seekrank werde. [...] Meinen Reisegefährten war bei der hochgehenden See vor dem Schlingern unseres kleinen Schiffes so bange, das sie beschlossen, von Higuerote nach Caracas den Landweg einzuschlagen; dieser führt durch ein wildes, feuchtes Land, durch die Montaña de Capaya, nördlich von Caucagua, durch das Tal des Río Guatire und des Guarenas. Es war mir lieb, dass auch Bonpland diesen Weg wählte, auf dem er trotz des beständigen Regens und der ausgetretenen Flüsse viele neue Pflanzen zusammenbrachte. Ich selbst setzte als Einziger mit dem indianischen Steuermann die Reise zur See fort; es schien mir zu gewagt, die Instrumente, die

*Caracas.* Holzstich aus dem Buch von Hermann Klencke: Alexander von Humboldt's Leben und Wirken, Reisen und Wissen, Leipzig: Otto Spamer, 1882.

uns an den Orinoco begleiten sollten, aus den Augen zu lassen. [...]
Am 21. abends kam ich in Caracas an, vier Tage früher als meine Reisegefährten, die auf dem Landweg zwischen Capaya und Curiepe durch die starken Regengüsse und Überschwemmungen durch Wildbäche viel auszustehen gehabt hatten.[9]

Zweieinhalb Monate lang, vom 22. November 1799 bis zum 7. Februar 1800, blieben Humboldt und Bonpland in Caracas, der Hauptstadt der spanischen Kolonialregion, die als *Capitanía general de Caracas* oder auch als *de las Provincias de Venezuela* bezeichnet wurde. Die Stadt beherbergte damals um die 30 000 Einwohner. Humboldt war begeistert von der »Aufnahme, die uns von den Einwohnern aller Klassen zuteil wurde«.[10] Er lernte den Generalkapitän der Provinzen von Venezuela, Manuel de Guevara y Vasconcelos, kennen und wurde den Familien der politisch maßgebenden Großgrundbesitzer vorgestellt, die ihn auf ihre Haciendas in der Umgebung einluden. Am Neujahrstag bestieg er mit 17 einheimischen Begleitern die Silla, den Hausberg von Caracas, und wunderte sich, dass er und Bonpland in der ganzen Stadt »nicht einen einzigen Menschen auftreiben [konnten], der je auf dem Gipfel der Silla gewesen wäre«.[11]

**Folgende Doppelseite:** *Küstenlandschaft bei Maracaibo bei Sonnenaufgang,* Ölgemälde von Ferdinand Bellermann, 1869.

111

# Klimastudien am Valencia-See

Am 7. Februar 1800 brachen Humboldt und Bonpland zum Orinoco auf. Allerdings schlugen sie zunächst einen großen Umweg nach Westen ein. Sie hatten vor, »die wunderschönen Täler von Aragua [zu besuchen], wo der große See von Valencia den Betrachter an den Anblick eines Genfer Sees erinnert, der von majestätischer Tropenvegetation umrahmt wird«[1], und sie wollten die Hafenstadt Puerto Cabello sehen.

Bereits kurz nach der Landung auf dem amerikanischen Kontinent, im Hinterland von Cumaná, in der Provinz Neu-Andalusien, hatte Humboldt begonnen, sich eingehend mit dem Wasserhaushalt der Tropenlandschaft zu befassen. So sah er im September 1799, auf dem Weg nach Caripe, in den dort von ihm beobachteten immensen Waldrodungen

> [...] vielleicht einen Hauptgrund der seit fünf Jahren so zunehmenden Dürre und des Vertrocknens der Quellen in der Provinz Neu-Andalusien. Wälder (Pflanzen) bringen nicht nur Wasser

*Wald und Bach bei Campanero, Puerto Cabello.*
Ölskizze von Ferdinand Bellermann, um 1845,
Ausschnitt.

hervor, geben eine große neu erzeugte Wassermasse durch ihre Ausdünstung in die Luft, sie schlagen nicht nur, da sie Kälte erregen [...], Wasser aus der Luft nieder und vermehren den Nebel, sondern sie werden vornehmlich wohltätig dadurch, dass sie schattengebend die *Verdunstung* der durch periodische Regenschauer gefallenen Wassermasse verhindern. Diese Verdunstung ist hier, wo die Sonne so hoch steht, unbegreiflich schnell.[2]

Humboldt erkannte, dass dort, wo keine Wälder mehr den Boden bedecken, die Landschaft austrocknet: »Je länger [...] ein Land urbar gemacht wird, desto baumloser wird es in der heißen Zone, desto dürrer, desto mehr den Winden ausgesetzt. [...] Deshalb gehen die Kakaopflanzungen in der Provinz Caracas zurück und häufen sich dafür ostwärts auf unberührtem, erst kürzlich urbar gemachtem Boden.«[3] Diese Erkenntnisse weitete er am Valencia-See, den die Indianer *Tacarigua* nannten und den er am 11. Februar 1800 erreichte, zu einer später viel beachteten Studie über den Zusammenhang zwischen Wald, Wasser und Klima aus. In dem 1819 erschiene-

*Der Valencia-See in Venezuela.* Farblithographie von Anton Goering, 1873. Dieser See inspirierte Humboldt zu einer viel beachteten Klimastudie: »Fällt man die Bäume, so schafft man in allen Klimazonen kommenden Geschlechtern ein zwiefaches Ungemach: Mangel an Brennholz und Wasser.«

nen Teil seiner *Reise in die Äquinoktial-Gegenden des Neuen Kontinents* schreibt Humboldt:

Die Ufer des Sees von Valencia sind [...] nicht allein wegen ihrer malerischen Reize im Lande berühmt; das Becken bietet verschiedene Erscheinungen, deren Aufklärung für die Naturforschung und für den Wohlstand der Bevölkerung von gleich großem Interesse ist. Aus welchen Ursachen sinkt der Seespiegel? Sinkt er gegenwärtig rascher als vor Jahrhunderten? Lässt sich annehmen, dass das Gleich-

gewicht zwischen dem Zufluss und Abfluss sich über kurz oder lang wieder herstellt, oder ist zu besorgen, dass der See ganz verschwindet? [...] Niemand leugnet wohl jetzt mehr, dass unsere Flüsse und Seen in sehr bedeutendem Maße abgenommen haben; aber zahlreiche geologische Tatsachen weisen auch darauf hin, dass dieser große Wechsel in der Verteilung der Gewässer vor aller Geschichte eingetreten ist und dass sich seit mehreren Jahrtausenden bei den meisten Seen ein festes Gleichgewicht zwischen dem Betrag der Zuflüsse einerseits und der Verdunstung und Versickerung andererseits hergestellt hat. Sooft dieses Gleichgewicht gestört ist, tut man gut, sich umzusehen, ob solches nicht von rein örtlichen Verhältnissen und aus jüngster Zeit herrührt, ehe man eine beständige Abnahme des Wassers annimmt. [...]

Seit einem halben Jahrhundert, besonders aber seit 30 Jahren fällt es jedermann in die Augen, dass dieses große Wasserbecken von selbst austrocknet. Weite Strecken Landes, die früher unter Wasser standen, liegen jetzt trocken und sind bereits mit Bananen, Zuckerrohr und Baumwolle bepflanzt. Wo man am Gestade des Sees eine Hütte baut, sieht man das Ufer von Jahr zu Jahr gleichsam fliehen. Man sieht Inseln, die beim Sinken des Wasserspiegels eben erst mit dem Festlande zu verschmelzen beginnen (wie die Felseninsel Culebra, Güigüe); andere Inseln bilden bereits Vorgebirge (wie der Morro, zwischen Güigüe und Nueva Valencia, und die Cabrera südöstlich von Mariara); noch andere stehen tief im Lande in Gestalt zerstreuter Hügel. [...] Wir besuchten zwei noch ganz von Wasser umgebene Inseln und fanden unter dem Gesträuch auf kleinen Ebenen, 4 bis 6 [8 bis 12 Meter], sogar 8 Toisen [16 Meter] über dem jetzigen Seespiegel, feinen Sand mit Heliciten [versteinerte Schnirkelschnecken], den einst die Wellen hier abgesetzt. Auf allen diesen Inseln begegnet man den unzweideutigsten Spuren vom allmählichen Absinken des Wassers. Noch mehr, und

diese Erscheinung wird von der Bevölkerung als ein Wunder angesehen: Im Jahr 1796 erschienen drei neue Inseln östlich von der Insel Caiguire, in derselben Richtung wie die Inseln Burro, Otama und Zorro. Diese neuen Inseln, die beim Volk *los nuevos Peñones* oder *las Aparecidas* heißen, bilden eine Art Untiefe mit völlig ebener Oberfläche. Sie waren im Jahr 1800 bereits über einen Fuß [32,5 cm] höher als der mittlere Wasserstand. [...]

Die Einwohner wissen wenig davon, was die Verdunstung leistet, und glauben daher schon lange, der See habe einen unterirdischen Abfluss, durch den ebenso viel abfließe, wie die Bäche hereinbringen. Die einen lassen diesen Abfluss mit Höhlen, die in großer Tiefe liegen sollen, in Verbindung stehen; andere nehmen an, das Wasser fließe durch einen schiefen Kanal ins Meer. Dergleichen kühne Hypothesen über den Zusammenhang zwischen zwei benachbarten Wasserbecken hat die Einbildungskraft des Volkes wie die der Physiker in allen Erdstrichen ausgeheckt; denn Letztere, wenn sie es sich auch nicht eingestehen, setzen nicht selten nur Volksmeinungen in die Sprache der Wissenschaft um. In der neuen Welt, wie am Ufer des Kaspischen Meeres, hört man von unterirdischen Schlünden und Verbindungen sprechen, obgleich der See Tacarigua 222 Toisen [423 Meter] über und das Kaspische Meer 54 Toisen [105 Meter] unter dem Meeresspiegel liegt, und so gut man auch weiß, dass Flüssigkeiten, die seitlich miteinander in Verbindung stehen, sich in dasselbe Niveau setzen.

Einerseits die Verringerung der Masse der Zuflüsse, die seit einem halben Jahrhundert infolge der Zerstörung der Wälder, der Urbarmachung der Ebenen und des Indigobaus eingetreten ist, andererseits die Verdunstung des Bodens und die Trockenheit der Luft erscheinen als Ursachen, welche die Abnahme des Sees von Valencia zur Genüge erklären. Ich teile nicht die Ansicht eines Reisenden, der nach mir diese Länder besucht hat, der zufolge man »zur Befriedigung der Vernunft und zu Ehren der Physik« einen unterirdischen Abfluss soll annehmen müssen. Fällt man die Bäume, welche Gipfel und Abhänge der Gebirge bedecken, so schafft man in allen Klimazonen kommenden Geschlechtern ein zwiefaches Ungemach: Mangel an Brennholz und Wasser. Die Bäume sind vermöge des Wesens ihrer Transpiration und der Ausstrahlung ihrer Blätter gegen einen wolkenlosen Himmel fortwährend mit einer kühlen, dunstigen Lufthülle umgeben; sie üben einen wesentlichen Einfluss auf die Fülle der Quellen aus, nicht weil sie, wie man so lange geglaubt hat, die in der Luft verbreiteten Wasserdünste anziehen, sondern weil sie den Boden vor der unmittelbaren Wirkung der Sonnenstrahlen schützen und damit die Verdunstung des Regenwassers verringern. Zerstört man die Wälder, wie es die europäischen Ansiedler allerorten in Amerika mit unvorsichtiger Hast tun, so versiegen die Quellen oder nehmen doch stark ab. Die Flussbetten liegen einen Teil des Jahres über trocken und werden zu reißenden Strömen, sooft im Gebirge starker Regen fällt. Da mit dem Holzwuchs auch Rasen und Moos auf den Bergkuppen verschwinden, wird das Regenwasser in seinem Ablauf nicht mehr aufgehalten; statt langsam durch allmähliches Einsickern die Bäche zu speisen, zerfurcht es in der Jahreszeit der starken Regenniederschläge die Berghänge, schwemmt das losgerissene Erdreich fort und ver-

ursacht plötzliche Hochwässer, welche nun die Felder verwüsten. Daraus geht hervor, dass die Zerstörung der Wälder, der Mangel an fortwährend fließenden Quellen und die Existenz von Torrenten [Sturzbächen] drei Erscheinungen sind, die in ursächlichem Zusammenhang stehen. Länder in entgegengesetzten Hemisphären, die Lombardei am Fuße der Alpenkette und Nieder-Peru zwischen dem stillen Meer und den Kordilleren der Anden, liefern einleuchtende Beweise für die Richtigkeit dieses Satzes.[4]

In sein Reisetagebuch notierte er: »Unbegreiflich, dass man im heißen, im Winter wasserarmen Amerika so wütig als in Franken abholzt (desmonta) und Holz- und Wassermangel zugleich erregt«, und er sprach vom »Menschenunfug […], der die Naturordnung stört«.[5] In seiner Studie zum Valencia-See fasste Humboldt erstmals vier elementare klimatische Funktionen des Waldes zusammen: 1.) seine positive Wirkung auf die Niederschlagsmenge durch Verdunstung von Wasser, 2.) seine thermische Wirkung, 3.) seine Funktion als Wasserspeicher und 4.) seine Pufferwirkung gegen durch Sonneneinstrahlung verursachte Bodenverdunstung, also gegen die Austrocknung des Bodens. Moderne Forschungen, zum Beispiel diejenigen Peter Fabians[6], bestätigen diese Erkenntnisse. So weiß man heute beispielsweise, dass die Wälder die Atmosphäre mit mehr Wasserdampf anreichern als alle anderen Landflächen.

Dass der Mensch durch Zerstörung der Wälder das Klima beeinflusst, formulierte Humboldt später noch deutlicher. In seinen *Fragmenten einer Geologie und Klimatologie Asiens* schreibt er 1831:

Schattenkühle, Ausdünstung und Strahlung sind von so hoher Wichtigkeit, dass die Kenntnis von dem Umfange der Wälder, verglichen mit der kahlen oder gras- und krautbedeckten Oberfläche, eines der interessantesten numerischen Elemente der Klimatologie eines Landes ist. Die Seltenheit oder der Mangel der Wälder vermehrt zugleich die Temperatur und die Trockenheit der Luft, und diese Trockenheit übt, indem sie die ausdünstenden Wasserabläufe und die Kraft der Rasenvegetation vermindert, eine Rückwirkung auf das Lokal-Klima.[7]

Zwölf Jahre später beschrieb Alexander von Humboldt in seinem Werk *Central-Asien – Untersuchungen über die Gebirgsketten und die vergleichende Klimatologie* die drei elementaren Faktoren, durch die der Mensch das Klima ändert, und nannte dabei – vermutlich als Erster – auch die Emission von Gasen als anthropogenen Klimafaktor[8]:

> Das Klima der Kontinente und die Wärmeabnahme in der Luft [werden beeinflusst durch die Veränderungen], welche der Mensch auf der Oberfläche des Festlands durch Fällen der Wälder, durch die Veränderung in der Verteilung der Gewässer und durch die Entwicklung großer Dampf- und Gasmassen an den Mittelpunkten der Industrie hervorbringt.[9]

Im Jahr 1858, kurz vor seinem Tod, wies Humboldt in einem Brief nochmals darauf hin, dass der Mensch das überregionale Klima beeinflusst, wenn er durch Rodungen massiv in die Wechselwirkungen zwischen Wald und Wasser eingreift: »Ich erinnere daran, dass der größere Teil des Klimas nicht in dem Orte selbst, wo die Entholzung vorgeht, sondern viele hundert Meilen davon entfernt gemacht wird.«[10] Dass der Mensch

allerdings schon in relativ naher Zukunft in der Lage sein könnte, das globale Klima zu ändern, und zwar vor allem durch die von ihm als Klimafaktor genannte »Entwicklung großer Gasmassen«, ahnte Humboldt nicht. In seinem Werk *Central-Asien* schreibt er:

> Diese [anthropogenen] Veränderungen sind ohne Zweifel wichtiger als man allgemein annimmt; aber unter den zahllos verschiedenen, zugleich wirksamen Ursachen, von denen der Typus der Klimate abhängt, sind die bedeutsamsten nicht auf kleine Lokalitäten beschränkt, sondern von Verhältnissen der Stellung, Konfiguration und Höhe des Bodens und von den vorherrschenden Winden abhängig, auf welche die Zivilisation keinen merklichen Einfluss ausübt.[11]

Damit hatte Humboldt zu seiner Zeit zweifellos recht: Im Jahr 1843 übte die Zivilisation auf den »Typus der Klimate« noch so gut wie keinen Einfluss aus. Seither jedoch ist die Weltbevölkerung von 1,2 auf 6,6 Milliarden Menschen angewachsen. Vor allem der Ausstoß an $CO_2$ – dessen Wirkung als Treibhausgas Humboldt noch nicht kannte – hat sich inzwischen als bedrohlicher Klimafaktor erwiesen. Er stieg durch die Industrialisierung, deren Einfluss auf das Klima Humboldt bereits beschrieben hatte, immens an. Seit seiner Bemerkung über die Gasemission als anthropogenen Klimafaktor nahm der $CO_2$-Ausstoß von 1840 bis heute um das Mehrtausendfache[12] zu; die Gesamtkonzentration von $CO_2$ in der Atmosphäre ist in diesem Zeitraum von damals circa 280 ppm auf circa 385 ppm angestiegen.[13] Humboldt hatte zwar den Klimafaktor Mensch, aber nicht die ganze Dimension seiner Wirkung erkannt.

*Simia ursina.*

Huet, file 1807                    Bernard Sculp.

De l'Imprimerie de Langlois

# Die Llanos: Hitze, Staub und Zitteraale

Am 8. März 1800 begannen Humboldt und Bonpland zusammen mit einigen Begleitern, darunter wie immer Carlos del Pino, der Guayquerí-Indianer, ihre Durchquerung der Llanos. Auf Pferden und mit fünf Maultieren, die das Gepäck trugen, reisten sie durch das riesige Savannenland, das sich im Süden des Sees von Valencia von den Osthängen der Anden entlang des Orinoco bis weit in den Osten Venezuelas erstreckt. Diese Landschaft bildete einen extremen Kontrast zu den fruchtbaren Tälern von Aragua, durch die sie gerade gereist waren. Humboldt beschrieb die Llanos so:

> [...] Wüstengegenden, die an die von Afrika erinnern, wo das Réaumur-Thermometer im Schatten (durch die rückstrahlende Hitze) auf 35 bis 37 Grad [43,7 bis 46,2 Grad Celsius] ansteigt. Über eine Fläche von 2000 Quadratmeilen schwankt die Bodenhöhe um keine fünf Zoll [13,5 cm]. Am Horizont dieses pflanzenlosen Meeres sieht man stets nur Sand; in der Trockenheit suchen Krokodile und träge Boas nach einem Versteck. Wie in ganz Spanisch-Amerika mit Ausnahme Mexikos reist man zu Pferde, und es können ganze Tage vergehen, ohne dass man eine Palme oder eine Spur menschlicher Besiedlung zu Gesicht bekommt.[1]

In seiner *Reise in die Äquinoktial-Gegenden des Neuen Kontinents* berichtet er:

> Nachdem wir zwei Nächte zu Pferde gewesen und vergeblich unter Gebüsch von *Murichi*palmen Schutz vor der Sonnenglut gesucht hatten, kamen wir vor Nacht zum kleinen Gehöft *El Cayman*, auch *La Guadalupe* genannt. Es ist dies ein *Hato de ganado*, das heißt ein einsames Haus in der Steppe, umgeben von einigen mit Rohr und Häuten bedeckten Hütten. Das Vieh, Rinder, Pferde, Maultiere, ist nicht eingepfercht; es läuft frei in einem Gebiet von mehreren Quadratmeilen umher. Nirgends ist eine Umzäunung. Männer, bis zum Gürtel

*Roter Brüllaffe, Simia ursina.* Kolorierter Kupferstich von Louis Bouquet nach einem Aquarell von Nicolas Huet, 1807, Tafel 30 in: Alexander von Humboldt und Aimé Bonpland: Recueil d'observations de zoologie, Band 1, Paris: Schoell, 1811. In den Llanos war, so berichtet Humboldt, das Geheul der Brüllaffen bis zu 1,6 Kilometer weit zu hören.

nackt und mit einer Lanze bewaffnet, streifen zu Pferd durch die Savannen, um die Herden im Auge zu behalten, zurückzutreiben, was sich zu weit von den Weiden des Hofes entfernt, mit dem glühenden Eisen zu zeichnen, was noch nicht den Stempel des Eigentümers trägt. Diese Farbigen, *Peones Llaneros* genannt, sind zum Teil Freie oder Freigelassene, zum Teil Sklaven. Nirgends gibt es eine Rasse, die so anhaltend dem sengenden Strahl der tropischen Sonne ausgesetzt wäre. Sie nähren sich von luftgetrocknetem, schwach gesalzenem Fleisch; selbst ihre Pferde fressen es zuweilen. Sie sind beständig im Sattel und meinen nicht den unbedeutendsten Gang zu Fuß machen zu können.

Wir trafen im Hof einen alten Negersklaven, der in der Abwesenheit des Herrn das Regiment führte. Herden von mehreren tausend Kühen sollten in der Steppe weiden; trotzdem baten wir vergeblich um einen Topf Milch. Man reichte uns in Tutumofrüchten gelbes, schlammiges, stinkendes Wasser: Es war aus einem Sumpf in der Nähe geschöpft. Die Faulheit der Bewohner in den Llanos ist so groß, dass sie keinerlei Brunnen graben, obgleich man wohl weiß, dass sich fast allenthalben in zehn Fuß Tiefe gute Quellen in einer Schicht von *Konglomerat* oder rotem Sandstein finden. Nachdem man die eine Hälfte des Jahres unter den Überschwemmungen gelitten, erträgt man in der andern geduldig den unangenehmsten Wassermangel. Der alte Neger riet uns, das Gefäß mit einem Stück Leinwand zu bedecken und so gleichsam durch einen Filter zu trinken, damit uns der üble Geruch nicht belästige und wir vom feinen, gelblichen Ton, der im Wasser suspendiert ist, nicht so viel zu verschlucken

hätten. Wir ahnten nicht, dass wir von nun an monatelang auf dieses Hilfsmittel angewiesen sein würden. Auch das Wasser des Orinoco hat sehr viele erdige Bestandteile; es ist sogar stinkend, wo in Flussschlingen tote Krokodile auf den Sandbänken liegen oder halb im Schlamm stecken.

Kaum war abgeladen, kaum waren unsere Instrumente aufgestellt, so ließ man unsere Maultiere laufen und, wie es dort heißt, »Wasser in der Savanne suchen«. Rings um den Hof liegen kleine Teiche; die Tiere finden sie, geleitet von ihrem Instinkt, von den Mauritia-Gebüschen, die hie und da zu sehen sind, und von der feuchten Kühlung, die ihnen in einer Atmosphäre, die uns ganz still und regungslos erscheint, von kleinen Luftströmen zugeführt wird. Sind die Wasserlachen zu weit entfernt und die Knechte im Hof zu faul, um die Tiere zu diesen natürlichen Tränken zu führen, so sperrt man sie fünf, sechs Stunden lang in einen recht heißen Stall, bevor man sie laufen lässt. Der heftige Durst steigert dann ihren Scharfsinn, indem er gleichsam ihre Sinne und ihren Instinkt schärft. Sowie man den Stall öffnet, sieht man Pferde und Maultiere, die Letzteren besonders, vor deren Spürsinn die Intelligenz der Pferde zurückstehen muss, in die Savanne hinausjagen. Den Schwanz hoch gehoben, den Kopf zurückgeworfen, laufen sie gegen den Wind und halten zuweilen an, wie um den Raum auszukundschaften; sie richten sich dabei weniger nach den Eindrücken des Sehens als nach denen des Geruchs, und endlich verkündet anhaltendes Wiehern, dass sich in der Richtung ihres Laufs Wasser findet. In den Llanos geborene Pferde, die sich lange in umherschweifenden Rudeln frei getummelt

*In den Llanos.* Holzstich aus dem Buch von Hermann Klencke: Alexander von Humboldt's Leben und Wirken, Reisen und Wissen, Leipzig: Otto Spamer, 1870.

haben, sind in allen diesen Bewegungen rascher und kommen dabei leichter zum Ziele als solche, die von der Küste herkommen und von zahmen Pferden abstammen. Bei den meisten Tieren, wie beim Menschen, vermindert sich die Schärfe der Sinne durch lange Unterwürfigkeit und durch die Gewöhnungen, wie feste Wohnsitze und die Fortschritte der Zivilisation sie mit sich bringen.

Wir gingen unseren Maultieren nach, um zu einem der Tümpel zu gelangen, aus denen man das trübe Wasser schöpft, das unseren Durst so übel gelöscht hatte. Wir waren mit Staub bedeckt, verbrannt vom Sandwind, der die Haut noch mehr angreift als die Sonnenstrahlen. Wir sehnten uns sehr nach einem Bad, fanden aber nur ein großes Becken voll stehenden Wassers, mit Palmen umgeben. Das Wasser war trüb, aber zu unserer großen Verwunderung etwas kühler als die Luft. Auf unserer langen Reise ge-

wöhnt, zu baden, sooft sich Gelegenheit dazu bot, oft mehrmals am Tage, besannen wir uns nicht lange und sprangen in den Teich. Kaum war das behagliche Gefühl der Kühlung über uns gekommen, als ein Geräusch am entgegengesetzten Ufer uns schnell wieder aus dem Wasser trieb. Es war ein Krokodil, das sich in den Schlamm grub. Es wäre unvorsichtig gewesen, zur Nachtzeit an diesem sumpfigen Ort zu verweilen.

Wir waren nur eine Viertelmeile vom Hof entfernt, wir gingen aber über eine Stunde und kamen nicht hin. Wir wurden zu spät gewahr, dass wir eine falsche Richtung eingeschlagen. Wir hatten bei Anbruch der Nacht, noch ehe die Sterne sichtbar wurden, den Hof verlassen und waren aufs Geratewohl in der Ebene fortgegangen. Wir hatten, wie immer, einen Kompass bei uns; auch konnten wir uns nach der Stellung des Canopus und des Südlichen Kreuzes leicht orientieren; aber all dies half uns nichts, weil wir nicht gewiss wussten, ob wir vom Hof weg nach Osten oder nach Süden gegangen waren. Wir wollten an unseren Badeplatz zurück und gingen wieder drei Viertelstunden, ohne den Teich zu finden. Oft meinten wir Feuer am Horizont zu sehen; es waren aufgehende Sterne, deren Bild durch die Dünste vergrößert wurde. Nachdem wir lange in der Savanne umhergeirrt, beschlossen wir, uns unter einem Palmbaume, an einem recht trockenen, mit kurzem Gras bewachsenen Ort niederzusetzen; denn frisch angekommene Europäer fürchten sich immer mehr vor den Wasserschlangen als vor den Jaguaren. Wir durften nicht hoffen, dass unsere Führer, deren träge Gleichgültigkeit uns wohl bekannt war, uns in der Savanne suchen würden, bevor

123

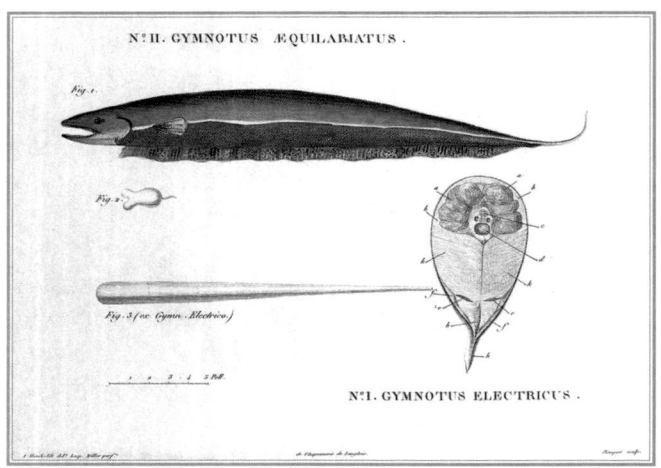

*Zwei südamerikanische Gymnotus-Arten.* Kolorierter Kupferstich von Louis Bouquet nach Skizzen Humboldts, Tafel 10 in: Alexander von Humboldt und Aimé Bonpland: Recueil d'observations de zoologie Band 1, Paris: Schoell, 1811.

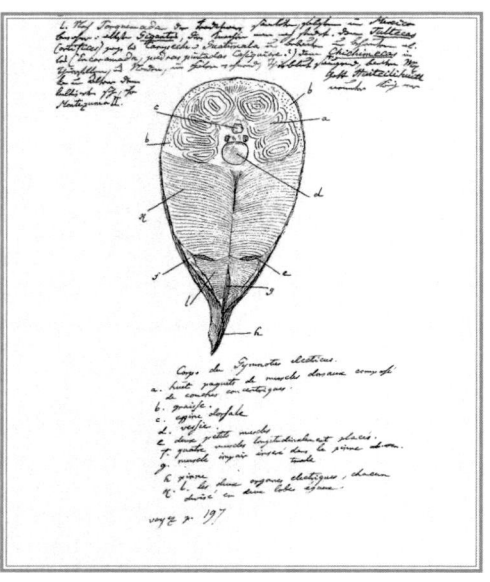

*Querschnitt durch den Gymnotus electricus.* Federzeichnung von Alexander von Humboldt, 1800.

sie ihre Lebensmittel zubereitet und ihre Mahlzeit eingenommen hätten. Da denn unsere Lage so bedenklich war, waren wir hocherfreut, fernen Hufschlag zu vernehmen, der auf uns zukam. Es war ein mit einer Lanze bewaffneter Indianer, der vom *Rodeo* zurückkam, das heißt von der Treibjagd, durch die man das Vieh auf einen bestimmten Raum zusammentreibt. Beim Anblick zweier Weißen, die verirrt sein wollten, dachte er zuerst an irgendeine böse List von unserer Seite, und es kostete uns Mühe, ihm Vertrauen einzuflößen. Endlich ließ er sich willig finden, uns zum Hof des *Cayman zu* führen, ritt aber dabei in seinem kurzen Trott weiter. Unsere Führer versicherten, »sie hätten bereits angefangen, sich um uns Sorgen zu machen«, und um diese Besorgnis zu rechtfertigen, zählten sie eine Menge Leute auf, die, in den Llanos verirrt, im Zustand völliger Erschöpfung gefunden worden. Die Gefahr kann begreiflicherweise nur dann sehr groß sein, wenn man weit von jedem Wohnplatz abkommt oder wenn man, wie es in den letzten Jahren vorgekommen ist, von Räubern geplündert und an Leib und Händen an einen Palmstamm gebunden wird.[2]

Mitten in den Llanos traf Alexander von Humboldt erstaunlicherweise einen Mann, der sich experimentell mit dem Phänomen der Elektrizät beschäftigte. Carlos del Pozo hatte als Autodidakt »eine Elektrisiermaschine mit großen Scheiben, Elektophoren, Batterien, Elektometern« gebaut, »einen Apparat, fast ebenso vollständig«, wie ihn die damaligen Physiker in Europa besaßen.[3] Doch er hatte derartige Instrumente noch nie im Original gesehen. Seine Kenntnisse stammten aus Büchern, die er sich besorgt hatte. Humboldt berichtet:

Pozo war außer sich vor Freude, als er zum ersten Mal Instrumente sah, die er nicht selbst verfertigt und die den seinigen nachgemacht schienen. Wir zeigten ihm auch die Wirkungen des

Kontakts heterogener Metalle auf die Nerven des Frosches. Die Namen Galvani und Volta waren in diesen weiten Einöden noch nicht erklungen.

Was nach den elektrischen Apparaten von der gewandten Hand eines sinnreichen Einwohners der Llanos uns in Calabozo am meisten beschäftigte, das waren die Zitteraale, die lebendige elektrische Apparate sind. Mit der Begeisterung, die zum Forschen treibt, aber der richtigen Auffassung des Erforschten hinderlich wird, hatte ich mich seit Jahren täglich mit den Erscheinungen der galvanischen Elektrizität beschäftigt; ich hatte, indem ich Metallscheiben aufeinanderlegte und Stücke Muskelfleisch oder andere feuchte Substanzen dazwischen brachte, mir unbewusst, *Säulenbatterien* aufgebaut, und so war es natürlich, dass ich mich seit unserer Ankunft in Cumaná eifrig nach elektrischen Aalen umsah. Man hatte uns mehrmals welche versprochen, wir hatten uns aber immer getäuscht gesehen. Je weiter von der Küste weg, desto wertloser wird das Geld, und wie soll man über das unerschütterliche Phlegma des Volkes Herr werden, wo der Stachel der Gewinnsucht fehlt?

Die Spanier begreifen unter dem Namen *Tembladores* (Zitterer) alle elektrischen Fische. Es gibt welche im Antillischen Meer an den Küsten von Cumaná. Die Guayqueríes, die gewandtesten und fleißigsten Fischer in jener Gegend, brachten uns einen Fisch, der, wie sie sagten, ihnen die Hände starr machte. Dieser Fisch schwimmt den kleinen Fluss Manzanares aufwärts. Es war eine neue Rochenart mit kaum sichtbaren Seitenflecken, dem Zitterrochen Galvanis ziemlich ähnlich. Die Zitterrochen haben ein elektrisches Organ, das wegen der Durchsichtig-

keit der Haut schon außen sichtbar ist, und bilden eine eigene Gattung oder doch eine Untergattung der eigentlichen Rochen. Der Zitterrochen von Cumaná war sehr munter, seine Muskelbewegungen sehr kräftig, dennoch waren die elektrischen Schläge, die wir von ihm erhielten, äußerst schwach. Sie wurden stärker, wenn wir das Tier mittels der Berührung von Zink und Gold *galvanisierten*. […] Wir wollten zuerst in unserem Hause zu Calabozo unsere Versuche anstellen, aber die Furcht vor den Schlägen des Gymnotus ist im Volk so übertrieben, dass wir in den ersten drei Tagen keinen bekommen konnten, obgleich sie sehr leicht zu fangen sind und wir den Indianern zwei Piaster für jeden recht großen und starken Fisch versprochen hatten. Diese Furcht der Indianer ist umso sonderbarer, als sie von einem nach ihrer Behauptung ganz zuverlässigen Mittel gar keinen Gebrauch machen. Sie versichern den Weißen, sooft man sie über die Schläge der *Tembladores* befragt, man könne sie ungestraft berühren, wenn man dabei Tabak kaue. Dieses Märchen vom Einfluss des Tabaks auf die tierische Elektrizität ist auf dem südamerikanischen Kontinent so weit verbreitet wie unter den Matrosen der Glaube, dass Knoblauch und Unschlitt [Talg] auf die Magnetnadel wirken.

Des langen Wartens müde, und nachdem ein lebender, aber sehr erschöpfter Gymnotus, den wir bekommen, uns sehr zweifelhafte Resultate geliefert, gingen wir nach dem Caño de Bera, um unsere Versuche im Freien, unmittelbar am Wasser, anzustellen. Wir brachen am 19. März in der Frühe zum kleinen Dorf *Rastro de abaxo* auf, und von dort führten uns Indianer zu einem Bach, der in der trockenen

Jahreszeit ein schlammiges Wasserbecken bildet, um das schöne Bäume stehen, Clusia, Amyris, Mimosen mit wohlriechenden Blüten. Mit Netzen sind die Gymnoten sehr schwer zu fangen, weil der ausnehmend bewegliche Fisch sich gleich den Schlangen in den Schlamm eingräbt. Die Wurzeln der Piscidia Erithryna, der Jacquinia armillaris und einiger Arten von Phyllanthus haben die Eigenschaft, dass sie, in einen Teich geworfen, die Tiere darin berauschen oder betäuben: dieses Mittel, das man auch *Barbasco* nennt, wollten wir nicht anwenden, da die Gymnoten dadurch geschwächt worden wären. Da sagten die Indianer, sie wollten *mit Pferden fischen, embarbascar con caballos*. Wir hatten keine Vorstellung von einer so seltsamen Fischerei; aber nicht lange, so kamen unsere Führer aus der Savanne zurück, wo sie ungezähmte Pferde und Maultiere zusammengetrieben. Sie brachten ihrer etwa 30 und trieben sie ins Wasser.

Der ungewohnte Lärm vom Stampfen der Rosse treibt die Fische aus dem Schlamm hervor und reizt sie zum Angriff. Die schwärzlich und gelb gefärbten, großen Wasserschlangen gleichenden Aale schwimmen an der Wasseroberfläche hin und drängen sich unter den Bauch der Pferde und Maultiere. Der Kampf zwischen so ganz verschieden gestalteten Tieren gibt das malerischste Bild. Die Indianer stellen sich mit Harpunen und langen, dünnen Rohrstäben bewaffnet in dichter Reihe um den Teich; einige besteigen die Bäume, deren Zweige sich waagerecht über die Wasseroberfläche breiten. Durch ihr wildes Geschrei und mit ihren langen Rohren scheuchen sie die Pferde zurück, wenn sie sich ans Ufer flüchten wollen. Die

Aale, betäubt vom Lärm, verteidigen sich durch wiederholte Entladung ihrer elektrischen Batterien. Lange scheint es, als solle ihnen der Sieg verbleiben. Mehrere Pferde erliegen den unsichtbaren Schlägen, von denen die wesentlichsten Organe allerwärts getroffen werden; betäubt von den starken, unaufhörlichen Schlägen, gehen sie unter. Andere, schnaubend, mit gesträubter Mähne, wilde Angst im starren Auge, raffen sich wieder auf und suchen dem um sie tobenden Ungewitter zu entkommen; sie werden von den Indianern ins Wasser zurückgetrieben. Einige aber entgehen der regen Wachsamkeit der Fischer; sie gewinnen das Ufer, straucheln aber bei jedem Schritt und werfen sich in den Sand, zu Tod erschöpft, mit von den elektrischen Schlägen der Gymnoten erstarrten Gliedern.

Ehe fünf Minuten vergingen, waren zwei Pferde ertrunken. Der fünf Fuß [1,6 Meter] lange Aal drängt sich dem Pferd an den Bauch und gibt ihm nach der ganzen Länge seines elektrischen Organs einen Schlag; das Herz, die Eingeweide und der *plexus coeliacus* der Abdominalnerven werden dadurch zugleich getroffen. Derselbe Fisch wirkt so begreiflicherweise weit stärker auf ein Pferd als auf den Menschen, wenn dieser ihn nur mit einer Extremität berührt. Die Pferde werden dadurch ohne Zweifel nicht getötet, sondern nur betäubt; sie ertrinken, weil sie sich nicht aufraffen können, so lange der Kampf zwischen den anderen Pferden und den Gymnoten fortdauert.

Wir zweifelten nicht daran, dass alle Tiere, die man zu dieser Fischerei gebraucht, nacheinander zugrunde gehen müssten. Aber ganz allmählich nimmt die Hitze des ungleichen Kampfes ab und die erschöpften Gymnoten zer-

*Fang der Zitteraale mit Pferden.* Holzstich aus dem Buch von Hermann Klencke: Alexander von Humboldt's Leben und Wirken, Reisen und Wissen, Leipzig: Otto Spamer, 1870. »Die Aale«, berichtet Humboldt, »betäubt vom Lärm, verteidigen sich durch wiederholte Entladung ihrer elektrischen Batterien.«

streuen sich. Sie bedürfen jetzt langer Ruhe und reichlicher Nahrung, um den erlittenen Verlust an galvanischer Kraft wieder zu ersetzen. Maultiere und Pferde verrieten weniger Angst, ihre Mähne sträubte sich nicht mehr, ihr Auge blickte ruhiger. Die Gymnoten kamen scheu ans Ufer des Teichs geschwommen, und hier fing man sie mit kleinen, an langen Stricken befestigten Harpunen. Wenn die Stricke recht trocken sind, so fühlen die Indianer beim Herausziehen des Fisches an die Luft keine Schläge. In wenigen Minuten hatten wir fünf große Aale, die zumeist nur leicht verletzt waren. Auf dieselbe Weise wurden gegen Abend noch weitere gefangen. [...]

Den ersten Schlägen eines sehr großen, stark gereizten Gymnotus würde man sich nicht ohne Gefahr aussetzen. Bekommt man zufällig einen Schlag, bevor der Fisch verwundet oder durch lange Verfolgung erschöpft ist, so sind Schmerz und Betäubung so heftig, dass man sich von der Art der Empfindung gar keine Rechenschaft geben kann. Ich erinnere mich nicht, je durch die Entladung einer großen Leidner Flasche eine so furchtbare Erschütterung erlitten zu haben wie die, als ich unvorsichtigerweise beide Füße auf einen Gymnotus setzte, der eben aus dem Wasser gezogen worden war. Ich empfand den ganzen Tag heftigen Schmerz in den Knien und fast in allen

Gelenken. Will man den ziemlich auffallenden Unterschied zwischen der Wirkung der Voltaschen Säule und der elektrischen Fische genau beobachten, so muss man diese berühren, wenn sie sehr erschöpft sind. Die Zitterrochen und die Zitteraale verursachen dann ein Sehnenhüpfen vom Glied an, das die elektrischen Organe berührt, bis zum Ellbogen. Man glaubt, bei jedem Schlag innerlich eine Schwingung zu empfinden, die zwei, drei Sekunden anhält und der eine schmerzhafte Betäubung folgt. In der ausdrucksvollen Sprache der Tamanacos heißt daher der Temblador *Arimna*, das heißt, »der die Bewegung raubt«.[4]

Drei Wochen lang reisten Humboldt und seine Begleiter unter glühendem Himmel in stauberfüllter Luft durch die Llanos. Die Landschaft erschien ihnen wie eine grenzenlose Meeresoberfläche. Am 24. März sahen sie eine Gestalt im Staub liegen:

Gegen 4 Uhr abends fanden wir in der Savanne ein junges indianisches Mädchen. Sie lag auf dem Rücken, war ganz nackt und schien nicht über 12 bis 13 Jahre alt. Sie war von Ermüdung und Durst erschöpft, Augen, Nase, Mund voll Staub, der Atem röchelnd; sie konnte uns keine Antwort geben. Neben ihr lag ein umgeworfener Krug, halb voll Sand. Zum Glück hatten wir ein Maultier bei uns, das Wasser trug. Wir brachten das Mädchen zu sich, indem wir ihr das Gesicht wuschen und ihr einige Tropfen Wein einflößten. Sie war anfangs erschrocken über die vielen Leute um sie her, aber sie beruhigte sich nach und nach und sprach mit unseren Führern. Sie meinte, dem Stand der Sonne nach müsse sie mehrere Stunden betäubt dagelegen haben. Sie war nicht dazu

zu bringen, eines unserer Lasttiere zu besteigen. Sie wollte nicht nach Uritucu zurück; sie hatte in einem Hofe in der Nähe gedient und war von ihrer Herrschaft verstoßen worden, weil sie infolge einer langen Krankheit nicht mehr so viel leisten konnte wie zuvor. Unsere Drohungen und Bitten fruchteten nichts; für Leiden unempfindlich wie ihre ganze Rasse, in die Gegenwart versunken ohne Bangen vor künftiger Gefahr, beharrte sie auf ihrem Entschluss, in eine der indianischen Missionen in der Nähe der Stadt Calabozo zu gehen. Wir schütteten den Sand aus ihrem Krug und füllten ihn mit Wasser. Noch ehe wir wieder zu Pferde waren, setzte sie ihren Weg in der Steppe fort. Bald entzog eine Staubwolke sie unseren Blicken.[5]

Auf ihrem Weg durch die Llanos konnten die Reisenden nur wenige Tiere beobachten. Um die extreme Hitze und Trockenheit zu überstehen, verfallen, wie man Humboldt berichtete, einige der dort heimischen Reptilien in einen »Sommerschlaf«:

Man zeigte uns eine Hütte oder vielmehr einen Schuppen, wo unser Gastgeber in Calabozo, Don Miguel Cousin, einen höchst merkwürdigen Auftritt erlebt hatte. Er schlief mit einem Freunde auf einer mit Leder überzogenen Bank, da wird er frühmorgens durch heftige Stöße und einen furchtbaren Lärm aufgeschreckt. Erdschollen werden in die Hütte geschleudert. Nicht lange, so kommt ein junges, 2 bis 3 Fuß [65 bis 97 cm] langes Krokodil unter der Schlafstätte hervor, fährt auf einen Hund los, der an der Türschwelle lag, verfehlt ihn im ungestümen Lauf, eilt dem Ufer zu und entkommt in den Fluss. Man untersuchte den Boden unter der *Barba-*

*Alligator.* Holzstich aus dem Buch von Hermann Klencke: Alexander von Humboldt's Leben und Wirken, Reisen und Wissen, Leipzig: Otto Spamer, 1870.

*coa* oder Lagerstätte, und da war denn der Hergang des seltsamen Abenteuers bald klar. Man fand die Erde weit hinab aufgewühlt; es war vertrockneter Schlamm, in dem das Krokodil im *Sommerschlaf* gelegen hatte, in welchen Zustand manche Individuen dieser Tierart während der trockenen Jahreszeit in den Llanos verfallen. Der Lärm von Menschen und Pferden, vielleicht auch der Geruch des Hundes hatten es aufgeweckt.[6]

# Der Orinoco: Einsamkeit und Großartigkeit

Am 27. März 1800 erreichte Alexander von Humboldt San Fernando de Apure, den Hauptort der Kapuzinermissionen in der Provinz Barinas. »Damit waren wir am Ziel unserer Reise über die Ebenen, denn die drei Monate April, Mai und Juni brachten wir auf den Strömen zu.«[1] Das wichtigste Ziel dieser Expedition tief ins Landesinnere war, »die vielbestrittene Gabelung des Orinoco zu untersuchen«[2]. Die wenigen Europäer, die so weit in den Urwald vorgedrungen waren, hatten berichtet, dass dort ein natürlicher Kanal existiere, der die zwei riesigen Flusssysteme des Amazonas und des Orinoco miteinander verbinde. In Europa allerdings stand man diesen Berichten skeptisch gegenüber: Zwei Flusssysteme, so meinte man, mussten durch eine Wasserscheide voneinander getrennt sein. Auf den Landkarten des berühmten französischen Geographen Philippe Buache (1700–1773) war anstelle des Casiquiare, dessen genauen Verlauf erst Humboldt beschreiben würde, ein Gebirgszug eingezeichnet. Eine derart schwierige Flussreise bedurfte einer gründlichen Vorbereitung. Einmal mehr erwies sich Humboldts flexible Art, ohne Mannschaft und eigene Verkehrsmittel zu reisen, als entscheidender Vorteil:

*Piroge*, Ausschnitt. Holzstich aus dem Buch von Hermann Klencke: Alexander von Humboldt's Leben und Wirken, Reisen und Wissen, Leipzig: Otto Spamer, 1870.

Ich mietete eine geräumige Lancha [Langboot] (10 duro bis Carichana, mit einem Patron [Steuermann] täglich 4 reales und vier Indianer täglich 2 reales). Man baute in wenigen Stunden von Schirmpalmblättern korbartig geflochten ein Häuschen auf dem Boote. Von Swietenia Mahagoni wurde ein Tisch, von Kuhhäuten Stühle zusammengeschlagen. Wir luden Lebensmittel auf vier Wochen, Pisang [Bananen], Hühner, Eier, Kassave [Maniok], Branntwein (um von Indianern Waren zu erkaufen), Tamarindenschoten, um eine erfrischende Limonade zu machen, und besonders Kakao, die wunderschöne Erfindung der spanischen Conquistadoren (eine Speise, deren Wert auf Reisen man in Europa nicht kennt, nährend, reizend und sättigend in kleinem Volumen). Am meisten wurde auf Angel, Netz und Schießgewehr gerechnet, denn der Fluss wimmelt von Fischen, Schildkröteneiern,

Garzas [Reiher], Paujís [Helmhokkos], Guacharacas [Schopfhühner], Wild … alles vortreffliche Speisen: Der reiche, aber sehr liebenswürdige Kapuziner in San Fernando, Fray José María de Málaga (ein jesuitenartig weltkluger Mann), gab uns Wein und Zuckerwerk. Der Schwager des Gouverneurs von Barinas, Don Nicolas Sotto, ein recht geschmeidiger und verständiger Offizier, der an den Flüssen Geldgeschäfte mit Añil [Indigo] und Maultieren macht (man gewinnt hier im Handel mit Angostura mühsam, wenn man Bargeld hat und es verzetteln will an Produkten von Barinas von 60 bis 300 Prozent), begleitete uns. Wir hatten im Schiffe eine ganz erträgliche Existenz. Die Indianer (ganz nackt, bloß Schamteile und Hintern sehr künstlich in einem Beutel) waren lustig nach Schiffsvolks Sitte. Da der Wind uns immer entgegen blies, ruderten sie mit Riesenkraft und machten sehr wunderbare indianische Späßchen im Rudern, indem sie durch das Ruder durchkriechend mit einer Hand auf den Hintern schlagen. Ganz im wildindianischen Charakter, burlesk und obszön zugleich. […]

31. März. Von Diamante an tritt man erst eigentlich in eine wilde Natur, in der Tiger [Jaguare], Krokodile [Alligatoren], Chiguire [Wasserschwein], Wildpret und zahllose Vogelgeschlechter als Herren der Erde leben. Der Fluss wird immer breiter und hat bis an den Orinoco die malerischsten Ufer, bald zur Rechten, bald zur Linken, nämlich immer ein sandiges Ufer, das wo der Strom austritt und versandet, und ein geschütztes Waldufer, bisweilen, aber recht selten, wo das Ufer recht hoch und sehr fest, auch zwei Waldufer. Der Fluss stets 2 bis 300 Varas [170 bis 250 Meter] breit und die Ufer (wie der an Kunst gewöhnte Mensch sagt) ein englischer Garten. Der Wald, meist das mangleartige [mangrovenartige] Strauchwerk Sauza foliis lanceolatis servatis, dicht am Fluss eine 4 Fuß [1,3 Meter] hohe, überall gleich hohe, wie geschnittene Hecke bildend (ich begreife nicht, woher diese Gleichförmigkeit?) und hinter der Hecke dicht aneinandergedrängte hohe Laubbäume, Cedrela, Swietenia, Mimosen, Samán, Brasilienholz, Guayacán, keine andere Palme als Corozo und Píritu, doch beide selten – bald fehlt die Hecke und man hat freie Aussicht tief in den Wald. Durch die Hecke haben Tiger [Jaguare] und verwilderte Stiere hier und da Öffnungen gebrochen und aus diesen treten die Waldtiere wie auf einen Schauplatz hervor. Je mehr der Hintergrund durch die Hecke versteckt ist, desto angenehmer gespannt ist die Aufmerksamkeit des Reisenden. Man hat das Auge stets geheftet auf die Öffnungen, aus denen Tiger [Jaguare], wilde Katzen … hervortreten, um am Wasser zu trinken […]. Welche zahllose Tierwelt, wo der Mensch den Lauf der Natur nicht stört oder die Elemente mächtiger als er sind.

Krokodile, gewöhnlich 10, oft 25 bis 28 Fuß [3,25, oft 8 bis 9 Meter], auf dem Wasser ausgestreckt (wie ein Baumstamm) schwimmend oder sich an dem Sandufer sonnend. Um von der Menge zu urteilen, kann ich nur versichern – und wir reisten zu einer Zeit, wo der Fluss eben erst zu steigen anfängt, wo Tausende Krokodile in der Savanne wegen Wassermangel sterben oder im Schlamm erstarrt (im Winterschlaf) liegen – dass nie 10 Minuten vergingen, in denen wir nicht 4 bis 5, ja bisweilen auf einen Blick 10 bis 12 Kaimane im Flusse entdeckten. […]

*Landestelle am Orinoco.* Ölskizze von Ferdinand Bellermann, um 1845.

An dieser Vuelta [Flussbiegung] die Natur grausam wild. Wir sahen den ersten lebendigen Tiger, und zwar in großer Schönheit. Alle Indianer versicherten, es sei einer der größten Tiger, die sie je gesehen. Felis Onca. Der Tiger lag ausgestreckt vor der Hecke unter einem weitschattigen Samán, als Schildwach seine frische Beute, einen Chiguire bewachend. [...] Er war größer als alle afrikanischen Tiger, die ich in London, Paris und Wien gesehen. [...]

Nachts großer Lärm. Ein Gewitter mit Platzregen vertrieb uns aus der Hamake [Hängematte], und in demselben Augenblick winselte und schrie Bonpland fürchterlich. Wir glaubten, der Tiger liege schon auf ihm. Es war eine zahme Katze, die vom Baume auf ihn herabfiel. Er erwachte vom Stoß und fühlte die Krallen des zottigen Tieres.[3]

Wenige Tage später, am 3. April 1800, geriet Humboldt am Río Algodonal in ernste Gefahr. In seinem Tagebuch schilderte er die unmittelbare Begegnung mit einem Jaguar wesentlich ausführlicher als in der späteren Publikation seiner Reisebeschreibung. Der damaligen Terminologie entsprechend verwendete Humboldt für die größte Raubkatze des amerikanischen Urwaldes die Bezeichnung »Tiger«.

Ein grässlicher Vorfall, der noch lange meine Einbildungskraft beschäftigen wird. Unterhalb der Vuelta [Flussbiegung] des Algodonal, wo wir den Mittag in einer fürchterlichen Sandwüste (immer ein trockner Teil des Flussbettes) zubrachten, trieb mich die Neugierde, Krokodile in der Nähe schlafend zu beobachten, weit von den Gefährten weg. Ich ging allein, ohne alle Waffe dem Strande nach. Zufällig bückte ich mich, um den Glimmer im Sande zu betrachten. Ich sah neben mir frische Tigertritte, gewaltige, leicht erkennbare Tatzen. Ich blickte mechanisch der Spur nach – und etwa 30 Schritt von mir entfernt, vor mir etwas rechts sah ich einen gewaltigen Tiger im Schatten einer Sauzahecke liegen. Ich fuhr schrecklich zusammen, doch verlor ich keineswegs die Besinnung. Ich war wie bei aller großer Gefahr in einer völligen Ergebung, dem Schicksal mich überlassend. Ich besinne mich deutlich, dass mein inneres Gefühl mir zurief, nicht feige, denn nun ist es auf einmal aus mit dir. Das zweite Gefühl war, kannst du dich retten, so laufe nicht. Ich wandte mich behend um und ging langsam rückwärts, dem Ufer zu, langsam, ich zwang mich, wollte langsam gehen, aber die Furcht vor der furchtbaren Katze spannte mich mächtig an. Nach 5 bis 6 Minuten hielt ich es nicht für gefährlich, mich umzublicken. Der Tiger, wohl gemästet, saß majestätisch nach wie vor unter dem Laubdach, stier über den Fluss blickend, mich keines Anblicks würdigend. Beruhigter eilte ich nun weiter. Als ich mich noch einmal umsah, wo der Fluss einen Busen macht, hatte der Tiger seinen Platz verlassen, wahrscheinlich auf Affengeschrei, das ich tief im Walde wahrnahm. Lief ich oder schrie ich vor Schreck auf, so war ich verloren! Wir gingen nun mit Gewehr alle samt den Indianern dem Tiger nach, fanden ihn aber nicht mehr. So war ich bis heute dem Tigerrachen entronnen![4]

Als ihre Lancha vom Río Apure aus am folgenden Tag die Einmündung des Orinoco erreichte, wurden Bonpland und Humboldt von einem »Gefühl der Rührung« ergriffen; sie sahen sich

[...] in ein ganz anderes Land versetzt. So weit das Auge reichte, dehnte sich eine ungeheure Wasserfläche, einem See gleich, vor uns aus. Wind und Strömung brachten in ihrem wechselseitigen Kampf Wellenkämme von mehreren Fuß Höhe hervor. Das durchdringende Geschrei der Reiher,

Flamingos und Löffelgänse, wenn sie in langen Schwärmen von einem Ufer zum anderen ziehen, erfüllte nicht mehr die Luft. [...] Die ganze Natur schien weniger belebt. Kaum bemerkten wir in den Wellentälern hie und da ein großes Krokodil, das mit seinem langen Schwanz die bewegte Wasserfläche tief durchschnitt. Der Horizont war von einem Waldgürtel begrenzt, aber nirgends traten die Wälder bis ans Strombett vor. [...] Diese sandigen Ufer verwischten vielmehr die Grenzen des Stroms, statt sie fürs Auge festzustellen; nach dem wechselnden Spiel der Strahlenbrechung rückten die Ufer bald nahe heran, bald wieder weit weg. Diese zerstreuten Landschaftszüge, dieses Gepräge von Einsamkeit und Großartigkeit kennzeichnen den Lauf des Orinoco, eines der gewaltigsten Ströme der Neuen Welt.[5]

Nach einer Woche Flussfahrt auf der mit Mess- und Beobachtungsinstrumenten gut ausgestatteten Lancha, die mit Hilfe ihres Segels erstaunlich rasch vorankam, schrieb Humboldt zufrieden in sein Tagebuch:

Die Flussschifffahrt [ist] für die Naturbeobachtung am vorteilhaftesten. Wie lange könnte man im festen Lande umherstreifen, ehe man jene Schar von Tieren in der Nähe beobachten könnte, welche des Fischfanges, Raubes, Trinkens oder der Kühlung wegen aus dem Dickicht an den Fluss hervortreten. Wie bequem kann man hier schießen, die Sitten beobachten, ja den Tieren sich auf 5 Fuß [1,6 Meter] nahen, da sie großenteils nie, nie Menschen gesehen haben! Aber wie viele Tiere sieht man durch das Fernrohr halb verwirrt, die man nicht beschreiben kann. Wenn weit reisende Naturalisten,

*Am Orinoco*. Holzstich aus dem Buch von Hermann Klencke: Alexander von Humboldt's Leben und Wirken, Reisen und Wissen, Leipzig: Otto Spamer, 1870.

der Tier- und Pflanzenspezies bisher ordentlich kennen! Bei Vuelta de Basilio (hier Schwalben) sahen wir zwei wunderbare schwarze, kleine (2 Fuß [0,65 Meter]) Affen, ganz schwarz ohne Abzeichen, mit Rollschwänzen. Was war dies? Ein deutscher Professor wird von diesen genaue Beschreibungen fordern. Schade, dass die Tiere nicht die Mäuler aufsperren, um die Zähne zu zählen.[6]

[Joseph] Banks, [Andreas] Sparrmann, [Louis] Née die Menge der Gewächse zählen, die sie nie mit Blüten gesehen, die Menge der Vögel, die sie nie in der Nähe beschauen konnten – so wird es wohl klar, dass wir kaum zwei Drittel

Neben diesen eher harmlosen Schwierigkeiten hatten sich die Reisenden allerdings Tag für Tag mit anderen Widrigkeiten auseinanderzusetzen, die das Leben auf dem Boot erschwerten. Eines der Probleme waren Pirañas:

3. April. [...] Am Morgen fingen unsere Indianer mit der Angel den Fisch, der hierzulande *Caribe* oder *Caribito*

heißt, weil kein anderer so blutgierig ist. Er fällt die Menschen beim Baden und Schwimmen an und reißt ihnen oft ansehnliche Stücke Fleisch ab. Ist man anfangs auch nur unbedeutend verletzt, so kommt man doch nur schwer aus dem Wasser, ohne die schlimmsten Wunden davonzutragen. Die Indianer fürchten diese Karibenfische ungemein, und verschiedene zeigten uns an Waden und Schenkeln vernarbte, sehr tiefe Wunden, die von diesen kleinen Tieren herrührten, die bei den Maipures *Umati* heißen. Sie leben auf dem Boden der Flüsse; gießt man aber ein paar Tropfen Blut ins Wasser, so kommen sie zu Tausenden herauf. Bedenkt man, wie zahlreich diese Fische sind, von denen die gefräßigsten und blutgierigsten nur 4 bis 5 Zoll [10,8 bis 13,5 cm] lang werden, betrachtet man ihre dreiseitigen schneidenden, spitzen Zähne und ihr weites retraktiles Maul, so wundert man sich nicht, dass die Anwohner des Apure und des Orinoco den *Caribe* so sehr fürchten. An Stellen, wo der Fluss ganz klar und kein Fisch zu sehen war, warfen wir kleine blutige Fleischstücke ins Wasser. In wenigen Minuten war ein ganzer Schwarm von Karibenfischen da und stritt sich um den Fraß. [...] Ich habe sie an Ort und Stelle beschrieben und gezeichnet. Der Caribito hat einen sehr angenehmen Geschmack. Weil man nirgends zu baden wagt, wo er vorkommt, ist er als eine der größten Plagen dieser Landstriche zu betrachten, wo der Stich der Moskitos und die Reizung der Haut das Baden zu einem dringenden Bedürfnis machen.[7]

Nicht nur wegen der Pirañas, sondern auch, weil im Wasser kaum sichtbar Alligatoren lauerten, war ein Bad im Fluss

*Piraña.* Zeichnung Alexander von Humboldts, 1800.

ein Wagnis. Allerdings hielten diese Gefahren die Reisenden und ihre Gefährten nicht lange davon ab, trotzdem ins Wasser zu gehen. Erstaunt beobachtete Humboldt dabei einen bemerkenswerten Unterschied zwischen Indianern und Europäern:

Wie der Mensch allem trotzt! Wir baden uns jetzt schon mitten unter Kariben, Sägefischen, Rayas [Rochen] und Krokodilen. Ein Indianer warnt immer den anderen, und nach und nach baden wir uns alle. Die Badelust erfindet immer Gründe, warum gerade hier, des Ufers, des Bodens, der Tageszeit wegen, die Krokodile sich nicht nähern. Ein wahres Hazardspiel, denn jährliche Beispiele beweisen, nach derselben Versicherung der Indianer, dass alle diese Gründe falsch sind. Auch werden besonders Indianer, ihrer Sorglosigkeit wegen, genug gefressen. Aber die Gefährten sind, wie bei allem Unglück der Mitreisenden, gleichgültig. Man sagt mit Recht: »Quien va con Indio, va solo« [Wer mit dem Indianer geht, der geht allein]. Man hat hundert Beispiele. Die Indianer sitzen im Vorderteil des Schiffes. Einer fällt ins Wasser. Man könnte ihn retten, das Segel einziehen. Nein! Keiner der Kameraden schreit, keiner spricht ein Wort. Der Steuermann sieht den Indianer schon weit hinter sich. Man macht den Indianern Vorwürfe. Er kann schwimmen, und kann er das Schiff nicht erreichen, nun so ersäuft er, so holt ihn Tixitixi (der Teufel). Ein eigener Charakterzug des Wilden (denn was man als Eigentümlichkeit des amerikanischen Indianers verschreit, gehört allen Menschen im Naturzustande zu), dem lebenden Gefährten gefällig; keiner trinkt, isst etwas allein, ohne nicht dem Gefährten mitzugeben; aber scheint der Gefährte dem Tode nahe (durch Tiger, Krokodil, vor Krankheit sterbend), nun, so ist er nicht mehr Glied dieser Gesellschaft, er gehört dem Tixitixi, keine Hilfe, kein Mitleid, keine Klagen![8]

In den ersten Apriltagen des Jahres 1800 erreichten die Forscher die Schildkröteninseln im Orinoco: »Der frische Nordostwind brachte uns mit vollen Segeln zur Schildkrötenbucht. [...] Die Insel ist berühmt wegen des Schildkrötenfangs oder, wie man hier sagt, der *cosecha*, der jährlichen Eierernte.«[9] Jahr für Jahr kamen Tausende Arrau-Schildkröten im Februar und März zur Eierablage auf die Flussinseln. Die Indios pressten Öl aus den Eiern und produzierten, so berechnete Humboldt, pro Ernte einen Ertrag von 125 000 Litern. Dafür wurden jedes Jahr um die 33 Millionen Eier von 330 000 Schildkröten verarbeitet: »Die Missionare stellen es dem besten Olivenöl gleich, und man braucht es nicht nur zum Brennen, sondern auch, und zwar vorzugsweise, zum Kochen, da es den Speisen keinerlei unangenehmen Geschmack

gibt.«[10] Scharf kritisierte Humboldt den mangelnden Sinn für Nachhaltigkeit bei den Franziskanern, die die Ernte und den Verkauf des Schildkrötenöls kontrollierten und so den Bestand der Tiere auf Dauer gefährdeten:

Den Jesuiten gebührt das Verdienst, dass sie die Ausbeutung *geregelt* haben; die Franziskaner, welche die Jesuiten in den Missionen am Orinoco abgelöst haben, rühmen sich zwar, dass sie das Verfahren ihrer Vorgänger einhalten, gehen aber leider keineswegs mit der gehörigen Vorsicht zu Werke. Die Jesuiten erlaubten nicht, dass das ganze Ufer ausgebeutet wurde; sie ließen ein Stück unberührt, weil sie befürchteten, die Arrau-Schildkröten möchten, wenn nicht ausgerottet werden, so doch bedeutend abnehmen. Jetzt wühlt man das ganze Ufer rücksichtslos um, und man meint auch zu bemerken, dass die *Ernten* von Jahr zu Jahr geringer werden.[11]

Die Missionare trieben eifrig Handel. Für einen lächerlichen Betrag kauften sie den Indianern Naturprodukte ab, verkauften diese um ein Vielfaches an Händler, erstanden Leinwand, Nadeln und Bänder und veräußerten diese wiederum mit unglaublichem Gewinn an die Indianer. Sie untersagten den Indianern den direkten Handel und bestraften Verstöße mit Peitschenhieben. Humboldt errechnete eine Gewinnspanne von bis zu 3000 Prozent bei dieser Art von Geschäft.[12] In sein Tagebuch notierte er:

Wenn in den Kapuziner- und Observantenklöstern in Spanien man wüsste, wie herrlich das Missionsleben ist, alle Mönche liefen nach Amerika. Ich habe oft die Kapuzinerspeise in Tirol mit dem verglichen, was ich tief im Innern von Südamerika an Weinen, Likören, Kuchen, Süßigkeiten, Pasteten genossen habe. [...] Der Reichtum, den ein fleißiger Missionar an zum Handel günstigen Orten haben kann, ist grenzenlos. Der Reichste hier ist, wer Hände hat, und des Missionars Sklaven sind alle Indianer seines Dorfes. [...] Niemand will zurückkehren und sich wieder ins Kloster einzwängen.[13]

Ein Missionar, den sie auf den Schildkröteninseln trafen und der sich verwundert über die mit Messinstrumenten hantierenden Männer zeigte, befragte Humboldt und Bonpland misstrauisch: »Wie soll einer glauben«, sagte er, »dass ihr euer Vaterland verlassen habt, um euch auf diesem Flusse von den Moskitos aufzehren zu lassen und Land zu vermessen, das euch nicht gehört?«[14] In der Tat war es für viele Bewohner der spanischen Kolonien nicht nachzuvollziehen, dass ein Mann »zum Fortschritt der Naturwissenschaften eine selbstfinanzierte Reise«[15] durch Amerika unternahm und sich dabei freiwillig großen Gefahren aussetzte. Wie gefährlich diese Expedition sein konnte, erlebte Humboldt wenige Tage später, am 6. April 1800:

Von Boca de Tortuga [Schildkrötenbucht] absegelnd, es war Palmsonntag, fing unser Unglück an. Der dumme und eitle Patron [Steuermann], para hacer una famosa salida [um eine grandiose Abfahrt zu bieten], legte die Lancha bis auf ¼ Zoll Bord in den Wind, und in 10 Minuten waren wir mitten im Orinoco. Der Patron versicherte, dass am Ufer alles erstaunt sein müsse über solch ein Absegeln. Von nun an vertraute er zu viel seiner Lancha. Er glaubte, sie könne nicht umschlagen. Ich schrieb fleißig, eben im gelben Buche über Missionen, als urplötzlich un-

ser Boot umschlug und der Strom über das Buch und den Tisch wegschoss, an dem ich saß. Der Augenblick war fürchterlich. Wir glaubten uns alle verloren, doch behielten wir alle Besinnung. Ich bin mir deutlich bewusst, dass ich den Entschluss in mir erneuerte, der Krokodile wegen kein Ruder, kein Holz zu ergreifen. Es ist aus, dachte ich, Wilhelm, Haeftens ... schnell, schnell, desto leichter der Tod. Ich war mehr gerührt als erschrocken. So war es in mir. Bonpland zeigte sich sehr edel. Er schlief, sah die Todesgefahr, als er erwachte; als er aber zugleich das Ufer im Schwimmen erreichbar sah, drängte er sich an mich, ne craignez pas mon ami, nous nous sauvons [keine Sorge mein Freund, wir retten uns]. Das Wasser füllte schon zwei Drittel des Bootes, als derselbe raffle de vent, ein Wirbelwind, der uns umstürzte, uns aufrichtete. Doch vergingen nicht zwei bis drei Minuten über dies alles. Unsere Rettung war eine Art Wunder! Die Empfindung im Aufrichten, die Rückkehr zum Leben war sehr, sehr schön. Ich werde den Vorfall noch beschreiben, denn heute schreib ich in Carichana, fast ohne Tinte und ohne Papier! Fortsetzung der Reise, Sicherheit vor Krokodilen, Wilhelm, Haftens Wiedersehen, dieselben Ideen, die erst so schmerzhaft vordrangen, folgten nun abermals in lichten Farben, ein Sonnenblick. Wir waren in guter Gesellschaft, denn 10 Minuten nachher scherzten wir alle, doch auf den Patron scheltend, der durch falsches Steuern allerdings am Unglück Teil hatte. Alle Bücher, alle Manuskripte im Wasser, zum Glück gute Tinte und daher alles lesbar, doch mühsam zu trocknen. Wir schöpften eine halbe Stunde Wasser aus und gingen wieder unter Segel, doch den ganzen Abend in großer

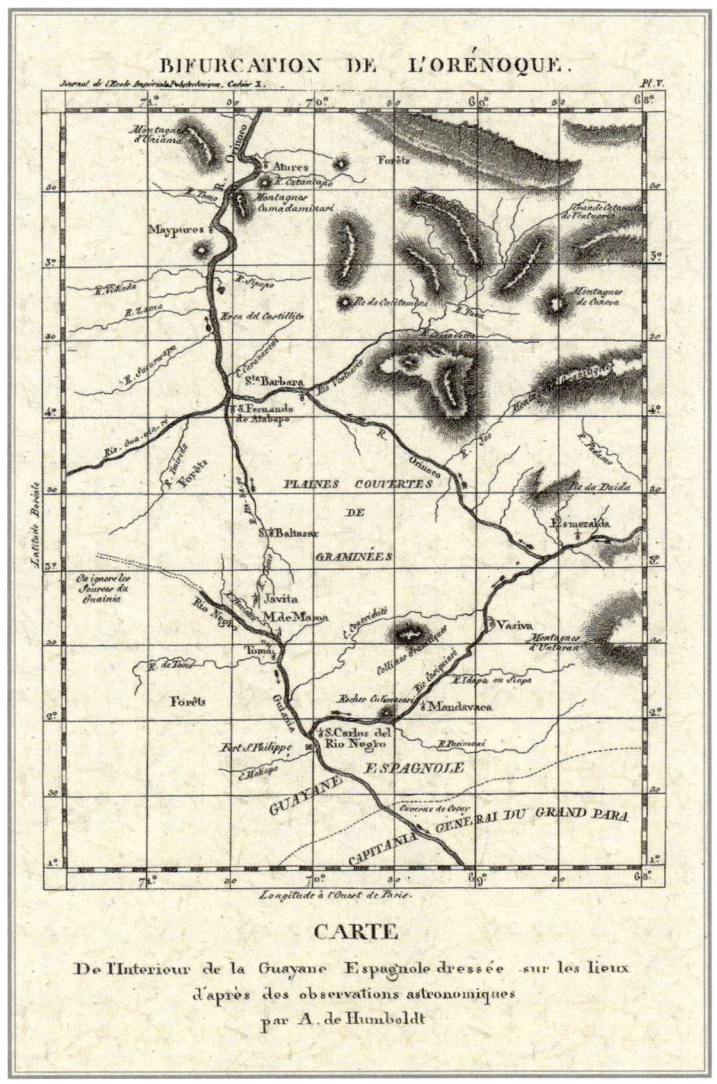

*Bifurkation des Orinoco*. Karte Alexander von Humboldts in: Journal de l'École Polytechnique 4, 1810.

gültig]. Unser indianischer Práctico [Lotse] veränderte seine Miene nicht beim Unfall. Er schien zu lächeln, dass die Blancos [Weißen] an ihren Papieren so ängstlich zu trocknen hatten.[16]

In Pararuma war der Fluss schmaler und reißender geworden. Die Forscher stiegen deshalb in ein kleineres, wendigeres Boot um:

Die neue für uns bestimmte Piroge wurde noch am Abend geladen. Es war, wie alle indianischen Kanus, ein mit Axt und Feuer ausgehöhlter Baumstamm, 40 Fuß [13 Meter] lang und 3 Fuß [1 Meter] breit. Drei Personen konnten nicht nebeneinander darin sitzen. Diese Pirogen sind so beweglich, sie erfordern, weil sie so wenig Widerstand leisten, eine so gleichmäßige Verteilung der Last, dass man, wenn man einen Augenblick aufstehen will, den Ruderern (bogas) zurufen muss, die entgegengesetzte Seite zu belasten; ohne diese Vorsicht käme das Wasser notwendig über die geneigte Seite ins Boot. Man macht sich nur schwer eine Vorstellung davon, wie übel man auf einem solchen elenden Fahrzeug dran ist.[17]

Nicht nur wegen der Enge an Bord, sondern auch wegen der massiv zunehmenden Insektenplage stellte sich die vor ihnen liegende Fahrt als wesentlich unbequemer heraus als die bisherige:

10. April. Wir konnten erst um zehn Uhr morgens unter Segel gehen. Nur schwer gewöhnten wir uns an die neue Piroge, die uns wie ein neues Gefängnis erschien. Um an Breite zu gewinnen, hatte man am Heck des Fahrzeugs aus Baumzweigen eine Art Gitter angebracht, das auf beiden Seiten

Spannung. Nachts auf einer Sandinsel. Tiger heulten um uns. Wir freuten uns, zusammen zu essen bei Mondlichte. Wir stellten uns lebhaft vor, wenn einer sich allein gerettet, der Schmerz, die übrigen von Krokodilen verzehrt zu wissen und sich selbst von Tigern umgeben, und wohin gehen? Kein Weg am Ufer! Wald. So viel Caños [Wirbel]. Tiger! Der Strom so breit. Indianer nicht zu errufen, so indolent [gleich-

139

über den Schiffsrumpf hinausreichte. Leider war das Blätterdach *(el toldo)* darüber so niedrig, dass man gebückt sitzen oder ausgestreckt liegen musste, wo man dann nichts sah. [...] Das Dach war für vier Personen bestimmt, die auf dem Verdeck oder dem Gitter aus Baumzweigen lagen; aber die Beine reichen weit über das Gitter hinaus, und wenn es regnet, wird man am halben Leib nass. Dabei liegt man auf Ochsenhäuten oder Tigerfellen, und die Baumzweige darunter drücken einen durch die dünne Decke gewaltig. Das Vorderteil des Fahrzeugs nahmen die indianischen Ruderer ein, die drei Fuß lange, löffelförmige Paddel führen. Sie sind ganz nackt, sitzen paarweise und rudern im Takt, den sie merkwürdig genau einhalten. Ihr Gesang ist trübselig, eintönig. [...]

Auf der überfüllten, keine 3 Fuß [1 Meter] breiten Piroge blieb für die getrockneten Pflanzen, die Koffer, einen Sextanten, den Inklinationskompass und die meteorologischen Instrumente kein anderer Platz als der Raum unter dem Gitter aus Zweigen, auf dem wir den größten Teil des Tags ausgestreckt liegen mussten. Wollte man irgendetwas aus einem Koffer holen oder ein Instrument gebrauchen, musste man ans Ufer fahren und aussteigen. Zu diesen Unbequemlichkeiten kam noch die Plage der Moskitos, die unter einem so niedrigen Dache in Scharen hausen, und die Hitze hinzu, welche die Palmblätter ausstrahlen, deren Oberseite beständig der Sonnenglut ausgesetzt ist. Jeden Augenblick suchten wir uns unsere Lage erträglicher zu machen, und immer vergeblich. Während der eine sich unter ein Tuch steckte, um sich vor den Insekten zu schützen, verlangte der andere, man solle grünes Holz unter

dem *Toldo* anzünden, um die Mücken durch den Rauch zu vertreiben. Wegen des Brennens der Augen und der Steigerung der ohnehin erstickenden Hitze war das eine Mittel so wenig anwendbar wie das andere. Aber mit etwas Frohsinn, bei gegenseitiger Herzlichkeit, bei offenem Sinn und Auge für die großartige Natur dieser weiten Stromtäler fällt es den Reisenden nicht schwer, Beschwerden zu ertragen, die zur Gewohnheit werden.[18]

Während die Piroge zur Fahrt zum Oberen Orinoco vorbereitet wurde, war Humboldt wieder einmal Zeuge der unmenschlichen Behandlung der Indianer durch einen Missionar geworden:

Der Missionar aus den *Raudales* [Stromschnellen] betrieb die Zurüstungen zur Weiterfahrt eifriger, als uns lieb war. Man befürchtete, nicht genug Macos- und Guahibes-Indianer zur Hand zu haben, die mit dem Labyrinth von kleinen Kanälen und Wasserfällen, welche die *Raudales* oder Katarakte bilden, vertraut wären; man legte daher die Nacht über zwei Indianer in den *Cepo*, das heißt, man legte sie auf den Boden und steckte ihnen die Beine durch zwei Holzstücke mit Ausschnitten, um die man eine Kette mit Vorhängeschloss legte. Am frühen Morgen weckte uns das Geschrei eines jungen Mannes, den man mit Seekuhriemen unbarmherzig peitschte.[19]

Humboldt schritt ein und gewann das Vertrauen des Indios, eines, wie sich herausstellte, hervorragenden Dolmetschers, der neben Spanisch auch mehrere Indianersprachen beherrschte: »Es war Zerepe, ein sehr verständiger Indianer, der uns in der Folge die besten Dienste leistete.«[20] Dieser Vorfall gab Humboldt

*Humboldt und Bonpland in der Urwaldhütte.* Ölgemälde von Eduard Ender, 1856. Humboldt konnte sich mit diesem theatralisch inszenierten Gemälde, das entstand, als er 85 Jahre alt war, nie anfreunden. So stehen auf dem Tisch ein Theodolit – ein Instrument, das er nicht mit sich führte – und ein billiges Nürnberger Pappemikroskop.

erneut Anlass zu einer Betrachtung über die Unterdrückung der indianischen Kultur durch die europäische:

Wird das Opfer, das man ihm auferlegt, nicht durch die Vorteile der Zivilisation aufgewogen, so nährt der Wilde in seiner verständigen Einfalt fort und fort den Wunsch, in die Wälder zurückzukehren, in denen er geboren wurde. Weil der Indianer aus den Wäldern in den meisten Missionen als ein Leibeigener behandelt wird, weil er der Früchte seiner Arbeit nicht froh wird, veröden die christlichen Niederlassungen am Orinoco. Ein Regiment, das sich auf die Vernichtung der Freiheit der Eingeborenen gründet, tötet die Geisteskräfte oder hemmt doch ihre Entwicklung.

Wenn man sagt, der Wilde müsse wie das Kind unter strenger Zucht gehalten werden, so ist dies ein unrichtiger Vergleich. Die Indianer am Orinoco haben in den Äußerungen ihrer Freude, im raschen Wechsel ihrer Gemütsbewegungen etwas Kindliches; sie sind aber keineswegs große Kinder, so wenig wie die armen Bauern im östlichen Europa, die in der Barbarei

141

unseres Feudalsystems sich der tiefsten Verkommenheit nicht entringen können. Zwang als hauptsächlichstes und einziges Mittel zur Zivilisierung des Wilden erscheint zudem als ein Grundsatz, der bei der Erziehung der Völker und bei der Erziehung der Jugend gleich falsch ist. Wie schwach und tief gesunken auch der Mensch sein mag, keine Fähigkeit ist ganz erstorben. Die menschliche Geisteskraft ist nur dem Grad und der Entwicklung nach verschieden.[21]

Dass der Orinoco so wenig von Indianern befahren wurde und dass auch die Flussufer nahezu menschenleer waren, erstaunte Humboldt nur wenig. Es gab ihm vielmehr Anlass, auch hier über die unheilvolle Rolle der Europäer nachzudenken:

Wenn man wie wir 30 Tage lang auf dem Orinoco schifft und so ewig nur sich selbst, nie ein freundlich begegnendes Schiff, nie Menschen am Ufer sieht, dann fragt man sich, wem diese Welt diese Totenstille verdankt. Euch, Ihr Europäer, die Ihr den Armen, friedlichen Einwohnern (sie mit Schießgewehr schreckend oder feig im Schlaf überfallend) nächtlich die Kinder raubt, Euch, die Ihr den Wilden vom Ufer verdrängt … Und wäret Ihr dadurch glücklich, dass andere darben. Aber nein! In einer Strecke von 200 Meilen habt ihr 15 Häuser gebaut, wenn man Lehmhütten Häuser nennen darf. Der Wilde lebt jetzt zurückgedrängt an den entfernten Flüssen, Armen, Caños, die von den großen Flüssen hier überall ab- und zugehen … Er kann sich nicht frei ausbreiten, kommunizieren, und in seiner meist erzwungenen Kommunikation mit Spaniern (und ebenso Holländern, Portugiesen, Franzosen, denn

alle Europäer in dieser Region sind gleich abscheulich) gewinnt er nichts. Der gechristete Wilde in den Pueblos ist feiger und dümmer, an physischen Kräften einbüßend, ohne an intellektuellen zu gewinnen.[22]

Am 16. April 1800 überwanden die Forscher die Katarakte von Atures. In sechs mühevollen Stunden schafften die Indianer die Piroge einen Pfad neben den Wasserfällen hinauf.

Jenseits der Großen Katarakte beginnt ein unbekanntes Land. […] Oberhalb fanden wir längs des Orinoco auf einer Strecke von hundert Meilen nur drei christliche Niederlassungen, und in ihnen waren kaum sechs bis acht Weiße, das heißt Menschen mit europäischer Abkunft. Es ist nicht zu verwundern, dass ein so ödes Land von jeher der klassische Boden für Sagen und Wundergeschichten war. Hierher versetzten ernste Missionare die Völker, die ein Auge an der Stirn, einen Hundskopf oder den Mund unter dem Magen haben.[23]

Bereits zwei Tage später gelangten sie erneut an gewaltige Wasserfälle. Die tosenden Katarakte von Maipures boten Humboldt

[…] das furchterregende Schauspiel eines eingeengten und wie völlig in Schaum verwandelten großen Stromes. […] Hat man den Gipfel des Felsens erreicht, so liegt auf einmal, eine Meile weit, eine Schaumfläche vor einem da, aus der ungeheure Steinmassen eisenschwarz aufragen. Die einen sind abgerundet, Basalthügeln ähnlich, andere gleichen Türmen, Kastellen, zerfallenen Gebäuden. Ihre düstere Färbung hebt sich scharf vom Silberglanze des Wasserschaums ab. Jeder Fels, jede Insel ist mit Gruppen kräftiger Bäume bewachsen. Vom Fuß dieser Felsen an schwebt, so weit das Auge reicht, eine dichte Dunstmasse über dem Strom und über diesen weißlichen Nebel schießen die Wipfel der hohen Palmen empor. [...] Zu jeder Tagesstunde nimmt sich die Schaumfläche wieder anders aus. Bald werfen die hohen Inseln und die Palmen ihre gewaltigen Schatten darüber, bald bricht sich der Strahl der untergehenden Sonne in der feuchten Wolke, die den Katarakt einhüllt. Farbige Bogen bilden sich, verschwinden und erscheinen wieder, und im Spiel der Lüfte wiegt sich ihr Bild über der Ebene.[24]

Hier trafen die Reisenden den Franziskanerpater Bernardo Zea, der ihnen anbot, sie auf ihrer weiteren Reise zu begleiten. »Wir blieben drei Tage in Maipures, das noch malerischer liegt als Apures«, notierte Humboldt. »Zea hat übrigens weder Tisch noch Stuhl, und die Schweinerei im Hause des Mönchs sticht gegen die Ordnung und Reinlichkeit der Indianer sonderbar ab!«[25] Acht Tage darauf gelangten sie nach San Fernando de Atabapo und untersuchten die gravierenden Unterschiede der Flüsse, die man heute als Schwarz- und Weißwasserflüsse bezeichnet. Während im sauren, nähr- und sauerstoffarmen Schwarzwasser weder Mückenlarven noch Krokodile leben können, weist das trübe und mineralreiche Weißwasser eine reichhaltige Flora und Fauna auf:

Sobald man in das Bett des Atabapo kommt, ist alles anders, die Beschaffenheit der Luft, die Farbe des Wassers, die Gestalt der Bäume am Ufer. Bei Tage hat man von den Moskitos nicht mehr zu leiden; die Schnaken mit langen Füßen *(Zancudos)* werden

bei Nacht sehr selten, ja oberhalb der Mission San Fernando verschwinden diese Nachtinsekten ganz. Das Wasser des Orinoco ist trübe, voll erdiger Stoffe, und in den Buchten hat es wegen der vielen toten Krokodile und anderer faulender Körper einen bisamartigen, süßlichen Geruch. Um dieses Wasser zu trinken, mussten wir es nicht selten durch ein Tuch seihen. Das Wasser des Atabapo dagegen ist rein, von angenehmem Geschmack, ohne eine Spur von Geruch, bei reflektiertem Licht bräunlich, bei durchgehendem gelblich. [...] In 20, 30 Fuß [6,5 bis 10 Meter] Tiefe sieht man die kleinsten Fische, und meist blickt man bis auf den Grund des Flusses hinunter. Und dieser ist nicht etwa Schlamm von der Farbe des Flusses, gelblich oder bräunlich, sondern blendend weißer Quarz- und Granitsand. [...] Oberhalb von San Fernando gibt es keine Krokodile mehr; man trifft hier und da einen Bava [Brillenkaiman] und viele Süßwasserdelphine, aber keine Seekühe. Man sucht hier auch vergeblich den Chiguire [das Wasserschwein], die Araguatos oder großen Brüllaffen, den Zamurogeier und den Fasanen mit der Haube, den sogenannten Guacharaca. Ungeheure Wassernattern, im Habitus der Boa gleich, sind leider sehr häufig und werden den Indianern beim Baden gefährlich. Gleich in den ersten Tagen sahen wir welche neben unserer Piroge herschwimmen, die 12 bis 14 Fuß [4 bis 4,5 Meter] lang waren.[26]

Am 30. April 1800 passierten sie den »Felsen der Guahiba-Mutter«. Hier hatten drei Jahre zuvor Missionare eine Indianerin gefesselt und ausgepeischt, weil sie versucht hatte, ins Dorf ihrer Familie und zu ihren drei Kindern zurückzugehen. Nach der Tortur gelang ihr zwar die Flucht; doch als die Missionare sie wieder zwangen, ihr Dorf zu verlassen, verweigerte sie jede Nahrung und starb.[27] »So unverschämt unmoralisch dieses Mönchsgesindel!«, notierte Humboldt in sein Tagebuch und klagte: »Das, König von Spanien, das sind deine Mönche, und es gibt eine Gottheit, die solchen Frevel ungeahndet lässt!«[28] Auch in seiner *Reise in die Äquinoktial-Gegenden* schilderte er diesen Vorfall und prangerte die doppelte Moral der Europäer an, die am Orinoco das Sagen hatten:

> Wenn der Mensch in diesen Einöden kaum eine Spur des Daseins hinterlässt, so ist es für den Europäer doppelt demütigend, dass durch den Namen eines Felsen, der durch eines der unvergänglichen Denkmale der Natur, das Andenken an den moralischen Verfall unseres Geschlechts, an den Gegensatz zwischen der Tugend des Wilden und der Barbarei des zivilisierten Menschen verewigt wird.[29]

Über den Río Atabapo, einen Zufluss des Orinoco, erreichten die Forscher am 1. Mai 1800 ihr nächstes Etappenziel, den Ort Javita. Hier sollte die Piroge auf einem kleinen Stück Landweg zum Pimichín, einem Zufluss des Río Negro

geschafft werden. 23 Indianer benötigten viereinhalb Tage für die 14 Kilometer lange Strecke, wobei sie nacheinander Baumstämme als Walzen dem Einbaum unterlegten. Schon einen Tag später, am 6. Mai, gelangten sie mit ihrer Piroge in den Río Negro, der tausend Kilometer südöstlich, bei Manaos, in den Amazonas fließt.

Die Einmündung des Casiquiare, der sich von Osten her mit dem Río Negro vereinigt, ließen Humboldt und seine Reisegefährten jedoch zunächst links liegen, um zum Außenposten San Carlos de Río Negro an der Grenze zu Brasilien zu gelangen. Diesen erreichten sie am 9. Mai 1800. Es war der südlichste Punkt von Humboldts Reise durch Venezuela. Gerne wäre Humboldt nach Brasilien eingereist. Doch die politischen Spannungen zwischen Spanien und Portugal ließen ihn davon Abstand nehmen, was ihm mit Sicherheit einige Schwierigkeiten ersparte. Denn in Brasilien hatte man von seiner Anwesenheit erfahren und entsprechende Vorsichtsmaßnahmen ergriffen: In einem im Namen des Prinzregenten João verfassten Dienstschreiben an den Gouverneur und Generalkapitän der brasilianischen Provinz Ceará vom 2. Juni 1800 hieß es, dass man im Falle, dass Humboldt versuche, nach Brasilien einzureisen, »rigorose Maßnahmen zum Schutz des Portugie-

*Taschensextant*, Typ *Snuffbox*, um 1800 hergestellt von Edward Troughton, London. Humboldt war von der Handlichkeit dieses Sextanten begeistert. Er verwendete ein Instrument dieses Typs zur kartographischen Erfassung kleinerer Gebiete vom engen Boot oder vom Rücken seines Pferdes aus.

sischen Amerika ergreifen« müsse. Der Forscher trage »neue Ideen und verfängliche Prinzipien« in die Kolonie.[30] Zu den im Schreiben empfohlenen Maßnahmen gehörte auch die Gefangennahme des Forschers: »Man hätte uns auf dem Amazonas nach Gran Pará und von dort nach Lissabon gebracht«,[31] schrieb Humboldt später. Am 10. Mai fuhren die Forscher den Río Negro wieder flussaufwärts, bis zur Einmündung des Casiquiare:

> Seit einem halben Jahrhundert zweifelte kein Mensch in diesen Missionen mehr daran, dass hier wirklich zwei große Stromsysteme miteinander in Verbindung stehen; das wichtige Ziel unserer Flussfahrt beschränkte sich also darauf, mittels astronomischer Beobachtungen den Lauf des Casiquiare aufzunehmen, besonders den Punkt, wo er in den Río Negro tritt, und den anderen, wo der Orinoco sich gabelt.[32]

Acht Seemeilen nordwestlich von San Carlos liefen sie in den Río Casiquiare ein. »Die weißen Wasser«, schreibt Humboldt, »brachten uns nach und nach wieder heiteren Himmel, Sterne, Moskitos und Krokodile.«[33] Sein Boot glich inzwischen einer kleinen Arche Noah:

> Unsere Tiere waren meist in kleinen Holzkäfigen, manche liefen aber frei überall auf der Piroge herum. Wenn Regen drohte, erhoben die Aras ein furchtbares Geschrei, und der Tukan wollte ans Ufer, um Fische zu fangen, die kleinen Titi-Affen liefen zu Pater Zea und krochen in die ziemlich weiten Ärmel seiner Franziskanerkutte.[34]

Dass nirgendwo Menschen zu sehen waren, beschäftigte Alexander von Humboldt so sehr, dass er sich ein Bild der Natur ausmalte, in der der Mensch vollkommen verzichtbar war:

> Jene unbewohnten, mit Wald bedeckten, geschichtslosen Ufer des Casiquiare beschäftigten damals meine Einbildungskraft wie die in der Geschichte der Kulturvölker hochberühmten Ufer des Euphrat und des Oxus dies heute tun. Hier, im Innern des Neuen Kontinents, gewöhnt man sich beinahe daran, den Menschen als etwas zu betrachten, das für die Ordnung der Natur nicht von Notwendigkeit ist. Der Boden ist dicht bedeckt mit Gewächsen […], Krokodile und Boas sind die Herren des Stroms; der Jaguar, der Pecari [Nabelschwein], der Tapir und die Affen streifen durch den Wald, ohne Furcht und ohne Gefahr; sie hausen hier wie auf ihrem angestammten Erbe. Dieser Anblick der lebendigen Natur, in der der Mensch nichts ist, hat etwas Befremdendes und Tristes. […] Hier, in einem fruchtbaren Lande, geschmückt mit unvergänglichem Grün, sieht man sich umsonst nach Spuren der Macht des Menschen um; man glaubt sich in eine andere Welt versetzt […]. Diese Eindrücke sind umso stärker, je länger sie andauern. Ein Soldat, der sein ganzes Leben am oberen Orinoco zugebracht hatte, war einmal mit uns am Strome gelagert. Er war ein gescheiter Mensch, und in der ruhigen heitern Nacht richtete er an mich Frage um Frage über die Größe der Sterne, über die Mondbewohner, über tausend Dinge, von denen ich so viel wusste wie er. Meine Antworten konnten seine Neugier nicht befriedigen, und so sagte er in zuversichtlichem Tone: »Was die Menschen anlangt, so glaube ich, es gibt da oben nicht mehr als ihr angetroffen hättet, wenn ihr zu Land von Javita an den

*Nächtliche Szene am Orinoco.* Kupferstich von Gottlieb Schick in: Allgemeine Geographische Ephemeriden, Weimar: J. F. Bertuch, 1807. Humboldt kommentierte: »In der Mitte des Bildes hat Herr Schick eine indianische Küche abgebildet. Sie ist sehr einfach. Ein von Baumzweigen gebildeter Rost, auf dem man den Affen, die große Simia Paniscus bratet. Affenschinken sind ein Leckerbissen dieser Welt.«

Casiquiare gegangen wäret. In den Sternen, meine ich, ist eben wie hier eine weite Ebene mit hohem Gras und ein Wald *(mucho monte)*, durch den ein Strom fließt.«[35]

Doch **dann** und wann stießen sie auch am **Casiquiare** auf eine Siedlung: »Diese **christlichen** Niederlassungen befinden sich meist in so kläglichem Zustande, dass längs des ganzen Casiquiare auf einer Strecke von 50 Meilen [222 Kilometer] **keine** 200 Menschen leben.«[36] Ein **Missionar**, bei dem die Forscher Unterkunft fanden, berichtete Humboldt von dem Brauch der Indianer, Menschenfleisch zu essen.

Erst die Zivilisation hat dem Menschen die Einheit des Menschenge-schlechts zum Bewusstsein gebracht und ihm gleichsam offenbart, dass ihn auch mit Wesen, deren Sprache und Sitten ihm fremd sind, ein Band der Blutsverwandtschaft verbindet. Die Wilden kennen nur ihre Familie, und ein Stamm erscheint ihnen nur als ein größerer Verwandtschaftskreis. […] Indianer einer benachbarten Völkerschaft, mit der sie im Kriege leben, jagen sie wie wir das Wild. […] Keine Regung von Mitleid hält sie davon ab, Frauen oder Kinder eines feindlichen Stammes ums Leben zu bringen. Letztere werden bei den Mahlzeiten nach einem Kampfe oder einem Überfall vorzugweise verzehrt.[37]

Je näher die Forscher der Gabelung des Orinoco kamen, desto dichter wurde der Urwald: »Ein freies Ufer ist gar nicht mehr vorhanden; vielmehr bildet nun ein Pfahlwerk aus dicht belaubten Bäumen das Flussufer. Man hat einen 200 Toisen [400 Meter] breiten Kanal vor sich, den zwei ungeheure, mit Laub und Lianen bedeckte Mauern einfassen. Wir versuchten öfters zu landen, konnten aber nicht aus dem Kanu kommen.«[38] Am 21. Mai legten sie schließlich am Ufer der berühmten Gabelteilung an:

> Der Punkt, wo die vielberufene Gabelteilung des Orinoco sich befindet, gewährt einen wahrhaft großartigen Anblick. Am nördlichen Ufer erheben sich hohe Granitberge; in der Ferne erkennt man unter denselben den Maraguaca und den Duida. Auf dem linken Ufer des Orinoco, westlich und östlich der Gabelung sind keine Berge bis zur Einmündung des Tamatama. Hier liegt der Fels Guaraco, der in der Regenzeit zuweilen Feuer speien soll. Da wo der Orinoco gegen Süd nicht mehr von Bergen umgeben ist und er die Öffnung eines Tals oder vielmehr einer Einsenkung erreicht, welche sich zum Río Negro hinunterzieht, teilt er sich in zwei Äste.[39]

Mit der Befahrung des 326 Kilometer langen Casiquiare konnte Humboldt bestätigen, was der Jesuitenpater Roman im Jahr 1744 als Erster erkannt hatte: Diese Flussverbindung war keine »geographische Ungeheuerlichkeit«[40], wie es noch auf der *Carte générale de la Guyane* aus dem Jahr 1798 geheißen hatte, und es gab hier auch keine Bergkette, wie sie darin anstelle des Casiquiare eingezeichnet war. Heute weiß man, dass der Casiquiare die größte Bifurkation der Erde ist. Er entzieht dem oberen Orinoco etwa 25 Prozent seines Wassers, das dann über den Río Negro in den Amazonas fließt.

Nur wenige Kilometer orinocoaufwärts lag die Urwaldmission Esmeralda. Eigentlich hatte Humboldt geplant, den Fluss weiter hinauf bis zu den Quellen des Orinoco zu fahren. Die Angriffslust der dortigen Indianer allerdings machte dieses Vorhaben zunichte: »Die Guaica-Indianer, eine fast mit den Pygmäen vergleichbare, sehr hellhäutige, aber ausgesprochen kriegerische Menschenrasse, vereitelten jeden Versuch, direkt zu den Quellen zu gelangen.«[41] Hier, in Esmeralda, zeigte ein alter Indianer dem Forscher, wie das Pfeilgift Curare zubereitet wurde. Humboldt berichtet: »›Ich weiß‹, sagte er, ›die Weißen verstehen die Kunst, Seife herzustellen und das schwarze Pulver, bei dem das Üble ist, dass es Lärm macht und die Tiere verscheucht, wenn man sie verfehlt. Das Curare, dessen Herstellung bei uns vom Vater auf den Sohn übergeht, ist besser als alles, was ihr *dort drüben* (über dem Meere) zu machen wisst. Es ist der Saft einer Pflanze, der *ganz leise* tötet (ohne dass man weiß, woher der Schuss kommt).‹«[42] Später publizierte Humboldt den ersten wissenschaftlich brauchbaren Bericht über das Curare. »Es schmeckt«, schreibt er darin, »sehr angenehm bitter, und Bonpland und ich haben oft kleine Mengen verschluckt. Gefahr ist keine dabei, wenn man nur sicher ist, dass man an den Lippen oder am Zahnfleisch nicht blutet.«[43] Gelangt es aber in die Blutbahn, so ist dieses Gift tödlich:

> Auf unserer Rückfahrt von Esmeralda nach Atures entging ich selbst einer ziemlich nahen Gefahr. Das *Curare* hatte Feuchtigkeit angezogen, war flüssig geworden und aus dem schlecht verschlossenen Gefäß über unsere Wäsche gelaufen. Beim Waschen vergaß man einen Strumpf innen zu untersuchen, der voll *Curare* war, und erst als ich den klebrigen Stoff mit der

Hand berührte, merkte ich, dass ich einen vergifteten Strumpf angezogen hätte. Die Gefahr war umso größer, als ich gerade an den Zehen blutete, weil mir Sandflöhe (pulex penetrans) schlecht entfernt worden waren. Diesem Fall mögen Reisende entnehmen, wie vorsichtig man sein muss, wenn man Gift mit sich führt.[44]

Der Weg der Reisenden führte nun den Orinoco abwärts. Am 26. Mai erreichten sie San Fernando de Atabapo und waren damit wieder am Ausgangspunkt ihrer Reise angelangt. Vor der erneuten Überquerung des Raudales von Atures besuchten sie die Höhle von Ataruipe. Sie fanden dort um die 600 menschliche Skelette in korbähnlichen Gebilden aus Palmblattstielen, sogenannten Mapires. Es waren Überreste von Angehörigen des schon zu Humboldts Zeiten ausgestorben Stammes der Atures: »Die Skelette sind alle zusammengebogen und so vollständig, dass keine Rippe, kein Fingerglied fehlt.«[45] Um die Skelette anthropologisch genau zu untersuchen, entschied sich Humboldt, einige nach Europa mitzunehmen. Vor allem sein Göttinger Lehrer Johann Friedrich Blumenbach sollte Gelegenheit bekommen, diese eingehend zu studieren:

Wir suchten recht charakteristische Schädel für Blumenbach und öffneten daher viele Mapire. Armes Volk, selbst in den Gräbern stört man deine Ruhe! Die Indianer sahen diese Operation mit großem Unwillen an, besonders ein paar Indianer von Guaicia, welche kaum vier Monate lang weiße Menschen kannten. Wir sammelten Schädel, ein Kinderskelett und zwei Skelette erwachsener Personen. [...] Die Nacht brach ein, indem wir noch unter den Knochen wühlten. Die

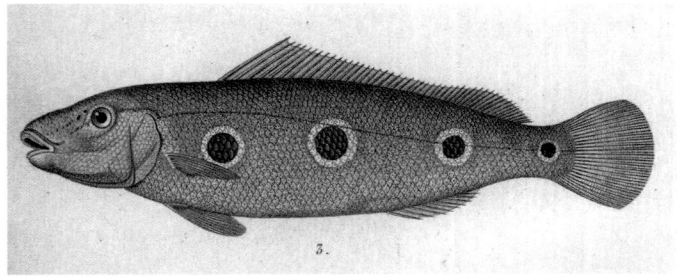

*Cichla orinocensi; das »Pfauenauge vom Río Negro und vom Orinoco«.* Kupferstich von Jean Louis Coutant nach einer Zeichnung von Nicolas Huet basierend auf einer Skizze Humboldts, Tafel 45 in: Alexander von Humboldt und Aimé Bonpland: Recueil d'observations de zoologie, Band 2, Paris: Smith, 1833. Humboldt fing diesen Speisefisch bei der Orinoco-Insel Dapa, wo er auch Ameisenpastete kostete.

Mienen unserer indianischen Führer sagten uns, dass wir diese Grabstätte genug entheilt hätten und den Frevel endlich endigen sollten. [...] Wir schleppten unsere Skelette zu Wasser bis Angostura und von da zu Lande bis Nueva Barcelona durch die Missionen der Cariben. Dem Spürgeist der Indianer entgeht nichts. Die Knochen waren in doppelten Mapire und schienen uns völlig unsichtbar. Kaum aber kamen wir in einem caribischen Dorfe an, und kaum versammelten sich die Indianer, um unsere Tiere (Kapuziner- und Tigeraffen) zu sehen, so waren sogleich die Knochen ausgespürt. Man weigerte sich, uns Maultiere zu geben, weil der Kadaver sie töte.[46]

Dass Humboldt der wissenschaftlichen Untersuchung den Vorzug vor dem Respekt gegenüber einer indigenen Kultur eingeräumt und damit eine Grenze überschritten hatte, war ihm wohl bewusst. Seine Schilderung ist nicht frei von einem Hauch schlechten Gewissens. Über Umwege gelangte einer der Schädel tatsächlich zu Blumenbach und wurde in einem seiner Werke abgebildet. Die Skelette der Indianer allerdings gingen bei

148

einem Schiffbruch vor der Küste Afrikas verloren. Humboldt hatte einen jungen Franziskaner, der über Havanna nach Europa reisen wollte, gebeten, sie und einen weiteren Teil seiner Sammlungen mitzunehmen. Die Stimmung nach dem Besuch der Grabhöhle beschrieb er später in seiner *Reise in die Äquinoktial-Gegenden*:

> Schweigend entfernten wir uns von der Höhle von Ataruipe. Es war eine der stillen, heiteren Nächte, die im heißen Erdstrich so gewöhnlich sind. Die Sterne glänzten im milden, planetarischen Licht. Ihr Funkeln war kaum am Horizont bemerkbar, den die großen Nebelflecken der südlichen Hemisphäre zu beleuchten schienen. Ungeheure Insektenschwärme verbreiteten ein rötliches Licht in der Luft. Der dicht bewachsene Boden erglühte von lebendigem, bewegtem Feuer, als hätte sich die gestirnte Himmeldecke auf die Savanne niedergesenkt. Vor der Höhle blieben wir noch öfters stehen und bewunderten den Reiz des merkwürdigen Orts. Duftende Vanille und Gewinde von Bignonien schmückten den Eingang, und darüber, auf der Spitze des Hügels, wiegten sich säuselnd die Wipfel der Palmen.[47]

Am 13. Juni 1800 erreichten sie nach 75 Tagen Flussfahrt, während derer sie 2250 Kilometer zurückgelegt hatten, Angostura, eine Hafenstadt am Orinoco mit immerhin 6000 Einwohnern: »Sich wieder inmitten der Zivilisation zu wissen, ist ein großer Genuss, aber er hält nicht lange an, wenn man für die Wunder der Natur im heißen Erdstrich ein lebendiges Gefühl hat.«[48] Mit ihrer indianischen Gesichtsbemalung fielen die Reisenden in der Stadt allerdings auf: »Der schwarze, ätzende Farbstoff des *Caruto* (genipa

americana) widersteht dem Wasser länger, wie wir zu unserem großen Verdruss an uns selbst erfuhren. Wir scherzten eines Tages mit den Indianern und ließen uns mit *Caruto* Tupfen und Striche ins Gesicht malen, die man noch sehen konnte, als wir schon wieder in Angostura, im Schoße der europäischen Zivilisation waren.«[49] Nachdem nun alle Strapazen glücklich überstanden waren, erkrankten beide Forscher. Humboldt überwand die Krankheit schnell, Bonpland jedoch war dem Tod nahe.

> Bonplands Zustand war sehr bedenklich, und wir schwebten mehrere Wochen lang in der höchsten Besorgnis. Zum Glück behielt der Kranke Kraft genug, um sich selbst behandeln zu können. [...] Während der ganzen schmerzlichen Krankheit behielt Bonpland die Charakterstärke und die Sanftmut, die ihn auch in der schlimmsten Lage niemals verlassen haben.[50]

An seinen Bruder schrieb Alexander später aus Cumaná: »Ich kann Dir meine Unruhe nicht beschreiben, in der ich während seiner Krankheit war: Niemals würde ich einen so treuen, tätigen und mutigen Freund wieder gefunden haben.«[51] Erst nach vier Wochen war Bonpland stark genug für die Weiterreise. Zwei Wochen lang beförderten sie mit Maultieren ihre Pflanzensammlungen und das Reisegepäck durch die Llanos. Am 23. Juli 1800 erreichten sie die Küstenstadt im Hinterland von Nueva Barcelona, »weniger angegriffen von der Hitze in den Llanos, an die wir längst gewöhnt waren, als von den Sandwinden, die auf die Länge schmerzhafte Schrunden in der Haut verursachen«[52]. Vier Monate später, am 24. November gingen sie in Cumaná Richtung Havanna unter Segel.

# Gegen die Sklaverei – der Aufenthalt auf Kuba

Fast drei Monate blieben Humboldt und Bonpland, zusammen mit ihrem Diener José de la Cruz, auf der Karibikinsel. Ein Brief aus Havanna an seinen Freund Willdenow vermittelt einen Eindruck, wie glücklich und zuversichtlich Humboldt zu dieser Zeit war:

Meine Gesundheit und Fröhlichkeit hat, trotz des ewigen Wechsels von Nässe, Hitze und Gebirgskälte [...], sichtbar zugenommen, seitdem ich Spanien verließ. Die Tropenwelt ist mein Element, und ich bin nie so ununterbrochen gesund gewesen als in den letzten zwei Jahren. Ich arbeite sehr viel, schlafe wenig, bin oft bei astronomischen Beobachtungen vier bis fünf Stunden lang ohne Hut der Sonne ausgesetzt. [...] Ein Menschenleben, begonnen wie das meinige, ist zum Handeln bestimmt, und sollte ich unterliegen, so wissen die, welche meinem Herzen so nahe als Du sind, dass ich mich nicht gemeinen Zwecken aufopfere.[1]

*Tabakplantage auf Kuba,* Ausschnitt. Farblithographie von Federico Mialhe, 1853. Über die Insel Kuba, wo »jeder Tropfen Zuckersaft Blut und Ächzen kostet«, schrieb Humboldt später seinen Politischen Essay, in dem er die Sklaverei als »das größte aller Übel, welche die Menschheit gepeinigt haben«, bezeichnete.

In die Freude über den bisherigen Verlauf der Reise mischt sich aber auch Sorge über die noch vor ihnen liegenden Gefahren: »Es ist sehr ungewiss, fast unwahrscheinlich, dass wir beide, Bonpland und ich, lebendig über die Philippinen und das Kap der guten Hoffnung zurückkehren.«[2] Wie in Venezuela wurde Humboldt auch hier von den politisch und wirtschaftlich einflussreichen Personen der Oberschicht empfangen:

Ich hatte das Glück, das Vertrauen der Personen zu genießen, welche wegen ihrer Talente und ihrer Stellung in der Verwaltung, als Grundbesitzer oder Kaufleute in der Lage waren, mir Aufklärung über die Vermehrung des öffentlichen Wohlstandes zu geben.[3]

Die meiste Zeit wohnte er in Havanna, wo ihm die spanische Kolonialverwaltung bereitwillig Einsicht in die »wertvollsten statistischen Urkunden, über den Stand des Handels, des Kolonialbodenbaus und der Finanzen«[4] gewährte. Die Daten, ergänzt mit vielen weiteren Statistiken aus anderen Quellen und vor allem durch seine eigenen Erfahrungen vor Ort, vereinigte er später in dem Werk *Essai politique sur l'Île de Cuba.* Die erste Ausgabe erschien 1826 in Paris. Die-

151

se Arbeit beschäftigt sich vor allem, wie Humboldt schreibt, »mit dem Agrikultur- und Sklavenzustand der Antillen«.[5] Während seiner Exkursionen auf der Insel, besonders zu den ausgedehnten Zuckerplantagen im Tal von Güines, hatte er die »großen Neger-Haciendas, in denen jeder Tropfen Zuckersaft Blut und Ächzen kostet«[6], kennengelernt. Bereits in Venezuela notierte er in sein Tagebuch:

Man glaubt in Europa, die Kultur des Zuckerrohrs, Kaffees etc. und mit ihr der die Verfeinerung des Menschengeschlechtes befördernde Handel mit diesen Produkten müsse aufhören, wenn die Sklaverei aufhöre, Amerika werde dann ganz unkultiviert sein usw. Nein, der Gewinn der Haciendados ist so ungeheuer, dass man immer Zucker bauen wird, nur dass der Besitzer einen mäßigeren Gewinn haben wird.[7]

In den vom Kolonialismus geförderten Monokulturen und der Sklaverei sah er eine »gegenwärtige Zwangslage«, die nicht von Dauer sein dürfe. Dabei stellte er eine Verbindung von natürlicher Ordnung und menschlicher Freiheit her:

Hört die Zwangslage durch Revolutionen auf, baut man selbst Seide, Wein, Öl, webt man selbst in selbständiger, freier Existenz – dann nimmt [der] ausländische Handel nach und nach ab, ja ich glaube, die Industrie der Menschen ist dann auch mehr auf diese Produktion und Fabrikation als auf diese Handelsprodukte (Añil [Indigo], Cacao) geheftet, Handelsprodukte, deren Wohlfeilheit wo nicht Menge ohnedies mit Abschaffung des Sklavenhandels einst abnimmt. Alles kommt dann in eine natürliche Lage, denn natürlich ist die Lage gewiss nicht, dass hier alles mit Zuckerschilf

und Blaufarbenkräutern bedeckt sein muss, damit man mit diesen Produkten Dinge erkaufen, holen kann, welche die wohltätige Natur in gleicher Güte (Wein) hervorbringt.[8]

Auf dieselbe Weise analysiert Humboldt die soziale und wirtschaftliche Situation der Insel Kuba:

Eine Hacienda de Caña [Zuckerrohr], nach dem Fuß der Insel Kuba, bringt fast nichts als Zucker hervor. Ohne Fleisch von Nueva Barcelona und Buenos Aires verhungert die Insel Kuba. Sie ist abhängig von äußeren Umständen. Die Sklaven-Haciendas setzen unnatürliche Verhältnisse voraus und begründen neue, noch unnatürlichere. Was aber gegen die Natur ist, ist ungerecht, schlecht und ohne Bestand.[9]

Vor Ort allerdings konnte Humboldt diese Kritik nicht offen äußern. Er hätte sonst seine Expedition in Gefahr gebracht. Später jedoch, nach seiner Rückkehr nach Europa, begann er, sich in seinem gedruckten Werk auch öffentlich gegen die Unterdrückung aller Menschen – seien es die Indios, verarmte Weiße oder die nach Amerika verschleppten und entrechteten Afrikaner – einzusetzen. »Wenn der Sklavenhandel ganz aufhört«, schrieb er in seinem *Politischen Essay über die Insel Kuba*,

[...] so werden die Sklaven nach und nach in die Klasse der freien Menschen übertreten, und eine aus neuen Elementen gebildete Gesellschaft wird, ohne die Erschütterungen bürgerlicher Zwiste zu erleiden, in jene Bahnen übergehen, welche die Natur allen zahlreichen und aufgeklärten Gesellschaften vorgezeichnet hat.[10]

152

*Zuckersiederei auf Kuba*. Farblithographie von Federico Mialhe, 1853.

Für die Abschaffung der Sklaverei führte er nicht nur humanistische, sondern auch wirtschaftliche und politische Argumente ins Feld. So sah er die Gefahr, dass sich auf Kuba ein Sklavenaufstand wie in Haiti wiederholen könnte, wenn »nicht in Bälde die Gesetzgebung der Antillen und der Rechtsstand der farbigen Menschen günstige Veränderungen erhalten«[11]. Im zentralen Abschnitt des Buches heißt es:

Ohne Zweifel ist die Sklaverei das größte aller Übel, welche die Menschheit gepeinigt haben, sei es, dass man den Sklaven betrachtet, wie er seiner Familie in der Heimat entrissen und in die Schiffsräume eines für den Negerhandel zugerichteten Fahrzeugs geworfen wird, oder dass man ihn als einen Teil der Herde schwarzer Menschen, die auf dem Boden der Antillen zusammengepfercht wird, betrachtet; immerhin aber gibt es noch Abstufungen für die Individuen in solchen Leiden und Entbehrungen. Welcher Unterschied zwischen einem Sklaven, der im Haus eines reichen Mannes in Havanna und in Kingston [Jamaica] dient oder auf eigene Rechnung arbeitet und seinem Herrn nur eine tägliche Löhnung zahlt, gegenüber dem in einer Zuckerpflanzung dienstbaren Sklaven! Aus den Drohungen, die gegen widerspenstige Neger gebraucht werden, mag man die Stufenfolge menschlicher Entbehrungen ablesen. Der *calessero* [Kutscher] wird mit dem

153

*cafetal* [Kaffeepflanzung] bedroht, der im *cafetal* arbeitende Sklave mit der Arbeit in der Zuckerpflanzung. In dieser Letzteren hat derjenige Neger, welcher ein Weib hat und in abgesonderter Hütte lebt, der zärtlich, wie die meisten Afrikaner es sind, nach vollbrachter Tagesarbeit im Schoß einer dürftigen Familie erwünschte Pflege findet, ein ungleich günstigeres Los als der vereinzelte und unter der Menge sich verlierende Sklave. Diese Verschiedenheit der Lage und Umstände muss denen unbekannt bleiben, welche die Antillen nicht selbst gesehen haben. Die fortschreitenden Verbesserungen auch in den Verhältnissen der Sklavenkaste selbst machen begreiflich, wie auf der Insel Kuba der Luxus der Herren und die Gelegenheit des Arbeitsverdienstes mehr als 80 000 Sklaven in die Städte ziehen konnten und wie die durch weise Gesetze begünstigten Freilassungen sich dermaßen wirksam erzeigen konnten, dass, um bei der gegenwärtigen Epoche zu bleiben, über 130 000 freie farbige Menschen vorhanden sind. Bei sorgfältiger Erörterung der absonderlichen Lage jeder Klasse mag es der Kolonialverwaltung möglich werden, durch Belohnung der Tüchtigkeit, Arbeitsliebe und häuslicher Tugenden nach dem Verhältnis der Entbehrungen das Schicksal der Neger zu verbessern. Es darf die Philanthropie nicht darin bestehen, »ein wenig mehr Stockfisch und etwas weniger Geißelhiebe auszuteilen«; eine wahrhafte Verbesserung der dienenden Klasse muss sich auf alle physischen und moralischen Verhältnisse des Menschen ausdehnen. Der Antrieb hierfür kann allerdings durch diejenigen europäischen Regierungen gegeben werden, welche ein Gefühl für Menschenwert haben und

wissen, dass jede Ungerechtigkeit einen Keim der Zerstörung in sich trägt; dieser Antrieb aber wird (es ist bedauerlich, dass man es sagen muss) kraftlos bleiben, solange nicht die Gesamtheit der Eigentümer und die Kolonial-Versammlungen oder Legislaturen die nämlichen Ansichten teilen und nach einem wohlberechneten Plan zusammenarbeiten, um die völlige Aufhebung der Sklaverei in den Antillen zu erzielen.[12]

Humboldt blieb vom 19. Dezember 1800 bis zum 15. März 1801 auf Kuba. Eigentlich war von hier aus die Weiterreise nach Veracruz und Mexiko-Stadt geplant. Danach wollte er über Acapulco zu den Philippinen segeln und von dort aus über Bombay und Aleppo in Syrien nach Konstantinopel reisen. Diesen Plan, der zu einer Reise um die Welt hätte werden können, durchkreuzte jedoch derjenige französische Kapitän, dessen Expedition Humboldt und Bonpland sich ursprünglich hatten anschließen wollen. In Havanna kursierten Nachrichten, dass Thomas Nicolas Baudin von Frankreich aus nach Buenos Aires segeln und von dort aus um Kap Horn nach Chile zu den Küsten Perus reisen wollte. Humboldt suchte nun sein Versprechen einzulösen, das er ihm und dem Musée de Paris gegeben hatte, nämlich, dass er – von welchem Ort aus auch immer – versuchen würde, sich seiner Expedition anzuschließen, falls sie je durchgeführt werden würde. Humboldt entschloss sich deshalb, seine Manuskripte der Jahre 1799 und 1800 direkt nach Europa zu senden. Wie er später erfuhr, kamen diese auch unversehrt an. Ein Drittel seiner Sammlungen allerdings ging durch einen Schiffbruch verloren, darunter die Skelette aus Ataruipe und seine Insektensammlung vom Orinoco und Río Negro. Der junge Fran-

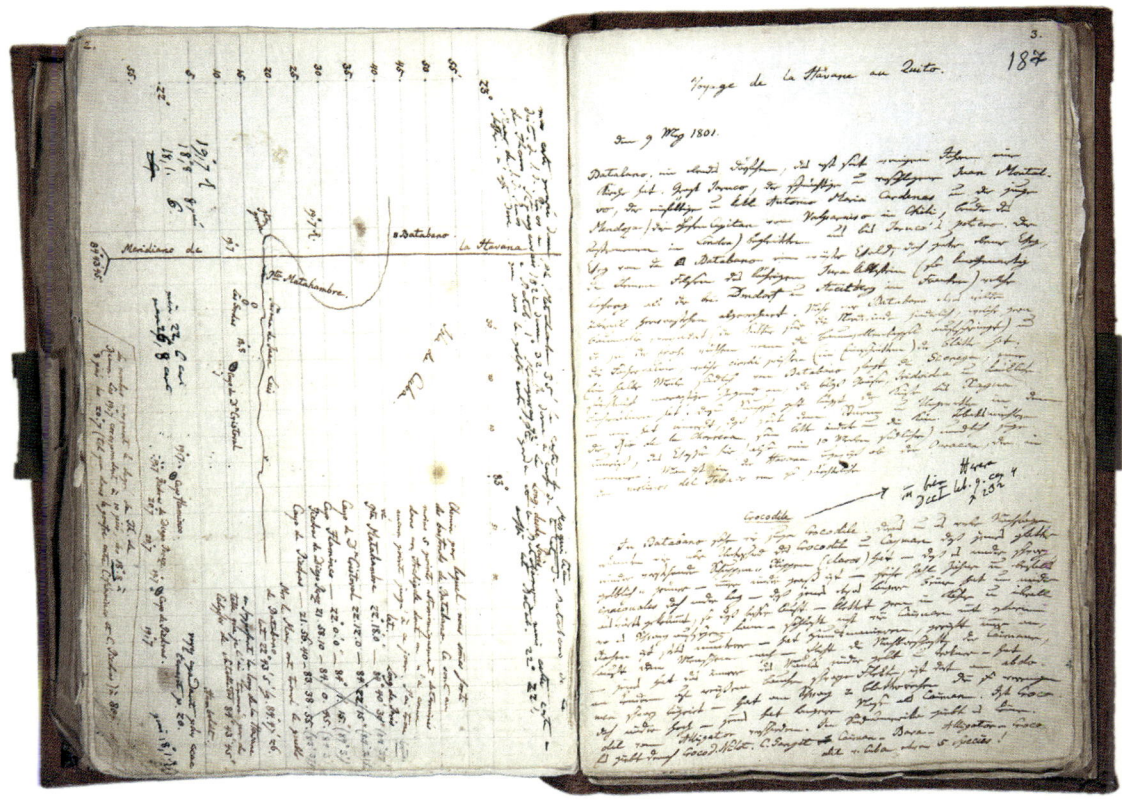

*Humboldts Reisetagebuch*, mit Eintragungen zum Aufenthalt in Batabanó auf Kuba, 1801.

ziskanerpater, dem Humboldt das Material anvertraut hatte, war ertrunken.

Kurzerhand mieteten die Reisenden in Batabanó an der Südküste Kubas einen kleinen Schoner, um so schnell wie möglich nach Cartagena in Neu-Granada, dem heutigen Kolumbien, zu gelangen. Von dort aus planten sie, über die Landenge von Panama in die Südsee zu gelangen, um Baudin in Guayaquíl oder in Lima zu treffen. Zusammen mit den Wissenschaftlern seiner Expedition wollten sie Neu-Holland und die Inseln des Pazifischen Ozeans erforschen. Dass Baudin allerdings ganz andere Pläne hatte, sollte sich erst später herausstellen.

155

# Neu-Granada – Aufbruch in die Andenwelt

Die Überfahrt von Trinidad de Cuba nach Cartagena in Kolumbien erwies sich als weitaus gefährlicher, als Humboldt erwartet hatte. Zunächst ließ anhaltende Windstille die Reisenden nur sehr langsam vorankommen, und Strömungen trugen den kleinen Schoner zu weit nach Westen. Doch nach zwei Wochen kam plötzlich ein Sturm auf:

Das Meer wurde mit jeder Stunde stürmischer. Die Wellen bäumten hoch auf, und unser Beiboot schien eine Nussschale im Ozean. [...] Das Meer war fürchterlich hoch. Die Brise tobte und der Himmel war freundlich blau. [...] Wir sahen nichts, aber fühlten, dass das Schiff umkippte, ohne sich wieder aufzurichten. Zugleich hörten wir anhaltendes, wildes Angstgeschrei auf dem Verdeck. [...] Durch

*Der Quindío-Pass in der Kordillere der Anden,*
Ausschnitt. Kupferstich von Christian Friedrich Traugott Duttenhofer nach einer Zeichnung von Josef Anton Koch auf Grundlage einer Skizze von Humboldt, Tafel 5 in Alexander von Humboldt: Vues des Cordillères, Paris: Schoell, 1810. »Mir ist es unmöglich gewesen«, schrieb Humboldt, »auf Menschen zu reiten, und ich habe mich gefragt, ob in einer Republik nicht das ganze Tragen durch Gesetze eingeschränkt werden sollte, zum Beispiel auf Kranke und Hilflose oder Weiber.«

ein Versehen des Steuermanns hatte man nämlich eine ungeheure Welle, statt sie zu durchschneiden, gegen die Seite des Schiffes schlagen lassen.[1]

Nur mit großer Mühe gelang es der Besatzung, das kleine zweimastige Schiff in der Nähe der Mündung des Río Sinú, circa 100 Kilometer südlich von Cartagena, in Sicherheit zu bringen. Auf der weiteren Seefahrt kenterten die Reisenden erneut, um endlich vier Tage später, am 30. März 1801, glücklich in dem Karibikhafen zu landen. Den Plan, über Panama an die Westküste Südamerikas zu gelangen, gab Humboldt nun auf. Denn die »gefahrvolle Navigation [...] hatte uns das Meer etwas versalzen. [Außerdem liefen wir] Gefahr, drei bis vier Monate vergebens in Panama auf Einschiffung zu warten und dann drei weitere Monate nach Guayaquíl gegen Südströme kämpfend zu verlieren«[2]. Aber auch die Landreise entlang der Andenkette hatte ihre Nachteile: »Wer sollte auch nicht vor der Idee schaudern, mit zwölf Maultieren und ewigem Umpacken den über 4 bis 500 Meilen [2000 Kilometer] langen Landweg über Honda, Popayán ... anzutreten? Ich glaubte, selbst meine Finanzen hielten diesen Weg nicht aus.«[3]

Den Ausschlag für die Landreise gab schließlich die Möglichkeit, in Bogotá José Celestino Mutis, den berühmtesten Botaniker Südamerikas, zu treffen: »Die Idee, eine so ungeheure Landstrecke zu sehen. Mutis so nahe! Mutis, das bestärkte uns. Die Hoffnung, seine Bibliothek zu benutzen, unsere Pflanzen mit den seinigen zu vergleichen ...!«[4] Am 6. April 1801 verließen die Forscher Cartagena. Zunächst war geplant, den 1500 Kilometer langen Río Magdalena stromaufwärts nach Süden zu fahren. Acht Wochen sollte ihre Reise dauern: Von Barrancas Nuevas, wo sie am 21. April ablegten, über Mompós bis nach Honda. Hierfür mietete Humboldt einen *Champán*, ein flaches Boot:

Unser Champán hatte 23,5 Meter Länge und in der Mitte 2 Meter Breite, beide Enden sind zugespitzt. Der Boden ist völlig vierkantig, eine des Widerstandes wegen gewiss sehr unbequeme Form. Die Mitte [...] ist bogenförmig mit Fächerpalmen dicht bedacht, ein 6 Fuß [zwei Meter] hoher Toldo [Sonnenzelt]. Im hinteren freien Ende macht man Feuer, und dort stehen stumm, mit dem Ausdruck mysteriöser Wichtigkeit der Steuermann und vor ihm der Piloto [Steuermann].[5]

Im vorderen, unbedeckten Teil von Humboldts Champán arbeiteten sechs Ruderer, sogenannte *Bogas*, oben auf dem Sonnendach vier, die mit langen Stangen, den *Palancas*, das Boot geschickt durchs Wasser bewegten:

Die Ruderer sind Zamben [Menschen, die schwarze und indianische Vorfahren haben], selten Indianer, ganz nackt [...]. Es ist sehr pittoresk, wenn diese bronzenen Gestalten mit Athleten-kraft auf die Palanca gestemmt, mächtig einhertreten. [...] Es ist auffallend, wie sehr diese Flussarbeit, statt der Gesundheit zu schaden, robust macht. Alle Ruderer sind herkulisch stark, essen fürchterlich, sind immer gut gelaunt und haben eine sehr hohe, breite gewölbte Brust.[6]

Der Lärm, den die Ruderer während ihrer Arbeit machten, störte nicht nur Humboldt, sondern er irritierte auch die Hunde, von denen die Forscher, wie fast immer während ihrer amerikanischen Expedition, einige als Begleiter mitgenommen hatten.

Am lästigsten ist das barbarische, unzüchtige, krächzende, wütige, bald stöhnende, bald aufjauchzende, bald in langen Formeln fluchende Geschrei, durch welches sich diese Menschen die Muskelanstrengung zu erleichtern suchen. [...] Das Getöse, welches man bis Santa Fe 35 Tage lang ununterbrochen hört, ist ebenso lästig, als das Trampeln der Ruderer auf dem Toldo, welche so mächtig auftreten, dass sie oft durchzubrechen drohen. Unsere Hunde konnten sich viele Tage nicht an dies ungeschlachte Gelärm gewöhnen. Ihr Gebell und Geheul vermehrte das Unwesen.[7]

Nicht selten fiel allerdings beim Rudern einer der Bogas in den Fluss.

Die Bogas sind uns beim Anstemmen mehrmals vom Toldo herab ins Wasser gestürzt. Man achtet solch einen Zufall wenig, und der Herabstürzende schwimmt gegen die Strömung nach. Wegen der Krokodile, die oft [...] dem Champán folgen, sind diese Vorfälle nicht wenig gefahrlos. – Die Bogas sind dem Schlangenbiss sehr ausge-

*Die Schlammvulkane von Turbaco*, Kolumbien. Kolorierter Kupferstich von Louis Bouquet nach einer Zeichnung von Pierre Antoine Marchais auf Grundlage einer Skizze von Louis de Rieux, Tafel 41 in Alexander von Humboldt: Vues des Cordillères, Paris: Schoell, 1810.

setzt, da sie meist nicht drei Spannen vom hohen Ufer entfernt sind. Die Schlange, welche ihre Löcher im Ufer hat, sieht sich durch die Palanca beunruhigt und springt gereizt auf den Ruderer zu.[8]

Der Río Magdalena machte auf Humboldt allerdings nicht denselben Eindruck wie die großen Flüsse, die er in Venezuela bereist hatte. Er notierte in sein Tagebuch:

Der Anblick des Flusses ist groß und majestätisch, ob man gleich nur einen Arm desselben übersieht. Doch kann er niemand erstaunen, welcher an die Größe des Orinoco, Guaviare und Guainía gewöhnt ist. Überhaupt werde ich in diesen Blättern oft ungerecht gegen den Magdalenenfluss scheinen,

weil meine Einbildungskraft noch voll von den großen Bildern jener Orinocowelt ist. Man sollte das Größte immer zuletzt sehen.[9]

Weiter stromaufwärts, in Peñon erlebte Humboldt erneut, wie grausam die Vertreter der spanischen Kolonialverwaltung sein konnten. Der dortige *Corregidor*, der Amtsschreiber, hatte eine junge Indianerin mit den Füßen in einen durchlöcherten Holzblock fesseln lassen:

[…] die Füße so hoch, dass sie auf dem Rücken lag und der Stock (die Löcher im Block) so eng, dass die Füße anschwollen. Das ganze Verbrechen war, dass das arme Mädchen beim Wasserschöpfen ihrer Freundin gesagt, der Corregidor lebe in Vertraulichkeit mit seiner Köchin, was übrigens dorfkundig war. […]

159

Man denke sich den Zustand dieses Mädchens, die nackt in diesem heißen Klima und ohne sich wehren zu können den Moskitos ausgesetzt war. Eine alte Indianerin […] brannte aus Mitleid Kuhmist unfern des Mädchens ab, um die Moskitos etwas zu verscheuchen. Unsere Begleiter gewannen durch Geld diese Alte und setzten das Mädchen nachts in Freiheit, indem sie den Stock öffneten. Die Alte versprach, alle Nächte dasselbe zu tun, bis der Beamte wiederkomme.[10]

Das ständige Stromaufwärtsstaken war für die Ruderer eine mörderische Arbeit: »Von 20 Bogas, Ruderknechten, ließen wir sieben bis acht krankheitshalber auf dem Wege zurück. Fast ebenso viel gelangten mit schändlich stinkenden Fußgeschwüren und bleich in Honda an.«[11] Hier begannen sie den Aufstieg aus dem Magdalenental in Richtung Osten. Acht Tage benötigten sie, um auf die 2600 Meter über dem Meeresspiegel gelegene Hochebene von Bogota zu gelangen.

So sehr man auch auf diese Naturszene vorbereitet ist, so erstaunt man doch nicht wenig, in dieser Höhe eine solche meeresähnliche Ebene zu finden. Vier Tage lang ist man in Hohlwegen eingeschlossen gewesen, in denen kaum der Körper der Maultiere Platz findet; das Auge ist an des Waldes Dickicht, an Abgründe und Felsklippen gewöhnt, und plötzlich sieht man grenzenlose Weizenfelder in der baumleeren Ebene. Und gerade in dieser Höhe, in der Höhe der höchsten Pyrenäen […], in dieser luftdünnen Atmosphäre haben Menschen eine große Stadt angelegt.[12]

Auf dem Weg nach Santa Fe de Bogotá begegneten ihnen unversehens zwei mit

*José Celestino Mutis.* Ölgemälde, vermutlich von Salvador Rizo, einem der besten Pflanzenmaler seiner Schule, um 1800.

sechs Pferden bespannte Kutschen. Es war die Abordnung von José Celestino Mutis, der den preußischen Gelehrten freudig erwartete:

Man wollte den Einzug so feierlich als möglich machen, man beredete mich, Uniform anzulegen, mich mit Bonpland in die Kutsche zu setzen, damit die übrige Gesellschaft zu Pferde diesen Wagen umgebe. Ich widersetzte mich allem und zog das Reiten trotz der Kälte und dem Mangel an Winterkleidung vor. [Schließlich zwang man] mich, in eine der Kutschen zu steigen, hielt von allen Seiten schöne Reden vom Interesse der Menschheit, Aufopferungen für die Wissenschaften, Komplimente im Namen des Vizekönigs und Erzbischofs … Dies alles war unendlich groß, nur fand man mich selbst sehr klein und jung. Man dachte sich einen 50-jährigen steifen

160

Menschen. Die widersprechendsten Nachrichten hatten von Cartagena aus sich von uns verbreitet, wir konnten nicht Spanisch reden, beobachteten die Sterne stets in tiefen Brunnen, ein Kaplan (Bonpland im schwarzen Rock) und eine Hure (die Manuela, Rieux' [eines Mitreisenden] Maîtresse) begleite mich. [...] Alle Fenster waren voll Köpfen, die Gassenbuben und Schulknaben liefen schreiend und mit Fingern auf mich weisend eine viertel Meile weit neben der Kutsche her. Alles versicherte, dass in dem toten Santa Fé seit 20 Jahren nicht solche Bewegung und Aufstand stattgefunden habe. In Caracas wäre das unmöglich gewesen. Dort ist man gewohnt, Fremde und Nicht-Spanier zu sehen. Aber im Innern von Süd-Amerika, und so wunderbare Ketzer, welche die Welt durchlaufen, um Pflanzen zu suchen und nun hier ankamen, um ihr Heu mit dem des Don Mutis zu vergleichen! Das musste die Neugierde reizen. Dazu der Umstand, dass der Vizekönig unsere Ankunft mit Wichtigkeit behandle, uns aufs feinste zu behandeln befohlen. [13]

In Bogotá begegnete Humboldt dem berühmten Botaniker, Mathematiker und Mediziner José Celestino Mutis (1732–1808). Geboren in Spanien, war er 1760 ins Vizekönigreich Neu-Granada gereist. Erfolgreich hatte er sich hier als Leiter der in Bogotá ansässigen Botanischen Expedition um Anerkennung der modernen Naturwissenschaften bemüht. Die mehr als 6000 Aquarelle, die seine Mitarbeiter anfertigten, zählen zu den bedeutendsten Leistungen der botanischen Abbildungskunst. Mutis ließ in seiner Malschule 32 Pflanzenmaler, darunter auch zahlreiche begabte Indios, ausbilden. Sein Ziel war es, die Pflanzen in natürlicher Größe und Farbe wiederzugeben. Zum Abschied schenkte Mutis den beiden Reisenden 60 Aquarelle seiner besten Maler Francisco Javier Matis, Salvador Rizo und Nicolas Cortés.[14] Später widmete Humboldt seinem Kollegen den ersten botanischen Band seines Reisewerks.

In den Archiven Bogotás versuchte Humboldt, Quellen zur Geschichte der vorspanischen Hochkulturen zu finden. Nützlich fand er vor allem die Aufzeichnungen des Conquistadoren Gonzalo Jiménez de Quesada (1509–1579), der 1538 hier die Hauptstadt Neu-Granadas gegründet hatte. Doch Humboldt bedauerte, dass von der Kultur der altindianischen Völker nur noch wenig zu finden war: »Die Mönche verbrannten alles, verabscheuten ohne zu untersuchen, weil sie alles für Teufelswerk hielten, und die Soldaten schmolzen alle Götzenbilder und Symbole ein.«[15]

Ein Ausflug führte Humboldt zum Guatavita-See, 50 Kilometer nordöstlich von Bogotá. Hier nahm, so vermutete er, die Legende vom El Dorado ihren Ausgang. Jeden Morgen wurde der Sage nach ein Indianerhäuptling von seinen Dienern mit wohlriechenden Ölen gesalbt; anschließend blies man ihm aus langen Blasrohren Goldstaub auf den Leib. »Dorado ist nicht der Name eines Landes; er bedeutet ganz einfach ›der Vergoldete‹, el rey dorado.«[16] Zu bestimmten Zeiten soll der Häuptling, »den Körper mit Goldstaub bedeckt, in einen See mitten im Gebirge«[17] gegangen sein. Humboldt nahm an, dass damit der heilige See Guatavita, der östlich der Steinsalzgruben von Zipaquirà liegt, gemeint war:

Ich sah am Rande dieses Wasserbeckens die Reste einer in Fels gehauenen Treppe, die den religiösen Waschungen diente. Die Indianer erzählen, man habe Goldstaub und Goldgeschirr hineingeworfen, als Opfer für die Götzen des *adoratorio de Guatavita*. Man sieht noch die Spuren eines Einschnitts, den die Spanier gemacht, um den See trockenzulegen.[18]

Seine Vermutung, dass sich auf dem Grund des Sees unvorstellbare Goldschätze befinden müssten, lockte zahllose Schatzsucher an. Einige von ihnen bargen tatsächlich Goldarbeiten der Muiscas. Im Jahr 1969 wurde in dem kleinen Ort Pasca südwestlich von Bogotá ein rund 20 cm langes, aus reinem Gold gefertigtes Floß mit stehenden Ruderern und einer größeren Figur in ihrer Mitte gefunden. In ihr vermutet man den Häuptling der Muisca-Indianer, den die Legende zum El Dorado gemacht hatte. Diese Goldarbeit, heute eines der wichtigsten Exponate des Goldmuseums in Bogotá, lieferte einen wichtigen Beweis für Humboldts Hypothese vom El Dorado. Doch es gab zu Humboldts Zeiten auch andere Theorien: So hielten manche Abenteurer und Kartographen den sogenannten Parime-See für den Ort, in dem sich die legendären Goldschätze finden ließen. Fast auf allen Karten bis ins 18. Jahrhundert ist dieser See von der Größe eines Binnenmeeres eingezeichnet, obwohl er niemals existierte. Der Mythos vom Dorado, so Humboldt, entstand am Ostabhang der Anden und wanderte dann allmählich Richtung Osten:[19]

Die Eingeborenen, um ihre ungebetenen Gäste loszuwerden, versicherten allerorten, zum *Dorado* sei leicht zu kommen, er befände sich ganz in der Nähe. Es war wie ein Phantom, das vor den Spaniern zurückwich und sie gleichzeitig beständig rief. Es liegt in der Natur des Erdenbewohners, dass er das Glück in der unbekannten Weite sucht. Der Dorado, gleich dem Atlas und den Hesperischen Inseln, rückte allgemach vom Gebiete der Geographie auf das der Mythendichtung hinüber.[20]

In sein Tagebuch notierte er einmal: »Das Goldsuchen ist eine europäische Krankheit, welche an Raserei grenzt.«[21] Da Bonpland erneut erkrankt war, dauerte der Aufenthalt in Bogotá länger als geplant. Verärgert schrieb Humboldt in sein Tagebuch:

Zum Unglück fiel Bonpland krank auf dem Alto de Sargento, Fieber, Folge der Miasmen des Flusses, aber näher veranlasst durch ein tolles kaltes Bad in Honda, mittags um ein Uhr. Dieses Fieber schien anfangs in Guaduas sehr ernsthaft, ernsthafter noch wegen Bonplands Weichlichkeit. Es verzögerte meinen Aufenthalt in Santa Fé um zwei Monate, verspätete unsere Reise nach Quito, die nun in die schändlichste Regenzeit fiel und hatte tausenderlei unangenehme Folgen.[22]

Als Miasmen, wie sie Humboldt in seinen Aufzeichnungen erwähnt, bezeichnete man damals üble Gerüche. Bis zur Mitte des 19. Jahrhunderts nahm man an, dass Krankheiten durch üble Ausdünstungen verbreitet würden. Auch Humboldt unterlag noch dem Irrglauben, Krankheiten würden durch schlechte Luft – *mal aria* – übertragen. Am 8. September 1801 konnten Humboldt, Bonpland und ihre Begleiter endlich zu ihrer Reise nach Quito aufbrechen. Die Zahl ihrer Maultiere war mittlerweile gewaltig angewachsen: »Wir hatten elf Gepäckmulas, davon drei mit Speisen, Feldtisch, Nachtstuhl, zwei mit Betten, so sehr stieg unser Luxus, und im Orinoco waren wir mit zwei Koffern.«[23] Über Ibagué, ein, so Humboldt, »elendes

*Der See von Guatavita,* Kolumbien. Kupferstich von Louis Bouquet nach einer Zeichnung von Jean-Thomas Thibaut auf Grundlage einer Skizze Humboldts, Tafel 67 in: Alexander von Humboldt: Vues des Cordillères, Paris: Schoell, 1810. »Ich sah am Rande dieses Wasserbeckens die Reste einer in Fels gehauenen Treppe, die den religiösen Waschungen diente«, berichtet Humboldt.

Städtchen, in dem gewiss kaum tausend Menschen leben«[24], erreichten sie den Quindío-Pass. Humboldt war empört über die Arbeit der dortigen *Cargueros* oder *Silleros:* Indianer, die Weiße gegen Bezahlung in auf den Rücken geschnallten Stühlen über den Andenpass trugen:

> Der Stuhl ist auf dem Rücken des *Sillero* durch einen Kreuzriemen aus Bast gehalten, der über die Schulter geht. Ein zweiter Kreuzriemen ruht auf der Stirn und dient dazu, die Balance zu halten. Der *Sillero* geht unendlich gerade und steif einher, während der Getragene, hintenüber liegend, eine elende, hilflose Figur spielt. Zum Auf- und Absteigen dienen Steine, Felsenstücke. [...] Die *Cargueros* erzählen schändliche Geschichten von der Unmenschlichkeit der Reisenden. [...] Mir, meinem Gefühl nach, ist es unmöglich gewesen, auf Menschen zu reiten, und ich habe mich gefragt, ob in einer Republik nicht das ganze Tragen durch Gesetze eingeschränkt werden sollte, zum Beispiel auf Kranke und Hilflose oder Weiber.[25]

Um sich auch körperlich eine Vorstellung von der Arbeit eines Silleros zu machen, schlüpfte Humboldt in dessen Rolle:

> Ich wusste im Voraus, dass ich mich in Quindío weder der Mulas noch der Silleros bedienen würde. Doch zwang man mich, beide zu nehmen. Als die Silleros ihren Contract schlossen (und so machen sie es immer), holten sie ihre Stühle und probierten unser Gewicht. Sie sind unbegreiflich geschickt, nach Augenmaß schon im Voraus das Gewicht zu bestimmen. Diese Probe im Zimmer war das einzige Mal, dass ich mich tragen ließ. Als ich abstieg, bat ich den Sillero, mir den Stuhl zu geben und sich tragen zu lassen. Der Mensch machte große Augen und glaubte, ich sei verrückt. Er erfüllte indes meine Bitte. Der Kerl war nicht schwer. Ich trug ihn leicht in den Armen, aber im Stuhl hatte ich Mühe, drei Schritte weit mit ihm zu gehen. Man wird wundersam zurückgezogen und schwiemelt von einer Seite zur anderen. Ich wechselte den großen Sillero mit einem 15-jährigen Knaben und hatte nun eine deutliche Idee von der Bequemlichkeit, auf welche in der Befestigung der Kreuzriemen gedacht ist. Man kann in der Tat nichts Geschickteres ersinnen, um die Last recht gleichförmig zu verteilen. Es ist sehr, sehr selten, dass die Cargueros fallen, und sie raten im Voraus, falls sie fallen, nicht herabzuspringen, weil der Sprung gefährlich ist, oft nicht gelingt und dem Sillero einen Schwung gibt, der den Fall doppelt gefahrvoll macht.[26]

Als Humboldt eines Abends die unendliche Schönheit der gigantischen Andenberge betrachtete, überkam ihn das Gefühl, »das Größte und Höchste dieser Erde gesehen zu haben«[27].

# Ecuador und Peru: Vulkane, Urwald und Küstenwüste

Über seine Reise im Vizekönigreich Neu-Granada, dem heutigen Kolumbien, vom Quindíu-Pass bis in die Provinz Quito berichtete Humboldt später:

Der dreizehntägige Fußmarsch führte über stark verschlammte Pfade und Wälder ohne eine Spur menschlicher Besiedlung. Nach dem Dorf Cartágo im Tal von Cauca folgten wir dem Lauf des Choco. Die Gegend ist die Heimat des Platins, das man dort unter runden Stücken von Basalt, grünem Fels (Grünstein) und fossilem Holz findet. Über Buga gelangten wir in die Bischofsstadt Popayán am Fuße der Vulkane Sotará und Puracé, die höchst malerisch und in einem der köstlichsten Klimata der Erde gelegen ist. Das Réaumur-Thermometer zeigt hier konstant zwischen 16 und 18 Grad [20 und 22,5 Grad Celsius] an.

*Der Vulkan Cayambe*, Ecuador, Ausschnitt. Kolorierter Kupferstich von Louis Bouquet nach einer Zeichnung von Pierre Antoine Marchais auf Grundlage einer Skizze Humboldts, Tafel 42 in: Alexander von Humboldt: Vues des Cordillères, Paris: Schoell, 1810.

Wir stiegen zum Krater des Vulkans von Puracé auf, dessen Schlund inmitten von Schnee unter anhaltendem, furchterregendem Getöse schwefelhaltigen Wasserstoffdampf ausspeit.[1]

Am 28. Dezember des Jahres 1801 passierte Humboldt mit seinen Begleitern die damals noch nicht existierende Grenzlinie zwischen den Ländern Kolumbien und Ecuador. Seinem Bruder beschrieb er diesen Abschnitt der Reise wie folgt:

Die größte Schwierigkeit hatten wir auf dem Weg von Popayán nach Quito zu überwinden. Wir mussten die Páramos von Pasto passieren, und das in der Regenzeit, die unterdessen begonnen hatte. In den Anden nennt man jeden Ort Páramo, wo in einer Höhe von 1700 bis 2000 Toisen [3400 bis 4000 Meter] die Vegetation aufhört und wo die Kälte bis in die Knochen dringt. Um der Hitze des Tales von Patia zu entgehen, wo man in einer einzigen Nacht Fieber bekommt, die drei oder vier Monate dauern und die unter dem Namen Calenturas (Fieber) de Patia bekannt sind, gingen wir über den Gipfel der Kordillere, durch mächtige Abgründe, um von Popayán nach Almaguer zu gelangen und von dort nach Pasto, das am Fuß eines schrecklichen Vulkans liegt.

Der Weg zu und aus dieser kleinen Stadt, wo wir das Weihnachtsfest verbrachten und wo uns die Einwohner mit der rührendsten Gastfreundschaft empfingen, ist der fürchterlichste auf der Welt. Dichte Wälder, zwischen Morasten gelegen, in die die Maultiere bis zum halben Leib einsinken, und man geht durch so tiefe und enge Schluchten, dass man glaubt, in die Stollen eines Bergwerkes einzutreten. Auch sind die Wege mit den Knochen der Maultiere gepflastert, die hier vor Kälte oder aus Erschöpfung umkamen.[2]

Am 2. Januar 1802 lernten Humboldt und Bonpland in Ibarra mit Francisco José de Caldas einen weiteren bedeutenden Forscher Südamerikas kennen. Der hochbegabte junge Wissenschaftler, nur ein Jahr älter als Humboldt, hatte sich auf den Gebieten der Geographie, Botanik und Astronomie einen Namen gemacht. Er bestürmte Humboldt, ihn auf der weiteren Reise als drittes Expeditionsmitglied mitzunehmen. Doch zu seiner großen Enttäuschung verwehrte ihm Humboldt diesen Wunsch. Worin die Gründe lagen, wird sich wohl nie klären lassen, da die entsprechenden Seiten aus Humboldts Tagebuch fehlen. Eines der wichtigsten Themen, über die sie sich mit Caldas austauschten, war der China-Baum, mit dem sich auch Mutis eingehend beschäftigte. Die China-Rinde wurde als Arznei vor allem gegen Malaria eingesetzt. Wenige Tage nach der Begegnung mit Caldas erreichten die Forscher am 6. Januar 1802 Quito, die Hauptstadt der gleichnamigen

Provinz. Ein halbes Jahr lang diente ihnen die von Vulkanen umgebene Andenstadt als Ausgangsbasis für Exkursionen in die Umgebung. Hier lernte Humboldt Carlos Montúfar y Larrea, den 21-jährigen Sohn des Marqués de Selva-Alegre, kennen und lud ihn ein, sie auf der weiteren Reise bis nach Europa zu begleiten.

Seinem Bruder Wilhelm berichtete Alexander:

Die Stadt Quito ist schön, aber der Himmel ist hier düster und bewölkt. Die benachbarten Berge bieten wenig Grün, und es ist sehr kalt. Das große Erdbeben vom 4. Februar 1797, das die ganze Provinz erschütterte und in einem einzigen Augenblick 35 000 bis 40 000 Menschen tötete, ist auch in dieser Hinsicht den Einwohnern verhängnisvoll gewesen. Es hat die Lufttemperatur dermaßen verändert, dass das Thermometer hier gewöhnlich zwischen 4 und 10 Grad Réaumur [5 bis 12,5° Celsius] anzeigt und es selten auf 16 oder 17 Grad [20 bis 21,25° Celsius] ansteigt [...]. Seit dieser Katastrophe gibt es fortwährend Erdbeben, und was für Stöße! Wahrscheinlich ist der ganze hohe Teil der Provinz nur ein einziger Vulkan. Was man die Berge Cotopaxi und Pichincha nennt, sind nur kleine Gipfel, deren Krater verschiedene Schlote bilden, die alle zu dem gleichen Herd führen. Das Erdbeben von 1797 hat unglücklicherweise nur zu sehr diese Hypothese bewiesen, denn die Erde hat sich damals überall geöffnet und Schwefel, Wasser und anderes ausgestoßen. Trotz dieser Schrecken und Gefahren, mit denen die Natur sie ringsumher umgibt, sind die Einwohner von Quito froh, lebendig und liebenswürdig. Ihre Stadt atmet nur Vergnügen und Üppigkeit, und vielleicht gibt es nirgends einen

*Carlos Montúfar y Larrea.* Ölgemälde eines anonymen europäischen Malers, um 1808. Der Sohn des Marqués de Selva-Alegre schloss sich in Quito Humboldts Expedition an und begleitete ihn bis nach Europa.

entschiedeneren und allgemeineren Hang, sich zu vergnügen. So gewöhnt sich der Mensch daran, am Rande eines Abgrundes friedlich einzuschlafen. Fast acht Monate hielten wir uns in der Provinz Quito auf: von Anfang Januar bis August. In dieser Zeit waren wir damit beschäftigt, jeden der dortigen Vulkane zu besuchen. Nacheinander untersuchten wir die Gipfel des Pichincha, des Cotopaxi, des Antisana und des Iliniza, wobei wir uns 14 Tage bis drei Wochen bei jedem von ihnen aufhielten und zwischendurch immer nach Quito zurückkehrten.[3]

Schon 1735 hatte die *Académie des Sciences* in Paris die Wissenschaftler Charles-Marie de La Condamine und Pierre Bouguer beauftragt, hier Vermessungen durchzuführen, um den Äquatorumfang der Erde zu ermitteln. Dieser Expedition hatten auf Wunsch der spanischen Re-

gierung auch die beiden spanischen Marineoffiziere Jorge Juan und Antonio de Ulloa angehört. Durch Messungen in der Nähe von Quito wurde Newtons Theorie bestätigt, nach der der Umfang der Erde am Äquator größer ist als an den Polkappen. La Condamine hatte auch zahlreiche Versuche unternommen, die Vulkane der Gegend um Quito zu besteigen.

Zu Zeiten von La Condamine ist der mineralogische und physikalische Teil [bei der Erforschung Amerikas] bedeutend vernachlässigt worden. Man machte damals nichts, als Höhen, Luftdruck, Wärme- und Kältegrade zu messen. Man blieb bei *der Quantität* stehen. Ursachen – Bei meinem Eintreffen in der Provinz Quito hatte ich mir vorgenommen, die großen Nevados [schneebedeckte Berge] einen nach dem anderen aufzusuchen, dort mineralogische Untersuchungen vorzunehmen, alpine Pflanzen zu sammeln und atmosphärische Luft in einer großen Höhe aufzufangen, die magnetische Inklination zu bestimmen … Ich begann mit dem Antisana, danach kamen der Cayambe und Chimborazo, der höchste Berg der Welt. Diese Expedition war viel erfolgreicher, als ich zu hoffen wagte. Wir sammelten eine riesige Menge von ebenso schönen wie unbekannten Pflanzen (eine Vegetation, die gänzlich verschieden ist von jener der Páramos um Popayán und Los Pastos), wir hatten einen so heiteren Tag, dass wir höher emporgelangen konnten, als jemals ein Mensch auf der Erde gestiegen ist. Ich bestimmte mehrere geographische Punkte nach Länge und Breite, ich nahm den Plan des ganzen Vulkans auf, ich vermaß geodätisch seinen höchsten Gipfel, ich analysierte die Luft aus 2773 Toisen [5400 Meter] Höhe, ich trug das Cy-

167

anometer und den Inklinationskompass in Höhen, in welche niemals ein Instrument getragen worden ist.[4]

Einen zusammenhängenden Bericht über die Besteigung des Chimborazo, eines erloschenen 6310 Meter hohen Vulkans, veröffentlichte Humboldt erst im Jahr 1853, in seinen *Kleineren Schriften*. Mehr als alle seine wissenschaftlichen Leistungen erfüllte es ihn mit Stolz, den, wie er meinte, höchsten Berg der Welt fast bis zum Gipfel bestiegen zu haben. Als man später herausfand, dass die Berge des Himalaya höher waren, konnte er seine Enttäuschung nicht verbergen. Aber erst lange nach seinem Tod wurde entdeckt, dass der Höhenrekord, den Humboldt meinte aufgestellt zu haben, bereits vor ihm von Inkas bei Kulthandlungen in Peru überboten worden war. Immerhin gelangten Humboldt, Bonpland und Montúfar am 23. Juni 1802 in eine unglaubliche Höhe von ungefähr 5600 Metern. Dies ergaben Rekonstruktionen seines Aufstiegs durch den ecuadorianischen Bergführer Marco Cruz und den Extrembergsteiger Reinhold Messner in den 1990er Jahren. Diese Angabe liegt nur wenig unter den Messungen Humboldts, der nach seinen Instrumenten glaubte, eine Höhe von 5915 Metern erreicht zu haben. In seinem Tagebuch findet sich folgender Bericht:

Der Tag war sehr dunkel und neblig. Man sah den Gipfel nur von Zeit zu Zeit. In der vorangegangenen Nacht war viel Schnee gefallen. [...] Das Gelände ist herrlich, und es zeigt eine einheitliche und sehr ausgedehnte Basis. Ich hatte den Sextanten und den Künstlichen Horizont mitgenommen. Aber das schlechte Wetter machte alles unmöglich. [...] Unsere Reisegefährten stiegen erst zu Beginn des ewigen Schnees vom Pferd. Da sahen wir große, senkrechte Mauern aus Porphyr auf Pechsteinbasis. [...] Ich bewunderte ihren Verlauf, [...] ihre grotesken Säulen. [...] Unsere Begleiter waren vor Kälte erstarrt und ließen uns im Stich; nur Bonpland, Montúfar, der Mann am Barometer und zwei Indianer mit anderen Instrumenten folgten mir. Die Indianer blieben bei 2600 Toisen [5065 Meter], all unseren Drohungen zum Trotz, schließlich ebenfalls zurück. Sie versicherten, sie würden vor Atemnot sterben, obgleich sie uns wenige Stunden zuvor voller Mitleid betrachtet und behauptet hatten, dass die Weißen es nicht einmal bis zur Schneegrenze schaffen würden. Wir stiegen sehr hoch, höher als ich gehofft hatte. Wir stießen auf einen schmalen Grat, auf eine sehr eigenartige *cuchilla* [Schneide]. Der Weg war kaum 5 bis 6 Zoll [13,5 bis 16,2 cm], manchmal keine 2 Zoll [5,4 cm] breit. Der Hang zur Linken war von erschreckender Steilheit und mit an der Oberfläche gefrorenem (verkrustetem) Schnee bedeckt. Zur Rechten gab es kein Atom Schnee, aber der Hang war mit großen Felsbrocken übersät. Man hatte die Wahl, ob man sich lieber die Knochen brechen wollte, wenn man gegen diese Felsen schlug, von denen man in 160 bis 200 Toisen [312 bis 390 Meter] Tiefe schön empfangen worden wäre, oder ob man zur Linken über den Schnee in einen noch viel tieferen Abgrund rollen wollte. Der letztere Sturz schien uns der grauenvollere zu sein.
Die gefrorene Kruste war dünn, und man wäre im Schnee begraben worden ohne Hoffnung, je wieder aufzutauchen. Aus diesem Grund neigten wir unseren Körper immer nach rechts. Die schneebedeckte Seite lag

*Der Chimborazo, vom Plateau von Tapia her gesehen,* Ecuador. Kolorierter Kupferstich von Jean-Thomas Thibaut nach einer Skizze Humboldts, Tafel 25 in: Alexander von Humboldt: Vues des Cordillères, Paris: Schoell, 1810.

nach Osten hin; aus diesem Grund ist das Fehlen von Schnee, wie ich glaube, nicht der Lage zuzuschreiben, sondern vielmehr der wärmeleitenden Kraft, die bestimmte Felsen haben. Wir vergnügten uns damit, Steine über den Schnee rollen zu lassen, wir verloren sie oft aus den Augen, bevor sie zur Ruhe kamen. Die *cuchilla,* der wir folgten, war mit Reihen von Felsblöcken bedeckt, ähnlich denen der *reventación* [des Auswurfs] des Pinantura, des Yanaurcu … am Antisana. Diese Ähnlichkeit mit den unbestreitbaren Auswirkungen von Vulkanausbrüchen und die gebrannte Materie, der wir auf Schritt und Tritt begegneten, ließen keinen Zweifel daran, dass wir tatsächlich auf einer *reventación* aufstiegen. Der Hang wurde bald sehr steil. Man musste sich mit Händen und Füßen festhalten. Wir alle verletzten sie uns, wir alle bluteten, denn die Steine hatten scharfe Kanten. Man konnte nirgends den Fuß hinsetzen, da sich die Felsbrocken in dem sehr feinen Sand bewegten. Man brachte sie oft in Bewegung, wenn man glaubte, sich an ihnen mit den Händen festhalten zu können, und diese Beweglichkeit wurde zu einer größeren Gefahr als der Sturz, den man vermeiden wollte. Wir glaubten uns schon fast auf der Höhe, bis zu der wir auf dem Antisana gelangt waren (auf 2773 Toisen [5402 Meter]). […] Wir waren noch kräftig genug, obgleich wir unsere Füße vor Kälte kaum spürten, denn das Schneewasser war in die elenden Stiefel eingedrungen, die man hierzulande herstellt. Die Luft hatte 2,3 Grad Réaumur [2,9° Celsius]. Das Thermometer, 3 Zoll [8,1 cm] tief in den trockenen Sand gesteckt, blieb konstant bei 4,7° Grad Réaumur [5,9° Celsius]. Wir stiegen höher, die *cuchilla* wurde sanfter, aber die Kälte nahm

*Seilbrücke bei Penipe*, Ecuador. Kolorierter Kupferstich von Louis Bouquet nach einer Zeichnung von Pierre Antoine Marchais auf Grundlage einer Skizze Humboldts, Tafel 33 in: Alexander von Humboldt: Vues des Cordillères, Paris: Schoell, 1810. Humboldt schrieb: »Vor nicht langer Zeit riss die Brücke, vier Indios ertranken in dem reißenden Fluss. Die Pferde gewöhnen sich überhaupt nicht an diese schwingenden Kunstwerke.«

mit jedem Schritt zu. Auch das Atmen wurde stark beeinträchtigt, und noch unangenehmer war, dass alle Übelkeit, einen Drang sich zu erbrechen verspürten. Ein Landmann (ein *chagra* aus San Juan), der uns mit viel gutem Willen folgte, ein sehr robuster Mann, versicherte, dass ihm in seinem Leben der Magen noch nie so geschmerzt habe wie in diesem Augenblick. Außerdem bluteten uns das Zahnfleisch und die Lippen. Das Weiße unserer Augen war blutunterlaufen. Bei Montúfar, dessen Körper das meiste Blut enthielt, waren diese Phänomene am schlimmsten. Wir fühlten alle eine Schwäche im Kopf, einen ständigen Schwindel, der in der Situation, in

der wir uns befanden, sehr gefährlich war. Alle diese Symptome von Asthenie rühren ohne Zweifel von dem Sauerstoffmangel her, dem das Blut ausgesetzt ist. [...] Wir stiegen noch eine halbe Stunde weiter auf. Es wurde so neblig, dass wir den Gipfel nicht sehen konnten. Die Reihe von Felsblöcken setzte sich immer noch fort. In uns kam ein Schimmer von Hoffnung auf, den Gipfel erreichen zu können. Aber eine große Spalte setzte unseren Bemühungen ein Ende.

Sie war mindestens 90 Toisen [175 Meter] tief und vielleicht 10 Toisen [20 Meter] breit. Das waren unsere Säulen des Herkules. [...] Wir waren also [...] auf einer Höhe von 3036 Toisen [5915

Meter], höher als der Cayambe, Antisana, Cotopaxi ... Es fehlten uns nur noch 200 Toisen [390 Meter] (zweimal die Höhe des Panecillo von Quito), um auf den Gipfel zu gelangen. Die Luft hatte dort 1,3 Grad [1,6° Celsius] unter Null um 1 Uhr 5 Minuten wahrer Zeit. Wir konnten vor Kälte nicht weiter. Unterdessen nahmen wir in dieser Höhe mit großer Vorsicht eine Luftprobe. Keine Kohlensäure? Kann man höher hinauf gelangen? Von dieser Seite schwerlich. [...] Durch das Fernrohr sahen wir, dass der Gipfel selbst nur aus Schnee besteht, dass dort kein Felsen herausragt. In Europa kann man ohne Schwierigkeiten auf dem Schnee gehen. Bei der größeren Kälte, die dort herrscht, gefriert der Schnee entweder von oben oder von unten und kann einen Menschen tragen. Im Schnee von Quito würde man 5 Toisen [10 Meter] tief einsinken, wie wir es am Antisana, am Pichincha und besonders am Chimborazo erlebt haben, wo Herr Montúfar fast im Schnee verlorengegangen wäre. [...] Ich glaube also, dass weniger die Atemnot als vielmehr der Schnee das Erreichen des Gipfels verhindert. [...] Indessen ist es sicher schwierig zu beurteilen, in welchem Maße diese Leiden zunehmen, und sehr wohl könnten einem (wegen des Mangels an atmosphärischem Gegendruck) die Lungengefäße platzen, und man könnte Blut spucken. Welchen Nutzen hätte man davon, wenn man seine Instrumente 200 Toisen [390 Meter] höher trüge, auf ein Gelände, wo das Gestein sich der Beobachtung entzieht, auf einen Berg, der für magnetische Experimente ungeeignet ist, weil das Gestein die Magnetnadel beeinflusst und selbst Pole besitzt. Doch es wäre interessant, auf den Gipfel zu gelangen und zu sehen, ob er einen Krater hat. [...]

Unser Aufenthalt in dieser ungeheuren Höhe war äußerst traurig und düster. Wir waren in einen Nebel gehüllt, der uns nur hin und wieder die uns umgebenden Abgründe erblicken ließ. Kein lebendes Wesen, kein Insekt, nicht einmal der Kondor, der am Antisana über unseren Köpfen schwebte, belebte die Lüfte. *Lichen geographicus* auf 2852 Toisen [5536 Meter] und *Lichen postulatus* [zwei Flechtenarten] waren die einzigen Lebewesen, die uns daran erinnerten, dass wir uns in einer bewohnten Welt befanden. Wir taten gut daran, hinabzusteigen. Kaum befanden wir uns auf einer Höhe von 2900 Toisen [5650 Meter], als es zu hageln begann (ein feiner Hagel von undurchsichtigem Schneeweiß) und 300 Toisen [585 Meter] tiefer zu schneien, und dies mit einer Heftigkeit, dass in weniger als 20 Minuten mehr als 10 bis 20 Zoll [27 bis 54 cm] Schnee fielen. Wir trugen kurze Stiefel, einfache Kleidung, hatten keine Handschuhe (man kennt sie hier kaum); man mag sich vorstellen, in welchem Zustand wir uns befanden. Die Hände waren blutig, ständig stieß ein kranker, mit Geschwüren bedeckter Fuß gegen spitze Felsen, jeder Schritt musste berechnet werden, da man den vom Schnee bedeckten Weg nicht mehr sah – dergestalt war meine wenig vergnügliche Lage. Ist man an Strapazen gewöhnt, so tröstet man sich leicht über physische Schmerzen hinweg. Wie schon beim Aufstieg sammelten wir viele Steine, von denen wir zwei Sammlungen nach Madrid und Paris schickten und die dritte für das Kabinett des Königs in Berlin bei uns behielten. Wer in Europa würde nicht einen Stein vom Chimborazo haben wollen, und wo gibt es bis heute ein Kabinett, das einen solchen besitzt?[5]

Nachdem sie sich von den Strapazen erholt hatten, zog Humboldts Maultierkarawane weiter nach Süden. Am 3. Juli 1802 erreichten die Reisenden die Ruinen von Ingapirca. Hier untersuchten sie den Inkapalast, der durch die Forschungen von La Condamine unter dem Namen »Festung von Cañar« bekannt geworden war. Humboldt bezeichnete die in 3500 Metern Höhe gelegene Festung als »das am besten erhaltene Denkmal«[6], das er bis dahin auf seiner Reise gesehen hatte und vermaß es genauestens. Eine Ruine mit dem Namen *Inga-chungana* – das »Spiel des Inka« – gab ihm dagegen ein Rätsel auf:

> Die Kreolen nennen es »Billard des Inka« und stellen sich vor, dass diese in Form einer Kette gemeißelte Vertiefung, die ich Arabeske nenne, dem Lauf einer Kugel gedient habe, fast wie bei einem Billard. Man kann auch nicht leugnen, dass die Kette abschüssig verläuft, aber sie schließt nirgends ab und scheint selbst wenig geeignet, als Bahn für eine Kugel zu dienen.[7]

Auch die merkwürdigen verschlungenen und scharf an den Felskanten entlangführenden Wege und eine Art Aquädukt gaben Humboldt zu denken: »Fand das Spiel auf diesem Aquädukt statt und kommt daher der Name Chungana? Bestand es zum Beispiel in der Geschicklichkeit, auf dem Pfad am Rand des Abgrunds zu gehen …?«[8]

> Die europäische Habsucht hat sich dies alles auf eine ganz andere Art erklärt. Man hat uns erzählt, dass der Inka auf die Nachricht vom Eintreffen der Spanier seine Schätze im Innern dieses Hügels verbergen ließ, dass der Pfad dazu diente, dorthin zu gelangen, dass man den Gang wieder verschloss … dass man bei Beginn der Conquista dort nachgrub, dass man in der Tat einen Gang fand und davor eine Tür, vor der sich ein Knabe mit der Kopfbinde der Inkaherrscher befand. »Was stört ihr«, sagte der Knabe, »die Ruhe meiner Vorfahren; nachdem ihr das, was sie auf der Oberfläche der Erde besaßen, gestohlen habt, kommt ihr ruchlosen Fremden noch, um das herauszuwühlen, was unsere Kunst im Schoß der Erde verborgen hat.« Nach diesen Worten verschwand der Knabe, die erschreckten Schatzgräber flohen, und der Gang schloss sich in dem Zustand, in dem wir ihn jetzt sehen. Es blieb nur eine einfache Kluft. Dieser schöne Roman ist die Mythe des Ortes, und obwohl ich nicht weiß, was der Pfad bedeutet, wäre ich doch eher geneigt zu glauben, dass die Inkafürsten Billard gespielt haben, als mir vorzustellen, dass sie ihre Schätze an einem so zugänglichen Ort, der für ihr Vergnügen bestimmt war, versteckt hätten![9]

Über den weiteren Verlauf seiner Reise vom 20. Juli bis zum 23. August 1802 berichtet Humboldt:

> Da wir die in Santa Fe de Bogotá von Mutis entdeckten Chinarindenbäume *(Cinchona)* mit denen von Popayán und die (fälschlich als *Cortex Angosturae* bezeichneten) Cuspa und Cuspare Neu-Andalusiens und des Río Caroní mit den Cinchona von Loja und Peru vergleichen wollten, wählten wir nicht die bekannte Reiseroute von Cuenca nach Lima, sondern schafften unter größten Schwierigkeiten unsere Instrumente und Sammlungen durch die kalte, bewaldete Bergregion *(Páramo)* von Saraguro nach Loja und von dort aus in die Provinz Jaén de Bracamoros. Innerhalb von zwei Tagen mussten

wir den aufgrund seiner rasch auftretenden Hochwasser gefährlichen Río de Huancabamba 35 Mal überqueren. Wir sahen auch die Überreste der beeindruckenden Inka-Straße (die von Brunnen und Herbergen gesäumte Straße ist mit den besten Frankreichs vergleichbar und verläuft auf dem Rücken der Anden von Cuzco bis nach Azuay). Wir fuhren den Río Chamaya hinab, der in den Amazonas mündet; auf diesem reisten wir bis zu den Wasserfällen von Tomependa, welche in einer der fruchtbarsten, aber auch heißesten Klimazonen der Erde liegen. [10]

Mit der Überquerung des Río Calvas bei Lucarque überschritten sie am 1. August 1802 die damals noch nicht existierende Grenzlinie zum heutigen Peru und fuhren auf drei Flößen den Río Marañón abwärts bis Tomependa an der Mündung des Río Chinchipe. Von dort aus schickte Humboldt einen Brief mit der »schwimmenden Post« der Indios an den Bruder

von Carlos Montúfar, José Ignacio Checa, den Gouverneur der Provinz Jaen. Dieser machte ihn mit dem in der Nähe lebenden Stamm der freien Jíbaro-Indianer bekannt, einem Stamm, dessen Kultur bis heute in Ecuador und Peru existiert:

Eines der großen Feste, das uns Don Ignacio Checa (der Gobernador von Jaén) gab, war die Aufforderung an die freien Jíbaros-Indianer, mit denen er in großer Freundschaft lebte, uns in Tomependa zu besuchen. Ein Indianerstamm, der seine Feinde flieht (der Mensch führt überall Krieg gegen seinesgleichen), hat die Ufer des Río Santiago verlassen und sich in Tutumberos am Marañón, gegenüber dem Pongo von Cacangores niedergelassen, unterhalb des Dorfes Puyaya. Die große Einsamkeit des Ortes, umgeben von Wasserfällen, durch die Pongos von Yariquisa und Patorumi von der bewohnten Welt getrennt, hat sie ohne Zweifel zu dieser Wahl ein-

*Indianische Post in der Provinz Jaen de Bracamoros,* Peru. Kolorierter Kupferstich nach der Tafel 31 von Humboldts Vues des Cordillères, in: F. J. Bertuchs Bilderbuch für Kinder, Weimar, um 1810.

geladen. Wir hätten sie selbst in ihrer Niederlassung, die noch nicht älter als zwei bis drei Jahre ist, besucht, wenn der Gedanke, den Zweck der Reise zu verfehlen und vielleicht die Hütten verlassen zu finden (während die Indios sich im Innern ihres Gebietes befanden), uns nicht zurückgehalten hätte.

[...] Sie kamen, rittlings auf einem Stamm von Balsaholz schwimmend. Dies ist die Art aller Indios dieses Landes zu reisen, sei es der Indios aus den Wäldern oder der Missionen. Sie reisen zwei bis drei Tage auf diese Weise und gehen auf dem Land weiter, wo Flussengen sie behindern. Der Kurier, welcher dem Gobernador die Briefe aus Trujillo bringt, schwimmt den ganzen Río Chamaya und den Río Marañón von Ingatambo bis Tomependa herab, wobei er seinen Lendenschurz oder seine kleine Hose mit den Briefen in Form eines Turbans um den Kopf bindet. Die Indios hätten keine Schwierigkeiten, auf diese Weise bis Pará zu gelangen. An den Küsten des Südmeeres reisen die Indios auf Caballitos [Pferdchen] genannten Flößen.

Ich war gerade auf einer Insel des Chinchipe mit dem Vermessen einer Basis beschäftigt, als die freien Indios kamen. Sie durchschwammen den Fluss mit der größten Geschicklichkeit. Die Strömung ist stark, aber sie lenkte sie fast nicht von der Linie ab, auf welcher sie sie schnitten. Dies sind die fröhlichsten freien Indios, die ich jemals gesehen habe. Sie haben lebhafte Gesichtszüge, die die sehr große Lebhaftigkeit ihres Charakters anzeigen, aber sie sind klein, kaum 4 Fuß 10 Zoll [1,57 Meter] hoch, und voll Hautausschlag. Wenn sie bei anderen Reisen mit einer schwangeren Indianerin kamen, dann nahm der Ehemann sie beim Schwimmen durch den Chinchipe auf den Rücken. Kinder von zwei Monaten halten sich (so wie wir es auf dem Orinoco sahen) selbst am Hals der Mutter fest. Welcher Unterschied zwischen dem freien Indio und dem der Missionen, der Sklave der priesterlichen Ansichten und Unterdrückung ist! Welche Lebhaftigkeit, welche Wissbegierde, welches Gedächtnis, welch leidenschaftlicher Drang, die spanische Sprache lernen zu wollen und sich in ihrer eigenen verständlich zu machen! [...]

Ich ließ die Jíbaros durch das Fernrohr meines Sextanten sehen. Die Umkehrung dieser astronomischen Brille amüsierte sie sehr und sie lachten aus vollem Halse darüber. An dem Chronometer erkannten sie im Augenblick die Uhr, die sie vor vielen Monaten gesehen hatten. Sie nannten meinen kleinen Taschenkompass, der einer Uhr sehr ähnlich sieht, einen Tactac und forderten, dass man ihn ihnen ans Ohr hielte. Trotz dieser Wissbegierde zeigten sie eine gewisse Zurückhaltung, den Wunsch, nicht lästig zu werden; sie hielten sich gegenseitig zurück, wenn einer zur Last zu fallen schien, indem sie ihm zum Beispiel einen Gegenstand wegnahmen, den man ihnen nicht anvertrauen wollte. Man sieht sie sehr geneigt, andere Indios aus dem Dorf zu bestehlen, aber nie haben sie im Haus des Gobernadors etwas berührt, sei es, um die Gastfreundschaft nicht zu verletzen oder aus Furcht vor der bekannten Macht des Chefs Apu. Was mich am meisten an ihnen in Erstaunen versetzt hat und was sie sehr von allen Indios des Orinoco, des Río Negro und selbst dem Indio vom Río Guainía, den wir von San Carlos nach Guayana mit uns führten, unterscheidet, ist die enorme Leichtigkeit, mit man in ihrer Gegenwart sprach, fortgesetzt Wort für Wort das, was man sagte, wiederholten. Sie haben die gleiche Besessenheit, ihre eigene Sprache zu lehren. Beginnt man einmal, ihnen Worte durch Zeichen abzufragen, um ein Vokabular zusammenzustellen, so bestürmen sie einen, fortzufahren. Sie sprechen ihre eigene Sprache mit einer erstaunlichen Schnelligkeit.[11]

Das freundschaftliche, nahezu partnerschaftliche Verhalten der Jíbaros ihm und dem weißen Verwaltungsbeamten gegenüber faszinierte Humboldt. Dies umso mehr, als die Jíbaros, die als Kopfjäger bekannt waren, 15 Jahre zuvor die Stadt Zamora zerstört und alle männlichen Bewohner getötet hatten. »Das sind Eroberungen, die die Indios bei den Spaniern machen, Reconquistas«,[12] notierte Humboldt in sein Tagebuch.

Am 9. September 1802 besuchte er die unergiebig gewordenen Silberbergwerke von Hualgayoc. In seinem Tagebuch verglich er sie mit »Kaninchenhöhlen« und notierte: »In vielen Gruben riss man aus Geiz und Unverstand die Zimmerung, die Pfeiler oder firsterhaltenden Mittel nieder, und Grube und Bergleute verstürzten.« Er habe niemals »einen unhaushälterischen Bergbau gesehen«, schreibt Humboldt: »Wenn man in Hualgayoc von allem, was man bisher getan, genau das Gegenteil täte, so würde man sich einer guten Vorrichtung nähern.«[13] In Cajamarca besichtigte er wenige Tage später die Ruinen des Inka-Palastes, in dem der von Pizarro ermordete letzte Inka-Fürst Atahualpa bis zu seinem Tod im Jahr 1533 gelebt hatte: »Man zeigt noch das Zimmer, in dem das Scheusal Pizarro Atahualpa gefangen hielt, und man zeigt an der Mauer die Höhe, bis zu der der unglückliche König versprach, das Zimmer mit Gold zu füllen, wenn man ihm

*Vultur gryphus (Kondor).* Kolorierter Kupferstich von Louis Bouquet nach einer Zeichnung von Humboldt, korrigiert von Jacques Barraband. Tafel 8 in: Alexander von Humboldt und Aimé Bonpland: Recueil d'observations de zoologie, Band 1, Paris: Schoell, 1811.

der sie alle Sprachen aussprechen. Welche Zungenfertigkeit, welche Geläufigkeit gewährt ihnen ihr Organ! Ich habe ihnen Sätze von vier bis fünf Worten auf Deutsch, Französisch und Englisch vorgesprochen, sie wiederholten sie beim ersten Versuch mit einer Deutlichkeit, dass man glauben musste, sie seien an diese drei Sprachen gewöhnt. Sie fanden selbst ein so großes Vergnügen daran, spanische Worte nachzusprechen, dass sie, wenn

Freiheit gäbe.«[14] Hier, in den Palastruinen, lernte Humboldt Atahualpas Nachkommen, die »in der größten Armut«[15] lebende Familie Astorpilco, kennen:

Der Sohn des Kaziken Astorpilco, ein freundlicher junger Mensch von 17 Jahren, der mich durch die Ruinen seiner Heimat, des alten Palastes, begleitete, hatte in großer Dürftigkeit seine Einbildungskraft mit Bildern angefüllt von der unterirdischen Herrlichkeit und den Goldschätzen, welche die Schutthaufen bedecken, auf denen wir wandelten. Er erzählte, wie einer seiner Altväter einst der Gattin die Augen verbunden und sie durch viele Irrgänge, die in den Felsen ausgehauen waren, in den unterirdischen Garten des Inka hinabgeführt habe. Die Frau sah dort kunstreich nachgebildet im reinsten Golde Bäume mit Laub und Früchten, Vögel auf den Zweigen sitzend, und den vielgesuchten goldenen Tragsessel *(una de las andas)* des Atahualpa. Der Mann gebot seiner Frau, nichts von diesem Zauberwerke zu berühren, weil die längst verkündigte Zeit (die Wiederherstellung des Inka-Reichs) noch nicht gekommen sei. Wer früher sich davon aneigne, müsse sterben in derselben Nacht.

Solche goldenen Träume und Phantasien des Knaben gründeten sich auf Erinnerungen und Traditionen der Vorzeit. Der Luxus künstlicher goldener Gärten *(Jardines ó Huertas de oro)* ist von Augenzeugen vielfach beschrieben: von Cieza de Leon, Sarmiento, Garcilaso und anderen frühen Geschichtsschreibern der *Conquista.* Man fand sie unter dem Sonnentempel von Cuzco, in Caxamarca, in dem anmutigen Tale von Yucay, einem Lieblingssitze der Herrscherfamilie. Da, wo die goldenen *Huertas* nicht unterirdisch waren, standen lebend vegetierende Pflanzen neben den künstlich nachgebildeten. Unter den Letzteren nennt man immer die hohen Mais-Stauden, und Mais-Früchte in Kolben *(mazorcas)* als besonders gelungen.

Die krankhafte Zuversicht, mit welcher der junge Astorpilco aussprach, dass unter mir, etwas zur Rechten der Stelle, wo ich eben stand, ein großblütiger Datura-Baum, ein *Guando* von Golddraht und Goldblech künstlich geformt, den Ruhesitz des Inka mit seinen Zweigen bedecke; machte einen tiefen, aber trüben Eindruck auf mich. Luftbilder und Täuschung sind hier wiederum Trost für große Entbehrung und irdische Leiden. »Fühlest du und deine Eltern«, fragte ich den Knaben, »da ihr so fest an das Dasein dieser Gärten glaubt, nicht bisweilen ein Gelüste in eurer Dürftigkeit nach den nahen Schätzen zu graben?« Die Antwort des Knaben war so einfach, so ganz der Ausdruck der stillen Resignation, welche der Rasse der Urbewohner des Landes eigentümlich ist, dass ich sie spanisch in meinem Tagebuche aufgezeichnet habe: »Solch ein Gelüste *(tal antojo)* kommt uns nicht; der Vater sagt, dass es sündlich wäre *(que fueso pecado).* Hätten wir die goldenen Zweige samt allen ihren goldenen Früchten, so würden die weißen Nachbarn uns hassen und schaden. Wir besitzen ein kleines Feld und guten Weizen *(buen trigo).*«[16]

Bei all seinen Erlebnissen, Beobachtungen und Begegnungen war Humboldt nie versucht, die prähispanische Kultur der Inkas zu verklären:

Der Altperuaner war eine Maschine und nicht mehr. Jedem war sein Platz, seine Beschäftigung angewiesen. Alle

*Lup.nus nubigenus.*
Kolorierter Kupferstich von Dien nach einem Aquarell von Pierre Jean François Turpin, Tafel 50 in: A. von Humboldt, A. Bonpland und C. S Kunth: Mimoses et autres plantes légumineuses du Nouveau Continent, París: Libraire Grecque-Latine-Alleman, 1819–1824. Humboldt und Bonpland fanden diese Lupinie in der Nähe der Gletscherregion der Vulkane Pichincha, Chimborazo und Antisana.

Geistesfreiheit war unterdrückt. [...] Die Inkas allein waren fähig, den Einwohnern Amerikas ein Vorspiel von dem zu geben, was die blutrünstige, christliche Raserei durch spanische Hände ausrichtete. [...] Dürfen wir uns wundern, dass es für die Spanier so leicht war, dieses Maschinenvolk zu besiegen? [...] Sie hielten die Spanier für die Söhne des Pachacámac, deren Ankunft der Visonär Inka Virachoca verheißen hatte.[17]

Später schrieb er in seinen *Ansichten der Kordilleren und Monumente der eingeborenen Völker Amerikas:*

Die peruanische Theokratie war wohl weniger drückend als die Herrschaft der mexikanischen Könige; doch die eine wie die andere haben dazu beigetragen, den Monumenten, dem Kultus und der Mythologie zweier Bergvölker jenen trüben, dunklen Charakter zu verleihen, der im Gegensatz zu

177

den Künsten und den süßen Fiktionen der Völker Griechenlands steht. [...] Wundern wir uns nicht über die Rohheit des Stils und die Fehlerhaftigkeit der Umrisse in den Werken der Völker Amerikas. Vielleicht frühzeitig vom Rest der menschlichen Gattung getrennt, umherirrend in einem Land, wo der Mensch lange gegen eine wilde, stets bewegte Natur zu kämpfen hatte, haben sich diese sich selbst überlassenen Völker nur langsam entwickeln können. [...] Die einzigen amerikanischen Völker, bei denen wir bedeutende Monumente finden, sind Bergvölker. Abgesondert in den Wolkenregionen, auf den höchsten Plateaus des Globus, umringt von Vulkanen, deren Krater vom ewigen Eis bedeckt sind, scheinen sie in der Einsamkeit dieser Wüsten nur das zu bewundern, was die Einbildungskraft durch Größe und Masse ergreift. Die Werke, die sie hervorgebracht haben, tragen das Gepräge der wilden Natur der Kordilleren.[18]

Von Cajamarca aus stiegen Humboldt, Bonpland und Montúfar an einem steilen Felshang im Zickzack hinab in das zerklüftete Tal von Magdalena. Sie überwanden dabei einen Höhenunterschied von 2000 Metern. Aus der Hitze des Magdalenentals kletterten sie dann noch einmal eine Felswand von beinahe 1400 Meter Höhe hinauf in die Frostzone der Kordillere. Dort oben hatten sie mit einem Mal einen freien Blick auf die Südsee. In seinen *Ansichten der Natur* schreibt Humboldt später:

Schon als Knabe habe ich auf die Erzählung von der kühnen Expedition des Vasco Nuñez de Balboa gelauscht: des glücklichen Mannes, der, von Francisco Pizarro gefolgt, der Erste unter den Europäern, von den Höhen

*Ynga-Chungana bei Cañar,* Ecuador. Kupferstich von Wilhelm Friedrich Gmelin nach einer Skizze Humboldts, Tafel 19 in: Alexander von Humboldt: Vues des Cordillères, Paris: Schoell, 1810. »Die Kreolen nennen es ›Billard des Inka‹«, schrieb Humboldt.

von Quarequa auf der Landenge von Panama, den östlichen Teil der Südsee erblickte [...]. Was so durch kindliche Eindrücke, was durch Zufälligkeiten der Lebensverhältnisse in uns erweckt wird, nimmt später eine ernstere Richtung an, wird oft ein Motiv wissenschaftlicher Arbeiten, weitführender Unternehmungen.[19]

Durch staubige Täler und ausgetrocknete Flussbetten bewegte sich ihre Maultierkarawane schließlich an der kargen Küste entlang, deren Gebiete einstmals von Kanälen der Inkas, die die Spanier zerstört hatten, bewässert wurden:

Die Proviz Trujillo hat nur drei, von den Flüssen Chicama, Moche und Virú durchzogene grüne Täler, die wie Oasen im libyschen Sand wirken.

178

Nach der Tradition verdankt Peru dem letztgenannten Fluss seinen Namen. Als die ersten Spanier an die Küste kamen, hörten sie einen Indio rufen: »Pelú, pelú« – Fluss, Fluss. Sie glaubten jedoch, er meine das ganze Land, und bildeten das Wort in ihrer Sprache zuerst in Virú um und dann in Perú.[20]

Mitte September 1802 erreichten die Forscher die Ruinen von Chan-Chan, der größten präkolumbianischen Stadt in Amerika. Über diesen von den Inkas zerstörten Königssitz des Chimú-Reichs schrieb Humboldt in sein Tagebuch: »Man reitet durch ein wahres Labyrinth von Straßen und Plätzen, in dem man sich ohne Führer leicht verliert. Alles war hier aus Lehm gebaut.«[21] Während der 30 bis 70 Kilometer, die sie Tag für Tag in der Küstenwüste zurücklegten, trafen sie immer wieder auf Überreste dieser Hochkultur: »Auf dem ganzen Weg von Trujillo nach Santa und von da über Chimbote nach Casma haben wir Denkmäler der großartigen Zivilisation gesehen, in der die Untertanen des Königs Chimún-Cauchu lebten.«[22]

Am 23. Oktober 1802 erreichten Humboldt und seine Reisegefährten Lima. Sie blieben dort und in der Umgebung bis zum 24. Dezember. Humboldt erhielt Zugang zum Staatsarchiv, in dem er sich über die Entwicklung von Wirtschaft und Bergbau informierte. Dort machte er sich unter anderem Auszüge aus einer ihm zugänglich gewordenen Denkschrift des Forschungsreisenden Thaddaeus Haenke über die Provinz Cochabamba. Am 9. November 1802 beobachtete er den Merkurdurchgang vor der Sonne in der peruanischen Hafenstadt Callao und bestimmte den Längenunterschied zwischen Lima und Callao. Am 24. Dezember 1802 ging er, zusammen mit seinen Begleitern, in Callao an Bord der spanischen Fregatte *La Castora*, um an der Küste entlang nach Guayaquíl zu segeln. Seine Eintragungen im Reisetagebuch beweisen, dass ihm spanische Offiziere auch Informationen über die Galapagos-Inseln gegeben hatten, die Charles Darwin 33 Jahre danach, mit Humboldts Reisebeschreibungen im Gepäck, besuchen sollte. Darwin nannte Humboldt später den »Vater einer großen Nachkommenschaft von Forschungsreisenden«[23]. Doch Humboldt segelte Ende Februar 1803 nur wenige hundert Kilometer an den Inseln vorbei, deren Tierwelt Darwin zur Evolutionstheorie inspirierte. An Bord setzte er seine in Callao begonnenen Messungen fort und stellte die niedrige Temperatur der Meeresströmung an der Küste Perus fest. Später wurde sie nach ihm *Humboldt-Strom* genannt. Die Ehre, sie entdeckt zu haben, wies er jedoch immer entschieden zurück: »Die Strömung war schon 300 Jahre vor mir allen Fischerjungen von Chili bis Payta bekannt; ich habe bloß das Verdienst, die Temperatur des strömenden Wassers zuerst gemessen zu haben.«[24]

# Aufenthalt in Guayaquíl: Pflanzengeographie und eine Schrift gegen den Kolonialismus

Am 4. Januar 1803 ging Humboldt mit seinen Reisegefährten in Guayaquíl von Bord. Er konnte damals nicht ahnen, dass seine Messungen der Meerestemperatur aus nur elf Tagen seinen Namen weltberühmt machen sollten. Da er kein Schiff fand, das ihn weiter nach Acapulco, seinem nächsten Reiseziel, hätte bringen können, saß er mit Bonpland, Montúfar, seinem Diener José de la Cruz und 20 Kisten Reisegepäck im Hafen von Guayaquíl fest. Zwei Wochen nach ihrer Ankunft erfuhren sie, dass der Cotopaxi ausgebrochen war. »Wir hörten Tag und Nacht das Brüllen des Vulkans«, schrieb Humboldt in sein Tagebuch.[1] Da sie das Naturschauspiel unbedingt aus der Nähe miterleben wollten, entschlossen sie sich, auf direktem Weg die Anden hinauf wieder nach Quito zu reisen. »Jedermann sagte uns, dass wir unterwegs sterben würden, so unzugänglich sei das Gebirge.«[2] Als Humboldt jedoch erfuhr, dass in Kürze ein Schiff nach Acapulco die Anker lichten würde, entschied er sich zur Umkehr:

> Wir segelten in der Tat am 17. Februar mit der *Orue* ab, und der Cotopaxi hat nur Asche ausgestoßen, welche man mir gesandt hat, keine Steine, keine Lava, keinen Bimsstein, nichts, was Gegenstand einer geologischen Untersuchung sein könnte. Aber wir haben das herrliche Schauspiel versäumt, ihn nachts erleuchtet zu sehen und aus der Nähe sein furchterregendes Brüllen zu hören.[3]

Die lange Wartezeit vor der Weiterfahrt nach Acapulco nutzte Humboldt zur Arbeit an zwei für das Verständnis seines Werkes grundlegenden Arbeiten.

*Floß auf dem Fluss Guayaquíl*, Ecuador, Ausschnitt. Kolorierter Kupferstich von Pierre Antoine Marchais auf der Grundlage einer Skizze Humboldts, Tafel 23 in: Alexander von Humboldt: Vues des Cordillères, Paris: Schoell, 1810. Humboldts Absicht war es, in dieser Abbildung »eine Ansammlung von Früchten der Äquinoktialzone vorzustellen und die Gestalt der größten Flöße (balsas) bekannt zu machen, denen sich die Peruaner [...] seit den entferntesten Zeiten bedienen«.

Zum einen aquarellierte er das Profil der äquatorialen Breiten in der Nähe des Chimborazo mit allen von ihm in Relation zur Höhe beobachteten Naturerscheinungen. Es sollte wenig später die Grundlage seines berühmten Kupferstichs *Geographie der Pflanzen in den Tropen-Ländern* werden, mit dem er die Disziplin der Pflanzengeographie auch öffentlich begründete.

In Guayaquíl schrieb er aber zudem eine kurze Analyse der Missstände in den spanischen Kolonien, die er allerdings in dieser Weise nie veröffentlichte. Sie ist das eigentliche Manifest seiner Haltung gegenüber dem Kolonialismus und bildet ein Pendant zu der Anklage gegen das »Missionsregiment«[4] der spanischen Mönche:

Einem feinfühligen Menschen können die europäischen Kolonien nicht angenehm für dauernden Aufenthalt sein. Ein sensibler Mensch wird dort mehr erdulden als ein gebildeter. Letzterer wird die Verbindung mit Europa herstellen, er wird über Bücher, Instrumente verfügen; das nämliche Interesse, das die Tropennatur einflößt, wird ihn den Mangel an Pflege der Wissenschaft in [West-]Indien vergessen lassen. Es wird leicht sein, Aufklärung in den Kolonien zu verbreiten, aber es wird nicht leicht sein, die Menschen dort in milde, liebenswürdige, soziale Wesen umzuwandeln.

Woher kommt dieser Mangel an Moral, woher diese Leiden, dieses Unbehagen, dem jeder empfindsame Mensch in den europäischen Kolonien ausgesetzt ist? Das rührt daher, dass die Idee der Kolonie selbst eine unmoralische Idee ist, diese Idee eines Landes, das einem andern zu Abgaben verpflichtet ist, eines Landes, in dem man nur zu einem bestimmten Grad an Wohlstand gelangen soll, in welchem der Gewerbefleiß, die Aufklärung sich nur bis zu einem bestimmten Punkt ausbreiten dürfen. Denn jenseits dieser Grenze würde das Mutterland nach eingebürgerten Vorstellungen weniger gewinnen, jenseits dieser Mittelmäßigkeit würde sich eine zu starke, wirtschaftlich zu selbständige Kolonie unabhängig machen. Jede Kolonialregierung ist eine Regierung des Misstrauens. Man verteilt die Autorität dort nicht so, wie es die öffentliche Wohlfahrt der Einwohner erfordert, sondern entsprechend dem Argwohn, dass diese Autorität sich vereinigen, dass sie sich zu sehr um das Wohl der Kolonie bemühen und den Interessen des Mutterlandes gefährlich werden könnte.

Je größer die Kolonien sind, je konsequenter die europäischen Regierungen in ihrer politischen Bosheit sind, umso stärker muss sich die Unmoral der Kolonien vermehren. Man sucht seine Sicherheit in der Uneinigkeit, man trennt die Kasten, man schürt ihren Hass und ihre Streitigkeiten, man beklagt heuchlerisch ihren gegenseitigen Hass, man verbietet ihnen, sich durch Heiraten zu verbinden, man fördert die Sklaverei, weil die Regierung eines Tages, wenn alle anderen Mittel versagen, zu dem grausamsten von allen Zuflucht nehmen kann, nämlich die Sklaven gegen ihre Herren zu bewaffnen, diese erwürgen zu lassen, bevor man selbst erwürgt wird, was doch immer das Ende dieser schrecklichen Tragödie sein wird. Man vergibt Ämter nur an Emporkömmlinge und gemeine Menschen, die der Hunger aus Europa vertrieben hat, man erlaubt diesen, die in den Kolonien Geborenen geringschätzig zu behandeln, man schickt Leute, die den

*Geographie der Pflanzen in der Nähe des Äquators.*
Aquarell von Alexander von Humboldt. Dieses
Blatt fertigte Humboldt 1803 in Guayaquíl an und
sandte es an José Celestino Mutis in Bogotá. Es bildet
die Vorstudie zu Humboldts berühmtestem und
wichtigstem Werk, der Geographie der Pflanzen in
den Tropen-Ländern. Heute befindet es sich im Museo
Nacional de Colombia in Bogotá.

Kreolen das Blut aussaugen; und diese
Leute sprechen unaufhörlich von den
Besitztümern, die sie im Stich gelassen
haben, um in einem Land sesshaft zu
werden, in dem ihnen alles missfällt,
wo der Himmel nicht blau ist, wo das
Fleisch nicht schmackhaft ist, wo alles verächtlich ist; und dennoch verlassen sie es nicht. Die europäischen
Beamten von niedriger Herkunft, die
aber durch den Missbrauch, den sie
mit der ihnen anvertrauten Autorität
getrieben haben, reich geworden sind,
prahlen mit ihren Stellungen. Daher
streben die Kreolen ihrerseits nach
Ordenskreuzen und Titeln, durch die
das Mutterland ihrer Eitelkeit schmeichelt, wobei es sie sanft zur Ader lässt.
Die gleiche Reaktion bringt einen töd-
lichen Hass zwischen dem Europäer
und dem Kreolen hervor; der Sohn
verabscheut den Vater.

In dem Maße, in dem der Hass auf das
Mutterland zunimmt, wächst die Liebe zum Geburtsland. Man ist bemüht,
sich von allem falsche Vorstellungen
zu machen. Man hält Caracas und
Lima für kultivierter als Madrid, man
liebt die Spanien feindlich gesinnten
Nationen, man wünscht nichts bren-
nender, als London oder Paris zu sehen, und eingebildet auf die Größe des
väterlichen Hauses und die Achtung,
mit der sich die Aristokratie in Amerika Geltung verschafft, fühlt man sich
[dort] herabgesetzt, zu wenig geehrt
und kehrt in ein Land zurück, wo
man behauptet, in Freiheit leben zu
können, weil man dort seine Sklaven
straflos misshandeln und die Weißen
beleidigen kann, wenn sie arm sind.
Die europäischen Regierungen haben
so viel Erfolg in der Verbreitung des
Hasses und der Uneinigkeit in den Kolonien erzielt, dass man in diesen die
Freuden des geselligen Lebens kaum
kennt; wenigstens ist jede dauerhafte
Gesellligkeit unmöglich, zu der viele
Familien zusammenkommen müssen.
Aus dieser Lage entsteht eine Verwir-
rung von Ideen und unbegreiflichen
Meinungen, eine allgemeine revolu-
tionäre Tendenz. Aber dieser Wunsch
beschränkt sich darauf, die Europäer
zu vertreiben und sich danach gegenseitig zu bekriegen.
Ein aufgeklärter Bischof, der von Trujillo, mit dem ich über die Ursachen
der Unmoral in den Kolonien sprach,
sagte mir in einem sehr entschiede-
nen Ton: »Es ist so schwierig für einen Europäer, in diesen Breiten ein
anständiger Mensch zu bleiben, wo
die Straflosigkeit bis in den Klerus
hinein herrscht, dass ich Gott täglich bitte, mich nicht hier sterben zu
lassen, denn ohne Zweifel werde ich
verdammt sein.«

Je größer die Kolonien und je erheblicher die Missstände sind, desto stärker vermehrt sich das Misstrauen der Regierung. Deswegen wären die Inseln [die Großen und die Kleinen Antillen] zum Wohnen geeigneter als die großen Kolonien des Kontinents. Die weißen Familien hassen sich dort weniger, sie wechseln dort öfter, ziehen sich nach Europa zurück; der Hass ist dort weniger alt, es gibt weniger Beamte; aber es gibt dort einen anderen Schrecken, der die Inseln viel weniger bewohnbar macht als die übrigen Kolonien, das sind die Schwarzen, die nirgends zahlreicher sind und mehr misshandelt werden. Nirgends muss sich ein Europäer mehr schämen, ein solcher zu sein, als auf den Inseln, seien es französische, seien es englische, seien es dänische, seien es spanische. Sich darüber streiten, welche Nation die Schwarzen mit mehr Humanität behandelt, heißt, sich über das Wort Humanität lustig machen und fragen, ob es angenehmer ist, sich den Bauch aufschlitzen zu lassen oder geschunden zu werden, heißt fragen, ob die Spanier mehr Grausamkeiten in Peru als in Venezuela verübt haben, ob die Spanier mehr Grausamkeiten in Amerika als die Engländer und die Franzosen in Ostindien verübt haben!!

Die Urheber der ersten französischen Verfassung haben bestimmt nicht in den Grundsätzen geirrt, obgleich sie diese oft in gefahrbringender Weise und mit Überstürzung angewendet haben. Sie schafften den Namen »Kolonie« ab, sie betrachteten ihre entfernten Besitzungen als integrierende Bestandteile der Republik, sie gaben ihnen ein gleiches Recht auf Glück, auf eine Regierung. Sie hätten besser daran getan, kleine vereinigte und von Frankreich abhängige Republiken dar-

aus zu machen. Was hat England im Handel mit Nord-Amerika seit der Unabhängigkeitserklärung verloren? Dieses gleiche Nord-Amerika ist vor seiner Revolution viel besser zu bewohnen gewesen [als andere Kolonien], die Familien waren dort weniger uneinig, die Kolonie war daher viel leichter zu revolutionieren, weil England ihr schon viele Rechte abgetreten hatte, weil man sich schon einer Art Provinzialregierung erfreute, die geeignet war, die Geister zu einigen und die Menschen liebenswürdig und großmütig zu machen, so wie wir sie in dieser großen, im Werden befindlichen Republik sehen.

Man fordert sogar eine Art Straflosigkeit für die Chapetones [in Europa geborene Spanier] in den Kolonien. Es ist nicht nur eine Meinung des niederen Volkes, dass die Chapetones nicht gehängt werden können, sondern ich weiß, dass ein Rechtsanwalt diese These bei einer Gerichtsverhandlung verteidigt hat, obwohl niemals ein solches Gesetz existiert hat, um einen Mörder zu retten, der vier bis fünf Menschen getötet hatte. Der allgemeinen, unter dem europäischen Gesindel verbreiteten Meinung liegt zugrunde, dass die europäischen Richter meistens die Mörder schützen, wenn sie ihre Landsleute sind.[5]

Auch in seinen Publikationen vertrat Humboldt später diese Meinung, allerdings formulierte er sie dort selten in solcher Schärfe wie hier. Die erste Arbeit, in der er seine politische Haltung nach der amerikanischen Expedition zum Ausdruck brachte, war sein *Politischer Essay über das Vizekönigreich Neu-Spanien*. Wie bei den meisten anderen Einzeltiteln seines umfangreichen 29-bändigen Reisewerkes auch, erschien dieses Werk in Lieferungen, d. h. in Fortsetzungen, die die Käufer selbst binden lassen mussten. Die ersten Lieferungen des *Essai politique sur le royaume de la Nouvelle-Espagne* kamen im März 1808 in Paris in französischer Sprache auf den Markt. Darin kritisierte Humboldt, dass die 3 ½ Millionen Indianer Neu-Spaniens keinerlei »Schutz einer weisen und menschlichen Gesetzgebung« genössen.[6] In der zweiten Lieferung, die am 26. September 1808 erschien, heißt es: »Mexiko ist das eigentliche Land der Ungleichheit; denn nirgends ist sie in der Verteilung der Glücksgüter, der Zivilisation, des Anbaus und der Bevölkerung größer als hier. [...] Betrachtet man die mexikanischen Indianer in Masse, so sieht man nichts als ein Gemälde großen Elends. Auf die unfruchtbarsten Ländereien verwiesen, indolent [gleichgültig] von Charakter und noch mehr infolge ihrer politischen Lage, leben die Eingeborenen eigentlich nur von einem Tag zum anderen.«[7]

Das Argument der Kolonialherren, die Indianer würden sich sofort gegen die früheren Unterdrücker auflehnen, wenn man ihnen mehr Rechte zugestehe, ließ Humboldt nicht gelten: Diese Auffassung höre man überall dort, »wo es darauf ankommt, die Bauern Menschen- und Bürgerrechte genießen zu lassen«, sei es in Amerika oder in Europa. Er hingegen plädierte dafür, die Ungleichheit gerade deshalb abzuschaffen, weil es ansonsten zu Aufständen käme: »Diese selben stumpfsinnigen und indolenten Indianer, die sich geduldig an den Kirchentüren peitschen lassen, zeigen sich jedes Mal, wenn sie in einem Volksaufruhr in Masse handeln, listig, tätig, heftig und grausam.«[8] In diesem Zusammenhang unterstreicht er auch nochmals die Feststellung aus seiner Abhandlung, die er in Guayaquíl verfasst hat, nämlich dass »die europäische Politik, von der ersten Entdeckung der Neuen Welt an, die Uneinigkeit der Kasten, der Familien und der konstituierenden Autoritäten als das Mittel angesehen hat, die Kolonien in Abhängigkeit vom Mutterland zu erhalten«[9]. Seine Lösung ist folgende:

Eine in den wahren Interessen der Menschheit hellsehende Regierung würde Einsichten und Kenntnisse mit Leichtigkeit verbreiten und den physischen Wohlstand der Kolonisten erhöhen, wenn sie nur nach und nach diese ungeheure Ungleichheit der Rechte und der Vermögenszustände verschwinden machte, allein sie würde ungeheure Schwierigkeiten [mit dem Mutterland] finden, wenn die Einwohner durch sie geselliger werden und wenn sie von ihr lernen sollten, sich samt und sonders für Mitbürger anzusehen. [10]

Ein solcher, von Humboldt postulierter Staat ist zweifellos eine Republik. Auch wenn er es im Jahr 1808, als dieser Text erschien, noch nicht direkt aussprach: Hinter diesen Passagen steckt Humboldts Forderung nach der Unabhängigkeit der spanischen Kolonien.

---

**Folgende Doppelseite:** *Geographie der Pflanzen in den Tropen-Ländern, ein Naturgemälde der Anden von* Alexander von Humboldt und Aimé Bonpland, kolorierter Kupferstich von Louis Bouquet nach einer Zeichnung von Lorenz Adolf Schönberger und Pierre Jean François Turpin auf der Grundlage einer Skizze von Humboldt, Paris 1805. Mit diesem Werk begründete Humboldt eine neue wissenschaftliche Disziplin: die Pflanzengeographie. In einem einzigen großen »Naturgemälde« stellte er alle seine Beobachtungen und Messungen in der Region des Äquators in Beziehung zur Höhe dar. Die Arbeit zeigt auch das ökologische Denken Humboldts, sein Bestreben, das Zusammenspiel aller Kräfte der Natur zu erfassen und in einer Gesamtschau botanische, zoologische und geologische Beobachtungen mit physikalischen Messungen zu vereinen.

| ME-TER Hori-zontale STRAHLENBRECHUNG | ENTFERNUNG in welcher Berge-gipfel aus dem Meere sichtbar sind (ohne Berücksichtigung der Strahlenbrechung) | HÖHEN-MESSUNGEN in verschiedenen Weltheilen | ELECTRISCHE ERSCHEINUNGEN nach Höhe der Luftschichten | CULTUR DES BODENS nach Verschiedenheit der Höhe | ABNAHME DER SCHWERE durch Schwingungen des Pendels im leeren Raume ausgedrückt | LUFTBLÄUE in Graden des Cyanometers | ABNAHME DER FEUCHTIGKEIT in Graden des Saussureschen Hygrometers ausgedrückt | DRUCK DER LUFT in Barometer-Höhen | TOI-SEN |
|---|---|---|---|---|---|---|---|---|---|
| | | Höhe der kleinsten Wolken (Schäfchen). | | | | | | | 4000 |
| | | | | | | | | Bar. 0,3008ᵗ (133,36 lin.) Zu 3600ᵗ Höhe Temper. –16°,0. | |
| | | | | | 3,988658 in 7000ᵗ | | | Bar. 0,3203ᵗ (142,16 lin.) Zu 3300ᵗ Höhe Temper. –13°,0. | 3500 |
| 6500 | 30′,7 2′7630 | Gipfel des Chimborazo 6544ᵗ (3383¹); die gemessene Basis durch Laplace's barometri- sche Formel auf die Mercurfli- che reducirt. | Feld leuchten der Meteore. | | | | | Bar. 0,3236ᵗ (161,48 lin.) Zu 3300ᵗ Höhe Temper. –10°,0. | |
| 6000 | 30′,7 2′7630 | Gipfelschneekuppe 6066ᵗ(7698³) | Einige elec- trische Kraft am Humbo Apparat. | | 3,990304 in 6100ᵗ | | Mangel an Be- obachtungen. Die mittlere Trocken- heit der wolken- leere Luftquante scheint unter 38° (welche bei einer Tempera- tur von 25°,5 gleich sind) auf 16°,7. | Bar. 0,3074ᵗ (162,96 lin.) Zu 3100ᵗ Höhe Temper. –8°,0. | 3000 |
| | | Höhe von Antisana 3537ᵗ(7998³) | | | | | | | |
| | | Gipfel des St.Elias-Berge | | | | | | | |
| 5500 | 2′6450 | Gipfel der Pyramiden | | | | | | | |
| | | Gipfel des Pic von Orizava 3200ᵗ(7720¹) | | | 3,991472 in 5000ᵗ | Fin 40° (mdⁿ Mittlere Intensität 44°. | | Bar. 0,2853ᵗ (153,36 lin.) Zu 2800ᵗ Höhe Temper. –5°,0. | 2500 |
| 5000 | 103′,2 2′6470 | Pikton Teneriffa 4567ᵗ(7288³) | Kein Pflanzenbau. Grasefluren, auf welche Alpen-Kräuter, ge- wachsen nur etw, Häuser- Zungel. | | | | | | |
| | | Gipfel des Bon-Pichincha 4057ᵗ(2430¹) | | | | Fin 38° (udⁿ Mittlere Intensität 25°. | Fin 40° (in 100ᵗ Mittlere Feuchtigkeit 35°. | Bar. 0,24855ᵗ (137,33 lin.) Zu 2300ᵗ Höhe Temper. 3°7. | |
| 4500 | 2′5930 | Mont-Blanc 2450ᵗ(2426¹) | | | | | | | |
| | | Fautrarhorn 2367ᵗ(2583³) | | | | | | | |
| | | Vereinerte Mandole au Bonmo 233ᵗ(in der Höhe von3200ᵗ) | | | | | | | |
| 4000 | 117′,0 2′5560 | Antisana, bewohnte Meie rei 2107ᵗ(2101³) | | | 3,995636 in 4000ᵗ | Fin 36°(udⁿ Mittlere Intensität 21°. | Fin 46° in 100 Mittlere Feuchtigkeit 53°. | Bar. 0,27417ᵗ (151,20 lin.) Zu 2000ᵗ Höhe Temper. 6°,0. | 2000 |
| | | Gross-Glockner (in Tyrol) 3858ᵗ(2000³) | | | | | | | |
| | | Stadt Micuipampa 2157ᵗ(233³) | Gerstesffe (cöln- waszerung) öllein Tropeolum esculen- tum. Kein Weiten an- baut seit 3500 M. Höhe. Gerste. | | | | | | |
| 3500 | 2′1100 | Mont-Perdu 2456ᵗ(7981¹) | | | | | | | |
| | | Ätna 3338ᵗ(pdⁿ) | | | | | | | |
| | | Witternam 1791ᵗ(7629³) | | Europäischer Kern Weiten. Gerste. Eu- fer Chenopodium Qui- noa. Mais. Kartoffeln. | 3,998294 in 3000ᵗ | Fin 23° (udⁿ Mittlere Intensität 21°. | Fin 34° in 100 Mittlere Feuchtigkeit 74°. | Bar. 0,3089ᵗ (168,26 lin.) Zu 3000ᵗ Höhe Temper. 9°,0. | 1500 |
| 3000 | 132′,5 2′9540 | Canigon 1784ᵗ(7449¹) | | | | | | | |
| | | St. Gothar (Gipfel des Faulhorn) 1768ᵗ(pdⁿ) | | | | | | | |
| 2500 | 2′7840 | Untere Grenze der Schnee, an- kern 43´der Breite, in der Höhe von 3500ᵗ | | Kammwoll. Banne. Zuckerrohr. Agelma Apfel. (König gibt die- niche Sklaven). | | Fin 24° (udⁿ Mittlere Intensität 18°. | Fin 32° in 100 Mittlere Feuchtigkeit 80°. | Bar. 0,3633ᵗ (153,60 lin.) Zu 1300ᵗ Höhe Temper. 18°,7. | |
| 2000 | 169′,4 2′5960 | Steinmetzfix au St.Maurice in Saraguro 998ᵗ(7200³) | | | 3,99868468 in 2000ᵗ | | | | 1000 |
| | | Grace auf dem Mont-Cenis 2006ᵗ(7000³) | | | | | | | |
| | | Mont d'Or 1380ᵗ(7968³) | Sehr häufig und sehr star- ke electrische Explosionen, niederkdrend besonders vom Stunden nach Sonne. Seben etwas Weiten. | Caff-Baumwolle. Zuckerrohr in geri- gerer Menge. Kein- reiser Pisang-Frucht vol. der Höhe von 900ᵗ M.Erythroxylon perw vianum. Seben etwas | | Fin 17° (udⁿ Mittlere Intensität 22°. | Fin 60° in 100 Mittlere Feuchtigkeit 80°. | Bar. 0,6905ᵗ (188,18 lin.) Zu 1300ᵗ Höhe Temper. 16°,0. | |
| 1500 | 1′5820 | Stadt Bogota 1366ᵗ(pdⁿ) | | | | | | | |
| | | Puy de Dome 2477ᵗ(7981³) | | | | | | | |
| 1000 | 167′,7 1′1280 | Vesuv 998ᵗ(Höhe)in Asberg, der 991ᵗ(7299)in Jahr 1805. | | | 3,99848454 in 1000ᵗ | Fin 13° (udⁿ Mittlere Intensität 16°. | Fin 63° in 100 Mittlere Feuchtigkeit 80°. | Bar. 0,6758ᵗ (302,18 lin.) Zu 600ᵗ Höhe Temper. 10°6 | 500 |
| | | Brocken 1082ᵗ(3231³) | | | in 1000ᵗ | | | | |
| | | Hecle 1013ᵗ(1201³) | | Zuckerrohr-Indigo. Cocos. Caff-Baum. wolle. Mais-Astoplein Pisang. Webereben. Aehris Manci(Euphor- niische Sklaven durch die cimbrischen Höler Europa eingeführt). | | | | | |
| 500 | 0′7980 | | der Sonne.Kla- | | | | | | |
| | | Einschnitte,weiter von den hohen Bergen Schwedens 708ᵗ(pdⁿ) | | | | | | | |
| 0 | 187′,6 0′0000 | | | | 4,000000 in 0ᵗ | Fin 25°mdⁿ Mittlere Intensität 10°. | Fin 65° in 100 Mittlere Feuchtigkeit 86°. | Bar. 0,7602ᵗ (337,80 lin.) auf der Meeres- fläche Temp.25° | |
| | | | | | | | Alle angegebene Barometer-Stan- de beziehen sich der mittleren Luft Temperatur ab | | |

Entworfen von A. von Humboldt, gezeichnet theils in Paris von Schönberger und Turpin, gest. von Bouquet, die Schrift von L.Aubert, gedruckt von Langlois.

Geographie der Pflanzen

ein Naturgemälde

gegründet auf Beobachtungen und Messungen, welche vom 10ᵗᵉⁿ Grade nördl.

von ALEXANDER VON

| ME-TER | LUFTWÄRME NACH IHRER ABWEICHUNG durch den höchsten und niedrigsten Stand des Thermometers ausgedrückt | CHEMISCHE NATUR des LUFTKREISES | HÖHE DER UNTERN GRENZE DES EWIGEN SCHNEES, nach Verschiedenheit der Geographischen Breite | THIERE, geordnet nach der HÖHE IHRES WOHNORTS | SIEDHITZE DES WASSERS nach Verschiedenheit der Höhen | GEOGNOSTISCHE ANSICHT der Tropen-Welt | SCHWÄCHUNG des LICHTSTRAHLEN beim Durchgang der Luftschichten | TOISEN |
|---|---|---|---|---|---|---|---|---|
|  |  |  |  |  |  |  |  | 4000 |
| 6500 |  |  |  |  |  |  | 0.9164 | 3000 |
| 6000 |  |  |  |  |  |  | 0.9247 | 3000 |
| 5500 |  |  |  |  |  |  | 0.8922 | 2500 |
| 5000 |  |  |  |  |  |  | 0.8787 |  |
| 4500 |  |  |  |  |  |  |  |  |
| 4000 |  |  |  |  |  |  | 0.8787 | 2000 |
| 3500 |  |  |  |  |  |  |  |  |
| 3000 |  |  |  |  |  |  | 0.8640 | 1500 |
| 2500 |  |  |  |  |  |  |  |  |
| 2000 |  |  |  |  |  |  | 0.8478 | 1000 |
| 1500 |  |  |  |  |  |  |  |  |
| 1000 |  |  |  |  |  |  | 0.8309 | 500 |
| 500 |  |  |  |  |  |  |  |  |
| 0 |  |  |  |  |  |  | 0.8223 | 0 |

*...n in den Tropen-Ländern;*

*...de der Anden,*

*...s zum 10ten Grade südlicher Breite angestellt worden sind, in den Jahren 1799 bis 1803.*

*...OLDT und A. G. BONPLAND.*

FEDERICO ALE
XANDRO BARON
...HUMBOLDT CONSEJE-
...DE MINAS DE S.M. EL
RE.DE PRUSIA MIEMBRO
DE VARIAS ACADEMIAS
DE CIENCIAS.
...DE 1805

# Neu-Spanien: Azteken, Bergwerke und Vulkane

Am 22. März 1803 ging die *Orue* im Hafen von Acapulco vor Anker. Über seine Reise durch das damalige Vizekönigreich Neu-Spanien, das heutige Mexiko, berichtet Humboldt:

Nach ruhiger Fahrt über den Pazifischen Ozean gelangten wir nach Acapulco, einen Hafen im Westen des Königreiches von Neu-Spanien, der für sein durch Erdbeben gebildetes Hafenbecken, das Elend seiner Bewohner sowie für sein ebenso heißes wie ungesundes Klima Berühmtheit erlangt hat. Ich hatte zunächst vor, mich nur einige Monate lang in Mexiko aufzuhalten und von dort aus zügig nach Europa weiterzureisen. Zu lange zog sich unsere Reise schon

hin. Die Instrumente, allen voran die Chronometer, begannen den Dienst zu versagen und alle Anstrengungen, sich neue zusenden zu lassen, erwiesen sich als erfolglos. Darüber hinaus machten die Wissenschaften in Europa solch rasche Fortschritte, dass man bei einer mehr als vier- bis fünfjährigen Reise Gefahr lief, die beobachteten Phänomene unter einem Blickwinkel zu betrachten, der im Augenblick der Publikation der Forschungsergebnisse schon nicht mehr interessant ist. Ich hoffte, im August und September 1803 in Frankreich zu sein, doch die Anziehungskraft eines ebenso schönen wie abwechslungsreichen Landes, wie es das Königreich von Neu-Spanien ist, die ausgeprägte Gastfreundschaft seiner Bewohner und die Furcht vor dem Gelbfieber, das von Juni bis November für die aus den Bergregionen Stammenden so dramatisch verläuft, ließen mich ein Jahr in Neu-Spanien verweilen.

Von Acapulco aus begaben wir uns in das in nördlicher Richtung gelegene

*Federico Alejandro Barón de Humboldt, Consejero de minas de S.M. el rey de Prusia, miembro de varias Academias de Ciencias.* Ölgemälde von Rafael Ximeno y Planes, 1803. Während seines Aufenthaltes in Mexiko-Stadt entstand dieses Porträt Humboldts, das ihn in der Uniform des preußischen Oberbergrats und mit seinem Sextanten zeigt. Zum ersten Mal erscheint hier in einem Humboldt-Porträt der Chimborazo.

*Maultierkarawane auf dem Weg von Orizaba nach Acultzingo im Abendlicht.* Ölskizze von Johann Moritz Rugendas, 1831. Der Augsburger Maler Johann Moritz Rugendas, den Humboldt schätzte und förderte, reiste in den Jahren 1831 bis 1834 auf dessen Spuren durch Mexiko.

Taxco, das wegen seiner ebenso alten wie interessanten Minen Berühmtheit erlangt hat. Von den sengend heißen Flusstälern des Río Mezcala und des Río Papagayo, wo das Réaumur-Thermometer im Schatten konstant 28 bis 31 Grad [35 bis 38,75° Celsius] anzeigte, gelangten wir allmählich in die 600 bis 700 Toisen [1169 bis 1364 Meter] über dem Meeresspiegel gelegene Region, in der Eichen, Tannen und baumgroße Farnkräuter zusammen mit Feldern europäischer Getreidesorten anzutreffen sind.[1]

Die Forscher benötigten 21 Maultiere, um das Gepäck mit den botanischen, zoologischen und geologischen Sammlungen und den wissenschaftlichen Instrumenten zu transportieren. Nur langsam kam die Karawane auf der vielbereisten Strecke voran. »Der ganze Weg von Acapulco bis Mexiko-Stadt ist mit Mauleseln übersät. Man hat Mühe, an ihnen vorbeizukommen«,[2] schrieb Humboldt in sein Tagebuch und fragte sich: »Warum hat man hier keine Kamele eingeführt?«[3] Am 7. April 1803 erreichten sie Taxco. Der einstige Reichtum der Bergwerksstadt war allerdings im Verfall begriffen. Angesichts des Elends ringsumher konnte sich Humboldt nicht an der Schönheit der dortigen Kirche Santa Prisca erfreuen, die der einstige Besitzer der Minen, José de la Borda, hatte bauen lassen:

Das höchste Wesen hat dieses Mauerwerk nicht nötig, das im Missverhältnis zur Kleinheit der Hütten ringsum steht, und man würde ihm besser dienen, wenn man das Beispiel seiner Wohltätigkeit nachahmen würde. Aber die Eitelkeit der Menschen liebt sichtbarere und dauerhaftere Denkmäler.[4]

190

Am 12. April 1803 erreichten sie schließlich Mexiko-Stadt:

Von Taxco reisten wir über Cuernavaca in die mexikanische Hauptstadt. Die Stadt mit ihren 150 000 Einwohnern wurde auf dem Gelände des alten Tenochtitlán errichtet; sie befindet sich zwischen den Seen von Texcoco und Xochimilco (seitdem die Spanier den Kanal von Huehuetoca errichtet haben, ist der Wasserspiegel beider Seen leicht gesunken) und in Sichtweite zweier schneebedeckter Berge, von denen einer (der Popocatépetl) ein noch immer aktiver Vulkan ist, um den herum zahlreiche bepflanzte Alleen und Indiodörfer zu finden sind. Die Hauptstadt Mexikos befindet sich 1160 Toisen [2260 Meter] über dem Meeresspiegel in mildem gemäßigtem Klima und lässt sich sicher mit den schönsten Städten Europas vergleichen. Bedeutende wissenschaftliche Einrichtungen, unter ihnen die Akademie für Malerei, Skulptur und Gravur, die Bergschule (deren Existenz der Großzügigkeit der Mexikanischen Bergbauvereinigung zu verdanken ist) und der Botanische Garten sind Institutionen, die der Regierung, die sie ins Leben gerufen hat, alle Ehre machen.[5]

Mexiko-Stadt wurde zum Mittelpunkt von Humboldts Forschungsarbeit in Neu-Spanien, von hier aus unternahm er seine Expeditionen. »Es gibt vielleicht keine Stadt in ganz Europa, die insgesamt gesehen schöner wäre als Mexiko. Sie hat die Eleganz, die Regelmäßigkeit, die Einheitlichkeit der schönen Gebäude Turins, Mailands, der vornehmen Viertel von Paris, von Berlin.«[6] Ihre Schönheit täuschte allerdings nicht über die große Armut der indigenen Bevölkerung hinweg: »Keine Stadt in ganz Europa, wo man mehr Elend auf den Straßen sieht. 30 bis 40 000 Menschen (Indios) entweder ganz nackt in eine Wolldecke gehüllt oder in Lumpen. Ein ebenso trauriger wie abstoßender Anblick. Eine Unmenge Läuse! Ungleiche Verteilung der Reichtums.«[7]

Vizekönig José de Iturrigaray nahm Humboldt gastfreundlich auf und unterstützte ihn bereitwillig in seinen wissenschaftlichen Studien. Enttäuscht war Humboldt allerdings über die geringe Wertschätzung und unsachgemäße Aufbewahrung der aztekischen Bilderschriften, die der italienische Archäologe und Historiker Lorenzo Boturini Bernaducci 60 Jahre zuvor gesammelt hatte. Sie lagen gebündelt in einem feuchten Raum des Palastes des Vizekönigs: »Ein großer Teil ist bereits zerfetzt, weil man sie je-

*Fragmente von Hieroglyphen-Malereien aus dem Codex Telleriano-Remensis.* Kolorierter Kupferstich von Louis Bouquet nach einer Zeichnung von Gottlieb Schick. Tafel 56 in: Alexander von Humboldt: Vues des Cordillères, Paris: Schoell, 1810. »Es ist schrecklich«, notierte Humboldt, »dass man bei der Durchsicht der mexikanischen chronologischen Bilderschriften sicher ist, Spanier anzutreffen, sobald man erhängte Indios sieht.«

191

des Mal, wenn man die Bündel öffnet, zerreißt. Warum schickt man die kostbaren Reste des indianischen Altertums nicht nach Madrid? Die großen historischen Bilderschriften könnten wie Bilder aufgehängt werden.«[8] Studenten, die die Werke benutzen durften, hatten ganze Teile davon abgetrennt und nicht zurückgegeben. Viele der Bilderschriften waren, wie Humboldt erkannte, erst nach der Unterwerfung der Azteken durch die Spanier entstanden: »Man muss bewundern, mit welcher Intelligenz die Mexikaner im Augenblick der Conquista neue Hieroglyphen erfanden für Dinge, die sie nicht gesehen hatten. So zeigt ein Kopf, von dem ein Faden ausgeht, der zwei Schlüssel hält, eine Person, die sich Petrus nennt.«[9] Und er notierte: »Man sieht Bischöfe, die firmen, Kreuze und viele erhängte Indios; denn es ist schrecklich, dass man bei der Durchsicht der mexikanischen chronologischen Bilderschriften sicher ist, Spanier anzutreffen, sobald man erhängte Indios sieht.«[10]

Humboldt erwarb einige aztekische Bilderschriften aus dem Nachlass des mexikanischen Gelehrten Antonio León y Gama und nahm sie mit nach Europa. Zusammen mit weiteren Bilderschriften, die er später unter anderem in den vatikanischen Archiven in Rom erforschte, bildete er sie in seinen *Ansichten der Kordilleren* ab.

Außerdem konnte Humboldt drei der bedeutendsten Zeugnisse der aztekischen Kultur besichtigen: den großen Sonnenstein, den Stein von Tizoc und die Statue der Coatlicue, die 1790 bei Sanierungsarbeiten im Erdreich des Großen Platzes von Mexiko entdeckt worden waren. Heute sind es die Glanzstücke des Anthropologischen Nationalmuseums von Mexiko-Stadt. Doch die Basaltstatue der Göttin Coatlicue war zur Zeit von Humboldts Aufenthalt bereits wieder mit Erde bedeckt. Der Rektor der Universität hatte sie in der Galerie der Universität eingraben lassen. Humboldt jedoch bestand darauf, sie wieder freizulegen:

*Mexiko-Stadt.* Kolorierter Kupferstich in: F. J. Bertuchs Bilderbuch für Kinder, Weimar, um 1810. »Es gibt vielleicht keine Stadt in ganz Europa, die insgesamt gesehen schöner wäre als Mexiko«, schrieb Humboldt.

Die Kolossalstatue hat ein sehr seltsames Schicksal gehabt. Sie wurde der Universität übergeben, welche sie auf dem Hof aufstellte. Die jungen Leute begannen, Stückchen davon abzubrechen, und der Rektor wählte den Ausweg, sie in einem der Korridore eingraben zu lassen, so dass ich keine Aussicht gehabt hätte, sie zu sehen, wenn nicht Herr Marín, der Bischof von Monterrey, der mich seit meiner Ankunft in Mexiko-Stadt mit Wohltaten überhäufte und den ich oft im Kloster San Agustín besucht hatte, auf meine Bitte von der Universität gefordert hätte, den Koloss auszugraben. Wir sahen ihn auf der Erde ausgestreckt, und man ist in der Tat betroffen über die riesige Masse [...].

Ich begleitete den Bischof in sein Kloster, ich kehrte zur Universität zurück, um den Koloss noch einmal zu sehen, aber er hatte nur während 20 Minuten das Tageslicht erblickt. Ich fand ihn schon erneut eingegraben. Der boshafte Teil des Publikums sagt der Universität nach, sie fürchte, die jungen Leute würden sich der Götzenverehrung ergeben, wenn man das Monstrum ihren Blicken aussetze. In Popayán zerschlug man ein Götterbild auf dem Marktplatz, weil es als Donnergott brüllte! Warum hat man diese Teoyaomiqui nicht irgendwie auf zwei Säulen gesetzt, so wie die Alten sie aufgestellt hatten?[11]

In Mexiko-Stadt schloss Humboldt auch Freundschaft mit dem Bildhauer und Architekten Manuel Tolsá. Dieser lud ihn ein, mit dabei zu sein, als das große von ihm geschaffene Reiterstandbild König Karls IV. im November 1803 auf dem Großen Platz aufgestellt wurde. Das Ereignis hätte um ein Haar tragisch geendet:

Es riss ein Hauptseil, die ganze Masse und das Gerüst krachte. Ich stand mit Tolsá unter dem Pferde. Wir glaubten, zerschmettert zu werden. Tolsá blieb ruhig und großherzig. Freudentränen entstürzten allen Umstehenden, als des Pferdes Füße auf dem Postament ruhten. Man glaubte, dem Schiffbruch entgangen zu sein, denn jeder nahe Stehende lief Gefahr. Das Leben und die Schönheit des Pferdes ist unbeschreiblich schön – echt andalusische Rasse und so munter fortschreitend, so ungezwungen und edel. Der König gebietend, herrschend, und dabei milde und gütig wie Marc Aurel. Die Dra-

*Aztekisches Idol aus Basalt, gefunden im Tal von Mexiko*, gezeichnet und gestochen von Arnold in Berlin, Tafel 40 in: Alexander von Humboldt: Vues des Cordillères, Paris: Schoell, 1810. Humboldt schenkte diese Statuette dem preußischen König Friedrich Wilhelm III. Später wurde sie als mexikanische Maisgöttin Cinteotl identifiziert.

*Indianische Bergarbeiter in Guanajuato.* Holzstich aus dem Buch von Hermann Klencke: Alexander von Humboldt's Leben und Wirken, Reisen und Wissen, Leipzig: Otto Spamer, 1870.

perie unbeschreiblich schön. Am Halse des Pferdes, am Vordergestell, ein Medusenkopf von großer Wirkung. Da die Häuser umher nicht sehr hoch sind, so sieht man die Statue gegen den blauen Himmel, eine unbeschreiblich schöne Wirkung. Leider am schönen Postament eine sehr kalte spanische Inschrift, und viermal dieselbe. Warum nicht lateinisch, spanisch, otomitisch und mexikanisch? Wird die Statue von langer Dauer sein?[12]

Humboldt beschäftigte sich auch mit der bereits von den Conquistadoren begonnenen und seither ständig weiter betriebenen Trockenlegung der Hauptstadt durch die Spanier: »Das alte Mexiko war wie Venedig voller Kanäle. Man wollte alles trockenlegen, eine Stadt mit festem Boden daraus machen; aber um an sein

Ziel zu kommen, wenn man überhaupt jemals dahin gelangen wird, muss man das Tal unfruchtbar machen, die Seen ablaufen lassen.«[13] Und er notierte: »Die Spanier haben das Wasser als Feind behandelt. Sie wollen anscheinend, dass dieses Neu-Spanien genauso trocken wie die Innenbezirke ihres alten Spaniens ist. Sie wollen, dass die Natur ihrer Moral ähnlich wird, und das gelingt ihnen nicht schlecht.«[14]

Während seiner Exkursionen in das Hochtal von Mexiko untersuchte er, wie auch bereits in Venezuela, intensiv den Zusammenhang zwischen dem Wasserhaushalt einer Landschaft und dem lokalen Klima. Mitten in dieser Studie findet sich in seinem Tagebuch der Satz: »Alles ist Wechselwirkung.«[15]

Obwohl er in seinen Tagebuchaufzeichnungen die Fehler und Mängel des spanischen Kolonialsystems scharf kritisierte, lobte Humboldt doch auch viele Errungenschaften Neu-Spaniens. So bewunderte er die wissenschaftlichen Einrichtungen in der Hauptstadt von Mexiko und hob die Verdienste von mexikanischen Gelehrten wie Joaquín Velázques, Antonio de León y Gama und José Antonio de Alzate hervor. Seine Anerkennung fanden auch die Arbeiten der Mineralogen Fausto de Elhuyar, der 1792 die Bergschule, das Colegio de Minería, gegründet hatte, und seines Freiberger Freundes Andrés Manuel del Río. Beide hatten, wie Humboldt, an der Bergakademie in Freiberg in Sachsen studiert, die das große Vorbild für die mexikanische Bergschule war. Als Gast nahm Humboldt dort im November 1803 an den Prüfungen teil. Er besichtigte die Bergwerke von Pachuca und Regla sowie die Minen von Guanajuato und den Vulkan Jorullo. Wie gefährlich das »Einfahren« in die Bergwerke war, zeigt Humboldts Beschreibung der Mine Cabrera bei Pachuca:

*Basaltfelsen und Wasserfall von Regla*, Mexiko. Kolorierter Kupferstich von Louis Bouquet nach einer Zeichnung von Wilhelm Friedrich Gmelin. Tafel 22 in: Alexander von Humboldt: Vues des Cordillères, Paris: Schoell, 1810. Nachdem Humboldt die Schlucht von Regla in seinen »Ansichten der Kordilleren« abgebildet hatte, wurde sie zum Ziel vieler reisender Künstler.

Wir fuhren in den Schacht von 60 Ellen Tiefe [50 Meter] ein. Die Art und Weise, wie man hinabsteigt, hat etwas Erschreckendes. Anstelle der Leitern findet man runde Baumstämme mit Einkerbungen. Man weiß nicht, wo man die Hände und die Knie lassen soll. Wenn die Füße ausgleiten, ist man verloren, während man sich an unseren Leitern mit den Händen festhalten kann.[16]

Die Zeit in Guanajuato, wo er sich vom 7. August bis zum 6. September 1803 fast täglich in den Minen aufhielt, bezeichnete er als »einen der anstrengenden Zeitabschnitte« seines Lebens, und er notierte in sein Tagebuch: »Ich habe in Fraustros einen sehr gefährlichen Sturz getan, indem ich auf den Rücken gefallen bin, wovon ich 14 Tage lang danach wegen einer Verstauchung des Steißbeins stärkste Schmerzen verspürt habe.«[17] Über die Arbeit der Tenateros, der Erzträger, schrieb er:

Ein Tenatero trägt gewöhnlich 9 arrobas [circa 100 kg]. Diese 9 arrobas, welche die Regel sind, werden mit 1 real bezahlt, nämlich eine Reise [Wegstrecke] von der Förderstelle in der Mine bis zum Abgabeplatz. Ein Tenatero macht in einer Schicht 9 bis 10 Reisen. Aus Geiz tragen die Tenateros bis 14 arrobas [circa 160 kg] und ersteigen damit über 1800 Stufen. Alles Indios oder Mestizos [Menschen mit weißen und indianische Vorfahren]. Und man beschuldigt die indische Rasse der Schwäche! Ich weiß nicht, ob diese Tenateros oder die Bogas im Río de la Magdalena mehr arbeiten, beide in einer Atmosphäre von 93° Fahrenheit [33,8° Celsius] und hier noch dazu sauerstoffärmer! Wie die menschliche Maschine sich zu allem gewöhnt! Ein wundersamer Anblick, in

den Treppenschächten von Valenciana Herden von 40 bis 60 solcher Tenateros zu begegnen, groß und klein, alle beladen, Knaben von 10 Jahren mit 3 bis 4 arrobas [35 bis 45 kg], sich voreilend, um mehr Reisen zu tun, kriechend, seufzend, klagend, lustig schimpfend, alles abwechselnd, außer den Hosen ganz nackt, fürchterlich schwitzend, meist auf einen kleinen Stock, kaum 10 Zoll [27 cm] lang, gelehnt und auf den Treppen so vorgestreckt, dass sie auf allen vieren zu gehen scheinen. Unglückliche Abkömmlinge eines Geschlechts, das man seines Eigentums beraubte. Wo hat man Beispiele, dass eine ganze, ganze Nation alles Eigentum verlor?[18]

Wie bereits zehn Jahre zuvor, setzte sich Humboldt auch hier für technische und soziale Verbesserungen ein, nicht nur, um die Rentabilität der Bergwerke zu erhöhen, sondern auch, weil dadurch die Kräfte der Tenateros »auf eine für die Gesellschaft weit vorteilhaftere und für die Gesundheit der Individuen nicht so schädliche Weise angewendet werden könnten«[19].

Ein weiteres Exkursionsziel galt einem »der schauerlichsten Phänomene, das die Geschichte zu bieten hat«[20]: Es war der aktive Vulkan Jorullo in Michoacán, der noch keine 50 Jahre zuvor, am 29. September 1759 in einer gewaltigen Eruption in einer einzigen Nacht urplötzlich aus der Ebene einer Zuckerhacienda aufgestiegen war. Humboldt ließ sich das Schauspiel von den dortigen Einwohnern beschreiben und hielt es in seinem Tagebuch fest:

Ungeheure glühende Felsbrocken wurden 2 bis 300 Toisen [400 bis 600 Meter] hoch in die Luft geschleudert, die Asche rief eine tiefschwarze Nacht hervor, die von dem vulkanischen Feuer erleuchtet wurde; das unterirdische

*Landschaft am Jorullo.* Holzstich aus dem Buch von Hermann Klencke: Alexander von Humboldt's Leben und Wirken, Reisen und Wissen, Leipzig: Otto Spamer, 1870.

Getöse, der Donner glichen dem Lärm von 5000 gleichzeitig abgefeuerten Artilleriegeschossen, Himmel und Erde schienen sich zu vermischen. Man sah die Erde von weitem anschwellen, sich erheben wie Meereswellen, wobei sie Feuer und Lava durch eine Unzahl jener kleinen Kegel ausspie. Beim Cañaveral, ein wenig östlich von dem Haus der Hacienda, entstieg der Erde ein ungeheures, steiles Gebirge, das, wie die Alten sich ausdrücken, die von fern Zeugen dieser Schrecken waren, ihnen wie ein »in Flammen stehendes Schloss« vorkam.[21]

Mehr als 560 Meter stieg der Vulkan über der Ebene auf und erreichte damit eine Höhe von 1320 Meter über dem Meeresspiegel. Am 9. September 1803 begannen die Forscher den beschwerlichen Aufstieg über die steilen Lavafel-

der. Ihr Ziel war es, in den aktiven Krater hinabzusteigen.

Dieser Aufstieg ist gefährlicher und schwieriger als der auf den Kegel des Pic de Teide. Bei einem Absturz fiele man entweder 70 Toisen [140 Meter] tief auf die blumenkohlförmige Lava, wo man sich die Rippen brechen würde, oder man fiele bis auf die Ebene des Lavatrümmerfeldes in 174 Toisen [340 Meter] Tiefe, senkrecht gerechnet. Der Hang, den wir bestiegen, kann 60° Neigung haben, aber tiefer gibt es Stellen mit 70 bis 80°. Man kommt nicht höher hinauf, ohne mit Schwung den Körper nach vorn fallen zu lassen und Stufen in der Asche zu bilden. Alle Augenblicke fällt man auf die Nase, man rutscht zwei Toisen zurück, während man kaum um ein Zehntel vorwärtskommt. Oft verliert

*Bergsteiger auf dem Gipfel des Jorullo*. Ölskizze von Johann Moritz Rugendas, 1834. Mit seinen Reisegefährten stieg Humboldt in den Krater hinab, um Luftanalysen durchzuführen. In sein Tagebuch notierte er: »Wir hatten alle ein verbranntes Gesicht.«

man, wenn man nach unten gleitet, das, was man in einer Viertelstunde gewonnen hatte. Bei solchem Absturz hält man sich für verloren und unwillkürlich hängt man sich, während man auf dem Bauch abgleitet, an irgendwelche dicken Felsbrocken, die man auf der Asche findet und die die Gefahr vermehren, weil sie beweglich sind und andere nach sich ziehen. Man ist außer Atem, hat das Gesicht voller Staub, die Hände zerschunden und das alles bei einer Lufttemperatur von 22° Reaumur [27,5° Celsius].

Wir waren fünf Personen, die im Zickzack aufstiegen. Wenn durch unglücklichen Zufall sich einer unterhalb des anderen befand, lief man Gefahr, unter den Massen von Steinen und Erde begraben zu werden, die der eine auf den Körper des anderen herunterstürzen lässt. Endlich, nach tausend Besorgnissen um die Erhaltung des Barometers, und während die zuerst Vorankommenden über die traurige Figur der auf dem Bauch Hinterherkriechenden lachten, endlich erreichten wir den Gipfel.[22]

Mit dem Barometer maß Humboldt als dessen Höhe 618 Toisen [1204 Meter], dann stieg er in den rauchenden Krater hinab. Begleitet wurde er von Bonpland, Ramón Espelde, dem Besitzer einer benachbarten Indigofarm, und von zwei Indios, die sein Barometer und einen wassergefüllten Flacon zum Einfangen der Luft trugen. Dieses sollte Humboldt zur Luftanalyse im Kraterkessel dienen.

> Man musste sich bei jedem Schritt vorsehen, den man tat. Aber die majestätische Größe der Gegenstände, die uns umgaben, die befriedigende Idee, sich im Zentrum dieses Schmiedefeuers der Zyklopen zu befinden, ließ uns jeden Gedanken an Gefahr vergessen. Einer ermutigte den anderen, und nur Herr Espelde, der nichts Schönes an dem, was uns trunken machte, entdecken konnte, mahnte uns an die Gefahr, und fragte unaufhörlich, wann wir mit dem Abstieg aufhören würden. Je weiter wir uns dem Grund des Kraters näherten, umso häufiger wurden die Spalten.[23]

Am tiefstmöglichen Punkt, an den sie innerhalb des Kraters gelangen konnten, maß Humboldt eine Lufttemperatur von 52° Celsius, und er notierte: »Mangel an Sauerstoff, ein Übermaß an Kohlensäure.« In seinem Tagebuch hielt er fest: »Wir hatten alle ein verbranntes Gesicht.«[24] Rasch stiegen sie aus dem brodelnden Kessel auf und begannen den Abstieg vom Vulkan:

> Wir kehrten auf unseren Spuren zurück und stiegen am Krater hinab, wobei wir auf dem Hinterteil hinabrutschten und uns die Hosen zerrissen. Espelde ergriff ein ganz geniales Mittel. Er machte sich eine Art Besen aus einigen Baumzweigen, setzte sich darauf und ließ sich so hinuntergleiten. Wir stiegen noch den mit den Blumenkohl-Laven übersäten Hügel hinunter. Auf dem Lavatrümmerfeld

am Fuß des Vulkans frühstückten wir im Schatten einer Mimose, sehr froh, dass die Expedition so glücklich verlaufen war. Herr Espelde schwor, nie wieder in den Krater zu steigen.[25]

Am 20. Januar 1804 nahmen Humboldt und seine Begleiter Abschied von Mexiko-Stadt. Zu einem Freundschaftspreis verkaufte er einen Großteil seiner wissenschaftlichen Instrumente an die Kollegen der Bergschule. Es drängte ihn nun, nach Europa zurückzukehren. So rasch als möglich wollte er die Ergebnisse seiner Reise publizieren. Zwar hatte er bereits während der amerikanischen Reise Publikationen eingereicht, zum Teil in Form von Briefen, die in Europa veröffentlicht werden sollten, zum Teil auch als Aufsätze für hispanoamerikanische Zeitschriften oder Bücher. Das Problem war allerdings, dass bis zur Drucklegung in Amerika oft Jahre vergingen. Einer seiner wichtigsten Beiträge war seine *Introducción a la Pasigrafía geológica*, die Andrés Manuel de Río im zweiten Band seiner *Elementos de Orictognosía* im Jahr 1805 in Mexiko-Stadt veröffentlichte.[26] Seine *Tablas geográfico políticas del Reino de Nueva España*, die er dem Vizekönig von Neu-Spanien ausgehändigt hatte, wurden zwar nicht publiziert, zirkulierten in Mexiko aber rasch als handkopierte Exemplare. Wenige Jahre später bildeten sie die Grundlage für seinen *Politischen Essay über das Vizekönigreich Neu-Spanien*. Am 18. Februar 1804 erreichten die Reisenden Veracruz, dessen Hafen Humboldt aufgrund seiner geologischen Form als »eine durchlöcherte Tasche«[27] bezeichnete. Die stürmischen Nordwinde hielten sie bis zum 7. März von der Überfahrt nach Kuba zurück. Dann schifften sie sich auf der Fregatte »O« nach Havanna ein.

# Stürmische Überfahrt und ein Kurzbesuch in Washington

Der zweite Besuch, den Humboldt der Insel Kuba abstattete, dauerte nur sechs Wochen. Vom 19. März bis zum 29. April 1804 unternahmen die Forscher von Havanna aus Exkursionen in die Umgebung. Noch einmal besichtigte Humboldt Zuckerplantagen und riet den Verantwortlichen, um die Produktion zu verbessern dazu, die Zuckerrohrpflanze nach europäischem Muster einer chemischen Analyse zu unterziehen. Im Auftrag des Generalkapitäns der Insel erstellte er ein mineralogisches Gutachten der Gegend um Guanabacoa. Doch dann ging es weiter in Richtung Vereinigte Staaten. Mit der Fregatte *Concepción* nahmen er und seine Begleiter dann Kurs auf Philadelphia. Nach 8 Tagen geriet das Schiff in einen schweren Sturm:

Am 6. ging die Sonne auf eine sehr schreckliche und sehr unheilverkündende Weise unter. Ich werde diesen Anblick nie vergessen, wegen der fol-

*Der Hafen von Havanna,* Ausschnitt.
Farblithographie von Eduardo Laplante nach einem Aquarell von Leonardo Baraño, um 1850.

genden Leiden, die sie uns anzeigte. Die Sonnenscheibe unbestimmt, vergrößert, fahl, gelb, aschfarben, hinter zwei kleinen Wolken, die im Reflex flaschengrün zu sein schienen. [...] In der Nacht vom 6. zum 7. Mai begann der Wind zu heulen. Er heulte sechs Tage lang ununterbrochen. [...] Die Wellen – wie soll man sie beschreiben? Sie schienen in jedem Augenblick unser leicht gebautes Schiff zu verschlingen. [...] Es war sechs Tage lang unmöglich zu schlafen, selbst einen Gedanken zu fassen. Jedermann war erschöpft vor Ungeduld, gequält, entkräftet, denn die warmen Speisen werden unter solchen Umständen selten. Man war völlig durchnässt; die Brecher kamen über die Treppe, und man schwamm zeitweise in der Großen Kajüte. Die Fenster am Heck waren hermetisch geschlossen, Tag und Nacht musste Licht gebrannt werden, was die Trostlosigkeit der Szene erhöhte. [...] Die Küche war eine kleine Kabine vor dem Großmast. Wasserschwälle drangen ein, und man sah an Backbord die

Töpfe herausschwimmen, das halbfertige Mittagessen, die Kohle und den Koch, der beide Arme nach vorn streckte und sich in dem Salzwasser wälzte, das beständig unter dem Wind eindrang! [...] Die Matrosen forderten unaufhörlich Branntwein, indem sie behaupteten, man müsse, um zu ertrinken, betrunken sein. Unter den zivilisierten Leuten wurden die einen boshaft, streitsüchtig, die andern sanfter, höflicher. Ich bin niemals stärker mit meinem unmittelbar bevorstehenden Tod beschäftigt gewesen als am frühen Morgen des 9. Mai. Ich setzte mich vor 6 Uhr auf das Oberdeck, denn der Anprall der Wogen gegen die Seitenwände des Schiffes war in der Großen Kajüte ohrenbetäubend. [...] Jede Welle erschien wie ein Felsen. [...] Ich fühlte mich sehr erregt. Mich untergehen zu sehen am Vorabend so vieler Freuden, mit mir alle Früchte meiner Arbeiten zugrunde gehen zu sehen, die Ursache für den Tod zweier Menschen zu sein, die mich begleiteten, unterzugehen auf einer Reise nach Philadelphia, die überhaupt nicht notwendig erschien (obgleich sie unternommen wurde, um unsere Manuskripte und Sammlungen vor der perfiden spanischen Politik zu retten) ... Auf der anderen Seite tröstete ich mich damit, ein glücklicheres Leben geführt zu haben als die meisten Sterblichen; es schien ein unbilliges Verlangen zu sein, nach dem Überstehen so vieler Gefahren bei einer Expedition von fünf Jahren nicht schließlich den Eumeniden [Rachegöttinnen] seinen Tribut entrichten zu sollen. [...] Das Meer türmte Wellenberge auf, die die ganze Fregatte vom Bug bis zum Heck ins Wasser tauchten. [...] Jedermann behauptete, niemals einen heftigeren und länger anhaltenden Sturm erlebt

zu haben. Zu alledem verließen uns auch die Haifische nicht. Man sah ihre Pinnen über der Wasseroberfläche, und die Matrosen, die mitten in der Gefahr über alles spotten, sagten, dass sie auf uns warteten.[1]

Schließlich legte sich der Sturm, und die *Concepción* erreichte am 20. Mai 1804 die Mündung des Delaware River vor Philadelphia. Dort unterzeichnete Humboldt eine Zollerklärung, aus der ersichtlich ist, dass er außer Kisten mit Kleidungsstücken und Bettzeug 27 Behälter mit getrockneten Pflanzen bei sich hatte. Am 1. Juni traf er mit seinen Begleitern in Washington ein. Hier besuchte er Thomas Jefferson, den Verfasser der amerikanischen Unabhängigkeitserklärung und dritten Präsidenten der USA. Eines der großen Verdienste Jeffersons war der Kauf von Louisiana, durch den das bisherige Staatsgebiet der USA verdoppelt worden war. Auch mit Außenminister James Madison, der später vierter Präsident der USA werden sollte, und mit Finanzminister Albert Gallatin traf Humboldt zusammen. Für die Vertreter der amerikanischen Regierung waren die Gespräche mit Humboldt von großem Interesse, da er ihnen nicht nur Informationen über das gesamte Territorium, das er im Süden des Kontinents bereist hatte, geben konnte, sondern ganz konkret auch Auskunft über den Teil des neu erworbenen Gebiets südwestlich der Rocky Mountains, der ursprünglich zu Neu-Spanien gehört hatte. Zwar hatte Humboldt diesen nicht bereist, aber in Mexiko hatte er darüber Informationen zusammengetragen. Außerdem stellte er ihnen seine verschiedenen Ideen zu einem Kanalbau, der Atlantik und Pazifik verbinden sollte, vor. Doch für den Bau des Panama-Kanals – einer der Vorschläge Humboldts – fehlten zu dieser

*Washington gesehen vom Weißen Haus.* Kolorierter Stahlstich von Henry Wallis nach einer Zeichnung von William Henry Bartlett, 1839.

Zeit noch die technischen Mittel. Mehr als ein Jahrhundert sollte noch vergehen, bis er fertiggestellt werden konnte.

Humboldt war begeistert von der jungen amerikanischen Republik, deren Bürger er als ein Volk bezeichnete, »das das kostbare Geschenk der Freiheit zu schätzen weiß«.[2] Doch dieser anfängliche Enthusiasmus legte sich bald. Es enttäuschte ihn zutiefst, dass die Abschaffung der Sklaverei in den USA zwar immer wieder gefordert, aber nur partiell realisiert und nicht in der Verfassung verankert wurde. Während des Mexikanisch-Amerikanischen Krieges, in dessen Folge Mexiko einen großen Teil seines Staatsgebietes an die USA abtreten

musste, äußerte Humboldt im Jahr 1847: »Die Eroberungen der republikanischen Amerikaner missfallen mir höchlichst. Ich wünsche ihnen alles Unglück in dem tropischen Mexiko. Ich überlasse ihnen den Norden, wo sie dann ihr verruchtes Sklavenwesen verbreiten werden.«[3]

Am 30. Juni 1804 ging Humboldt mit seinen Begleitern in New Castle am Delaware River an Bord des französischen Schiffs *Favorite.* Nach einer ruhigen Fahrt liefen sie bereits 27 Tage später in die Garonnemündung ein. Nach mehr als fünfjähriger Abwesenheit betrat er in in Bordeaux am 3. August 1804 wieder europäischen Boden.

# Paris – Zentrum der Wissenschaften

Als Humboldt am 27. August 1804 nach Paris zurückkam, fand er eine völlig veränderte politische Situation vor. Der Geist der Revolution war verflogen. Napoleon Bonaparte hatte 1799 durch einen Staatsstreich die Macht übernommen und war gerade dabei, als Erster Konsul seine Krönung zum Kaiser Napoleon I. für den 2. Dezember 1804 vorzubereiten. Am 18. Oktober 1804 wurde Humboldt ihm vorgestellt; Napoleon begegnete ihm kühl. Später verdächtigte der französische Kaiser ihn sogar der Spionage für Preußen und hätte ihn am liebsten des Landes verwiesen. »Der Kaiser Napoleon war von eisiger Kälte gegen Bonpland, voll Hass gegen mich«,[1] schrieb Humboldt nach einer Audienz. Über seine Ankunft in Europa berichtete er später selbst in einem Artikel, den er im Jahr 1852, mit 83 Jahren, für das Brockhaussche Konversationslexikon über seine eigene Person verfasste.

*Alexander von Humboldt*, Radierung von Auguste Desnoyers nach einer Zeichnung von François Gerard, 1805. Gerard, der auch das berühmte Frontispiz zu Humboldts Reisewerk zeichnete, schuf kurz nach dessen Rückkehr von der amerikanischen Reise auch dieses Porträt des damals 36-jährigen Forschers.

Ich verließ ungern den Neuen Kontinent den 9. Juli in der Mündung des Delaware und landete [an Bord der *Favorite*] den 3. August 1804 in Bordeaux, an Sammlungen, besonders aber an Beobachtungen aus dem großen Gebiete der Naturwissenschaften, der Geographie und Statistik vielleicht reicher als irgendein früherer Reisender.

Ich wählte Paris zum Aufenthalte, indem kein Ort des Kontinents damals einen gleich zugänglichen Schatz von wissenschaftlichen Hilfsmitteln darbot, keiner ebenso viel große und tätige Forscher einschloss als jene Hauptstadt. Ich hatte bei meiner Ankunft die Freude, dort die geistreiche Gattin meines Bruders [Caroline von Humboldt] mit ihren Kindern zu finden. Den Bruder selbst fesselten gelehrte Arbeiten und Geschäfte als preußischer Gesandter in Rom. Die vorläufige Anordnung der Sammlungen und zahlreichen Manuskripte, mehr aber noch chemische Arbeiten über das Verhältnis der Bestandteile der Atmosphäre, gemeinschaftlich mit meinem Freunde [Louis Joseph] Gay-Lussac in dem Laboratorium der École polytechnique unternommen, verlängerten meinen Aufenthalt in Paris bis zum März 1805.[2]

Im Gegensatz zu Napoleon empfingen ihn die französischen Wissenschaftler mit offenen Armen. Am 14. Oktober 1804 berichtete Humboldt seinem Bruder Wilhelm voll Stolz:

Ich arbeite hier sehr viel und glücklich. Der Ruhm ist größer als je. Es ist eine Art von Enthusiasmus, auch geht den Leuten fürchterlich das Mühlrad im Kopfe umher, denn oft in einer Sitzung habe ich astronomische, chemische, botanische und astrologische Dinge im größten Detail vorgebracht. Alle Mitglieder des Instituts [der Académie des Sciences in Paris] haben meine Manuskript-Zeichnungen und -Sammlungen durchgesehen, und es ist eine Stimme darüber gewesen, dass jeder Teil so gründlich behandelt worden ist, als wenn ich mich mit diesem allein abgegeben hätte. Gerade [Claude Louis] Berthollet und [Pierre-Simon] Laplace, die sonst meine Gegner waren, sind jetzt die Enthusiastischsten. Berthollet rief neulich aus: »Cet homme réunit toute une Académie en lui.« [Dieser Mann vereinigt in sich eine ganze Akademie.] Das Bureau des longitudes berechnet meine astronomischen Beobachtungen und findet sie sehr, sehr genau.

Im Cadastre [Katasteramt] von [Gaspar Clair François Marie Riche] Prony werden meine 500 barometrischen Messungen berechnet. [Raphael Urbain] Massard sticht schon meine mexikanischen Altertümer, [Louis] Sellier fängt diese Woche an, die Pflanzen zu stechen. Kurz, es ist alles schon im Gange. Das National-Institut ist vollgepfropft, sooft ich lese. Du siehst also, dass das pommersche Geschlecht [der Humboldts] durch Dich und mich verherrlicht ist. Denn auch Deiner wird hier noch sehr, sehr allgemein

gedacht, besonders von Govat, den ich oft bei Laplace sehe. Dem Hofe soll ich künftige Woche vorgestellt werden. Für Bonpland glaube ich, eine gute Pension zu erhalten. Ich lebe sehr, sehr innigst mit der Li [Caroline von Humboldt]. Ob ich gleich sehr in der großen Gesellschaft zerstreut bin, so sehen wir uns doch täglich. Sie steht noch an, ob sie sich wird der Kaiserin [Josephine] müssen vorstellen lassen, um die Krönung mit anzusehen. Ich bin gezwungen gewesen, mir für 70 Louisdor samtene gestickte Kleider machen zu lassen, um in aller Pracht zu erscheinen. Man muss nach solcher Reise nicht scheinen, auf den Hund gekommen zu sein.

Mein indianischer Bedienter sagt von der schändlichen Gräfin [Caroline Gräfin Schlabrendorf, geb. Gräfin Kalckreuth, die gern Männerkleidung trug]: »Esta no es mujer, hace de hombre, tiene calzones.« [Dies ist keine Frau, sie benimmt sich wie ein Mann und trägt Hosen.] Du siehst, Guter, dass wir lustig sind und sehr fröhlich. Du allein fehlst uns. Im Dezember seh ich Dich gewiss, guter, guter Bill![3]

Da Bonpland selbst über keine Einkünfte verfügte, besorgte Humboldt ihm eine Stelle als Chef-Hofgärtner bei Napoleons Ehefrau, der Kaiserin Josephine, im Park von Malmaison. Eigentlich hatte Humboldt erwartet, dass sich sein Reisegefährte nun zusammen mit ihm mit allen Kräften der Publikation des großen Werks über die Reise widmen würde. Doch Bonpland konnte sich mit der Schreibtischarbeit und der langjährigen akribischen Auswertung der Sammlungen nicht anfreunden. Er bearbeitete nur die ersten Bände der *Plantes équinoxiales*. Da Humboldt nicht auf seine weitere Mitarbeit zählen konnte, bat er zunächst seinen Freund Carl Ludwig Willdenow, ihn bei der Herausgabe der botanischen Bände zu unterstützen. Dieser kam auch umgehend nach Paris, erkrankte jedoch schwer und starb bald darauf. So übernahm 1813 Willdenows Schüler, Carl Sigismund Kunth, ein Neffe des einstigen Hauslehrers der Brüder Humboldt, die wissenschaftliche Bearbeitung der botanischen Schätze.

Bonpland hingegen kam von seiner Sehnsucht nach den Tropen nicht mehr los. Im Jahr 1816 kehrte er nach Südamerika zurück, nahm zunächst in Buenos Aires eine Professur für Naturwissenschaften an und legte dann am Paraná, an der Grenze zu Paraguay, eine große Matepflanzung an. Im Jahr 1821 wurde sie von den Soldaten des Diktators von Paraguay, José Gaspar Rodríguez de Francia, vernichtet, da dieser seine Interessen durch Bonplands Aktivitäten bedroht sah. Der Botaniker wurde gefangen genommen und auf paraguayanisches Gebiet verschleppt. Als Humboldt davon hörte, zögerte er keinen Moment, alle seine Möglichkeiten auszuschöpfen. Er forderte verschiedene Regierungen auf, sich bei Francia für seinen Freund zu verwenden. Doch erst nach neun Jahren kam Bonpland frei. Nahezu vergessen starb er ein Jahr vor Humboldt in Argentinien. Dessen letzter Brief erreichte ihn nicht mehr. Humboldt schloss ihn mit den Worten: »Es gibt niemanden auf dieser Erde, der Dir von Herz und Seele mehr zugetan ist als ich.«[4] Nie vergaß es Humboldt, auf die Verdienste seines Reisebegleiters hinzuweisen. So trägt auch der Gesamttitel des Reisewerks die Namen der beiden Forscher: Alexander von Humboldt und Aimé Bonpland.

So sehr es seinen Reisegefährten gedrängt hatte, die französische Metropole zu verlassen, so sehr fühlte sich Alexander in Paris erfüllt und verstanden: Ei-

nerseits konnte er hier publizieren und forschen wie in keiner anderen Stadt, andererseits stand es ihm aber auch frei zu reisen, wohin er wollte:

Ich trat nun, begleitet von Gay-Lussac, der einen lang dauernden Einfluss auf meine chemische Tätigkeit ausgeübt hat, eine Reise nach Italien (Rom und Neapel) an, wo wir vom 1. Mai bis 17. September 1805 verblieben. Leopold von Buch war unser Gefährte in Neapel und auf der Rückreise durch die Schweiz nach Berlin, welches ich am 16. November nach einer neunjährigen Abwesenheit wiedersah. Gay-Lussac verließ meinen Freund und Mitarbeiter im Winter 1806.

Das Unglück des Vaterlandes im Oktober 1806* und die Hoffnung, die durch den schmachvollen Tilsiter Frieden aufgelegten Lasten mittels einer Negociation zu vermindern, brachte die Regierung zu dem Entschluss, den jüngsten Bruder des Königs, den durch persönliche Tapferkeit und Anmut der Sitten gleich ausgezeichneten Prinzen Wilhelm von Preußen, zum Kaiser Napoleon im Frühjahr 1808 nach Paris zu senden.

Ich, der ich mich während der französischen Besetzung von Berlin in einem einsamen Garten eifrigst mit stündlichen magnetischen Deklinationsbeobachtungen beschäftigte, erhielt sehr unvermutet den Befehl des Königs [Friedrich Wilhelms III. von Preußen], den Prinzen Wilhelm auf seiner schwierigen politischen Mission zu begleiten und ihm durch meine genaue Bekanntschaft mit damals einflussreichen Personen wie durch grö-

---

* Nach der vernichtenden Niederlage von Jena und Auerstedt brach der preußische Staat zusammen und wurde von den Truppen Napoleon Bonapartes besetzt.

ßere Welterfahrung nützlich zu werden. Der Aufenthalt des Prinzen Wilhelm, dem als Adjutant ein nachmals lieber Verwandter August von Hedemann beigegeben war, dauerte bis zum Herbst 1809, und da der Zustand von Deutschland es unmöglich machte, die Herausgabe so vielumfassender, von keinem Gouvernement unterstützter Reisewerke (in der Folio- und Quartausgabe 29 Bände mit 1425 gestochenen, zum Teil farbigen Kupfertafeln) auf deutschem Boden zu wagen, so erhielt ich von dem Könige Friedrich Wilhelm III., der mir persönliches Wohlwollen schenkte, die Erlaubnis, als eines der acht auswärtigen Mitglieder der Pariser Akademie der Wissenschaften in Frankreich zu verbleiben.[5]

Die Publikation des Werks über die amerikanische Reise sollte sich allerdings als weitaus schwieriger erweisen, als Humboldt dies voraussehen konnte. Bereits während der Expedition hatte er einen Entwurf für ein vielbändiges Werk erstellt, das die Forschungsergebnisse in einzelnen Partien, gegliedert nach wissenschaftlichen Disziplinen, darstellen sollte: Das waren Pflanzengeographie, Botanik, Zoologie Geologie, physikalische und ökonomische Geographie und Astronomie (d. h. geographische Ortsbestimmungen und Höhenmessungen). Humboldt hatte eine allgemeine Reisebeschreibung und mehrere Atlanten vorgesehen, darunter einen Atlas mit *Ansichten der Kordilleren und Monumenten der eingeborenen Völker Amerikas*. Die Illustrationen für das gesamte Werk sollten von bedeutenden französischen und deutschen Künstlern gefertigt werden. Dass sich die Arbeit, für die Humboldt zunächst zwei Jahre veranschlagt hatte, dann jedoch über mehr als 30 Jahre hinziehen sollte, ahnte er damals nicht.

Seine *Voyage aux régions équinoxiales du nouveau continent fait en 1799, 1800, 1801, 1802, 1803 et 1804, par Al. de Humboldt et A. Bonpland*, so der Gesamttitel des Werks, sollte die umfangreichste und teuerste Arbeit eines privaten Forschungsreisenden werden, die jemals publiziert wurde. Die Herausgabe der insgesamt 29 Bände mit mehr als 1400 Kupfertafeln ruinierte letztendlich nicht nur mehrere Pariser Verleger, sondern sie verschlang auch den Rest von Humboldts Vermögen.

Dieser hatte sich sowohl in Hinsicht auf den Arbeitsaufwand als auch auf den möglichen Absatz des teuren Werks vollkommen verschätzt. Bis zum Erscheinen einer verbindlichen Humboldt-Bibliographie[6] war sich die Humboldt-Forschung nicht einmal über die Anzahl der Bände des Reisewerks einig. Dies lag an der Publikationsweise ihres Urhebers, der seine Ergebnisse in der Regel nicht in kompletten Bänden, sondern in einzelnen Lieferungen veröffentlichte. Deshalb finden sich, je nach Sichtweise der Bibliographen und der Bindeweise der einzelnen Lieferungen, Angaben zwischen 29 und 36 Einzelbänden. Das Werk sollte, so war Humboldts Plan, zunächst auf Französisch, der Wissenschaftssprache seiner Zeit, publiziert werden, parallel aber, so weit als möglich, auch auf Deutsch erscheinen.

Humboldts Anspruch an sich selbst war jedoch so hoch, dass er seinen eigenen Plan nur zum Teil vollenden konnte. Nun erfüllte sich, was er bereits vor seiner Reise geäußert hatte: »Ich weiß wohl, dass ich meinem großen Werke über die Natur nicht gewachsen bin«.[7] Viele Teilbereiche des Werks blieben fragmentarisch, so auch die eigentliche Reisebeschreibung mit dem französischen Titel *Relation Historique*, auf Deutsch *Reise in die Äquinoktial-Gegenden des Neuen Kontinents*. Sie brach nach drei Bänden

*Paris, gesehen vom Hügel Saint Cloud.* Kolorierter Kupferstich in: F. J. Bertuchs Bilderbuch für Kinder, Weimar, um 1810. Paris war für Humboldt die mit Abstand wichtigste Stadt. Er besuchte sie erstmals 1790 zusammen mit seinem Freund Georg Forster, 1798 bereitete er sich hier auf seine große Reise vor, und zwischen 1804 und 1827 war die damalige Hauptstadt der Wissenschaften sein Hauptwohnsitz.

im Jahr 1831 unvermittelt ab. Zu diesem Zeitpunkt war der Forscher noch nicht einmal bis zur Erzählung der Hälfte des Reiseverlaufs gelangt. Bis zum Jahr 1839 arbeitete er an seinem Reisewerk, dann nahm den inzwischen 70-Jährigen die Beschäftigung mit seinem neuen Großprojekt, dem *Kosmos,* so sehr in Anspruch, dass an einen Abschluss dieses früheren Vorhabens nicht mehr zu denken war.

Obwohl unvollendet, ist das Werk ein Monument der Wissenschaftsgeschichte. Es ist ein offenes System, ein *work in progress*, in dem der Verfasser stets um Aktualität bemüht war und oft bis unmittelbar vor Drucklegung noch den neuesten Forschungsstand einarbeitete. Dass die Bände nicht komplett publiziert wurden, sondern in Lieferungen, erklärt, warum sich darin nicht selten Kommentare, Anmerkungen und Literaturverweise finden, die jüngeren Datums sind als die Jahresangabe auf dem Titelblatt des jeweiligen Bandes.

Ein wichtiger Grund für die schleppende Publikationsweise lag auch in den vielen neuen wissenschaftlichen Forschungsprojekten, denen sich Humboldt in Paris widmete. So untersuchte er mit seinem Freund Louis Joseph Gay-Lussac, mit dem er acht Jahre lang unter einem Dach wohnte, die chemische Zusammensetzung der Luft und anderer Gase. Diese Analysen führten zu dem nach Gay-Lussac benannten Volumengesetz der Gase. Zusammen mit Humboldt fand dieser auch heraus, dass Wasser durch die Vereinigung von zwei Teilen Wasserstoff und einem Teil Sauerstoff gebildet wird. Mit Jean-Baptiste Biot untersuchte Humboldt die Variation des Geomagnetismus unter verschiedenen Breiten. Zusammen konnten sie nachweisen, dass die erdmagnetische Kraft von den magnetischen Polen zum magnetischen Äquator abnimmt. Im Jahr 1817 erfand Humboldt zur Darstellung der Orte gleicher mittlerer Jahrestemperatur die Isothermen. Er hielt sie für einen seiner wichtigsten wissenschaftlichen Beiträge überhaupt und schrieb später darüber, dieses System könnte »eine der Hauptgrundlagen der vergleichenden Klimatologie abgeben«[8]. In der Tat gilt Humboldt als deren Begründer, und die Isothermen sind auch heute noch die gängige kartographische Darstellung in der Klimageographie.

Zu seinem Kollegenkreis gehörten der Pionier der vergleichenden Anatomie und Osteologie, Jean Baptiste de Lamarck, der Botaniker Étienne Geoffroy Saint-Hilaire, der Naturforscher und Widersacher Lamarcks Georges Cuvier sowie die Chemiker Claude-Louis Berthollet, Antoine-François de Fourcroy und Louis-Nicolas Vauquelin. Auch mit den Astronomen Pierre-Simon Laplace, Joseph-Jérôme de Lalande und Jean-Baptiste-Joseph Delambre stand Humboldt in enger Beziehung. Eine enge Freundschaft verband ihn mit dem Physiker und Astronomen Dominique François Arago. 15 Jahre lang trafen sich die beiden fast täglich, danach waren sie durch einen herzlichen Briefwechsel miteinander verbunden. Später besuchte Humboldt seinen Freund auf jeder seiner Reisen nach Paris. Er widmete Arago sein *Examen critique* – die historischen Untersuchungen zur Entdeckungsgeschichte Amerikas – und schrieb als 84-Jähriger die Einleitung zu Aragos 16-bändigem Gesamtwerk.

Mit Hilfe zahlreicher Versuche beim Vergleich der Intensität des Schalls bei Tag mit derjenigen in der Nacht entdeckte Humboldt die tagesperiodische Variation der Schallintensität, die später nach ihm *Humboldt-Effekt* genannt wurde. In den Pariser Salons verkehrte er mit dem Dichter Honoré de Balzac und dem Literaten, Politiker und Diplomaten François René Vicomte de Chateaubriand.

Während seines ersten Berliner Aufenthalts nach der amerikanischen Reise in den Jahren 1806 und 1807 schrieb er die *Ansichten der Natur*. Sie erschienen 1808 bei Cotta in Tübingen. In diesem vielgelesenen Buch verwirklichte Humboldt erstmals in einer Publikation seine Idee der Verbindung künstlerischer Ästhetik mit wissenschaftlicher Beschreibung. Sein Ziel war »die Verbindung eines literarischen und eines rein scientifischen Zweckes, der Wunsch, durch Vermehrung des Wissens das Leben mit Ideen zu bereichern«[9]. Seine darin publizierten Texte bezeichnete er selbst als »Naturgemälde«. Am 8. Dezember 1807 kehrte er wieder nach Paris zurück. Dass er allerdings auch dort nicht wirklich glücklich war und sich mehr als nur einmal in die Tropen zurücksehnte, wird aus einem Brief an Johann Wolfgang von Goethe vom 3. Januar 1810 deutlich.

Ich führe in diesem nüchternen Lande, mitten unter dem leeren Treiben der Menschen, ein beschäftigtes, einförmiges, in mich gekehrtes Leben. Ich bin von dem Gefühle gepeinigt, nicht schneller vollenden zu können, was ich mir selbst schuldig bin. Meine Ansicht der Welt ist trübe. Der Anblick einer großen Natur, Einsamkeit der Wälder und der rege Wunsch, ins Weite und Blaue haben eine Stimmung in mir vermehrt, die nicht heiter ist, mich aber nie im Arbeiten stört und meinen Mut nicht sinken lässt. Meine Gesundheit, mannigfaltige rheumatische Übel (Folgen der Nässe der Wälder), ein etwas lahmer Arm – von dem allen melde ich lhnen nichts. Mein Befinden wird besser sein, sobald ich erst wieder in der heißen Zone lebe. Mein Projekt ist, mich nach dem Kap einzuschiffen, an der Südspitze von Afrika ein Jahr zu bleiben und mich mit den südlichen Strömen zu beschäftigen; dann nach Ceylon und Kalkutta zu gehen, mich in Benares, wo Karawanen von Lhasa ankommen, auf Tibet vorzubereiten und dann weiter vorwärts nach Norden einzudringen. Möge die äußere Lage der Welt meine Pläne bald begünstigen.[10]

Zu seinen Pariser Plänen gehörte auch eine Reise durch Russland und Sibirien. Anfang 1812 arbeitete er ein komplettes Forschungsprogramm dafür aus. All diese Reisen sollten Gegenstücke zu seiner amerikanischen Reise bilden und ihm die Möglichkeiten geben, weitere Vergleiche mit den dort erforschten Phänomenen anzustellen. Doch mittlerweile hatte sein Vermögen durch das gigantische Publikationsprojekt seines Reisewerks so sehr abgenommen, dass sich neue Expeditionen nur noch mit Hilfe von staatlichen Auftraggebern hätten realisieren lassen. Zwischen 1814 und 1817 führte er Gespräche in London, die ihm eine Reise über Persien nach Indien ermöglichen sollten. Doch sie scheiterte an der Weigerung der Ostindischen Handelskompanie, ihm hierfür eine Erlaubnis zu erteilen. Einen Mann, der in seinen Publikationen so freimütig über die kolonialen Missstände berichtet hatte, wollte man nicht gerne durch das eigene Kolonialreich reisen lassen. Trotz dieser immer schwierigeren finanziellen Situation weigerte sich Humboldt, eine staatliche Anstellung anzunehmen. Sogar das Angebot, in Preußen einen Ministerposten zu bekleiden, hatte er im Jahr 1810 abgelehnt:

Als mein älterer Bruder nach vollbrachter Stiftung der Berliner Universität als Gesandter (1810) nach Wien ging und die oberste Leitung des Unterrichtswesens im preußischen Staate aufgab, wurde mir als dem jüngeren Bruder dieselbe von dem Staatskanz-

ler Freiherrn von Hardenberg sehr dringend (ohne oder auch mit dem Ministertitel) angeboten. Ich zog es vor, mir eine freie, unabhängige Lage als Gelehrter zu erhalten, weil die Herausgabe meiner astronomischen, zoologischen und botanischen Werke, trotz der treuen Hilfe von [Jabbo] Oltmanns, [Aimé] Bonpland und [Carl Sigismund] Kunth noch nicht weit genug vorgerückt war.[11]

Die politische Entwicklung in Lateinamerika verfolgte Humboldt von Paris aus mit großer Anteilnahme. Bereits in den ersten Lieferungen seines *Essai politique sur le royaume de la Nouvelle-Espagne*, die im Jahr 1808 erschienen, bezog er Stellung und prangerte Mexiko als das »eigentliche Land der Ungleichheit«[12] an. Den zweiten und letzten Band schloss er mit der programmatischen Forderung nach der rechtlichen Gleichstellung der Indianer. In der im Juli 1811 ausgegebenen Lieferung schrieb er:

Das Glück der Weißen ist aufs innigste mit der kupferfarbenen Rasse verbunden. Es wird in beiden Amerikas überhaupt kein dauerndes Glück geben, als bis diese, durch lange Unterdrückung zwar gedemütigte, aber nicht erniedrigte Rasse alle Vorteile teilt, welche aus den Fortschritten der Zivilisation und der Vervollkommnung der gesellschaftlichen Ordnung hervorgehen.[13]

Wenige Monate zuvor, am 16. September 1810, hatte Miguel Hidalgo y Costilla in Neu-Spanien die Fahne der Revolution erhoben und genau dieselben Forderungen gestellt: die Aufhebung der Standesunterschiede und die Abschaffung der Leibeigenschaft der Indianer. Die Lieferungen seiner *Reise in die Äquinoktial-Gegenden des Neuen Kontinents* lassen sich wie ein Kommentar Humboldts zu den jeweiligen aktuellen politischen Ereignissen in Lateinamerika lesen. Im Jahr 1819 beispielsweise bedauerte Humboldt: »Unsere Freunde haben in den blutigen Revolutionen, die jenen Ländern die Freiheit bald brachten, bald wieder entrissen, das Leben verloren.«[14] Unter ihnen waren auch sein früherer Reisebegleiter Carlos Montúfar und sein Kollege Francisco José de Caldas. Sie starben im Jahr 1816 im Aufstand gegen die spanische Kolonialmacht.

In Lateinamerika entfaltete Humboldts Werk eine große Wirkung. Bereits seine *Tablas geográfico políticas del Reino de Nueva España*, die er 1803 während seines Aufenthalts in Mexiko dem Vizekönig Neu-Spaniens überreicht hatte, kursierten bald auch in handschriftlich kopierten Exemplaren. Sie nutzen nicht nur der Kolonialregierung, sondern auch denjenigen, die sie stürzen wollten. In Paris dienten sie ihm selbst nun als Grundlage für seinen *Essai politique sur le royaume de la Nouvelle-Espagne*, in dem er, ohne dies freilich direkt auszusprechen, den Beweis antrat, dass Neu-Spanien aufgrund seines wirtschaftlichen, wissenschaftlichen und kulturellen Potentials reif für die Unabhängigkeit war.

Dieses Werk wurde im Jahr 1824 auch von der mexikanischen verfassungsgebenden Versammlung zu Rate gezogen: Der mexikanische Historiker und Politiker Lucas Alamán schrieb am 21. Juli 1824 an Humboldt, diese Arbeit sei »ein vollkommenes Konzept eines Mexiko unter einer guten und liberalen Verfassung, das alle Elemente des Wohlstandes beinhaltet. Die Lektüre dieses Werkes hat nicht wenig dazu beigetragen, den Geist der Unabhängigkeit zu beleben, der bei vielen Einwohnern aufgekeimt war, und die anderen aus einer Lethargie zu wecken, in der sie durch eine fremde

Herrschaft gehalten wurden«[15]. Alamán lud Humboldt ein, ein Vorhaben in die Tat umzusetzen, das dieser bereits zwei Jahre zuvor seinem Bruder Wilhelm angekündigt hatte:

Ich habe den großen Plan eines großen Zentralinstituts der Naturwissenschaften des freien Amerika in Mexiko. Der Kaiser von Mexiko [Agustín de Itúrbide], den ich persönlich kenne, wird fallen, es wird eine republikanische Regierung geben, und ich habe die fixe Idee, mein Leben auf die angenehmste und für die Naturwissenschaften nützlichste Weise in einem Teile der Welt zu beenden, wo ich außerordentlich geschätzt werde und alles mich auf eine glückliche Existenz hoffen lässt. Das ist eine Art, nicht ohne Ruhm zu sterben, viel gelehrte Leute um sich zu sammeln und die Freiheit der Meinung und des Gefühls zu genießen, die für mein Glück nötig ist. Dieser Plan eines Instituts in Mexiko, von dem man neunzehn Zwanzigstel des Landes, die ich nicht kenne, erforscht (die Vulkane von Guatemala, den Isthmus), schließt nicht eine Rundreise nach den Philippinen und Bengalen aus. [16]

Vermutlich scheiterte dieser Plan aus finanziellen Gründen. Auch in den anderen jungen lateinamerikanischen Republiken entfaltete Humboldts Werk seine Wirkung. Simón Bolívar, der Humboldt 1804 in Paris kennengelernt hatte, nannte ihn den »wahren Entdecker der Neuen Welt, [...] dessen Wissen für Amerika mehr Gutes bewirkt hat als alle Conquistadoren zusammen«[17]. Der kubanische Historiker und Philosoph José de la Luz y Caballero prägte 1826 die Formulierung vom »zweiten Entdecker Kubas«[18].

Von Europa aus verfolgte Humboldt, wie sich die Kolonien zwar nach und

HUMANITAS. LITERÆ. FRUGES.

*Humanitas, Literae, Fruges*. Kupferstich von Barthélemy Roger nach einer Zeichnung von François Gérard. Frontispiz in Alexander von Humboldt: Atlas géographique et physique du Nouveau Continent, Paris: Gide, 1814 –1834. Über die Allegorie, die er seinem Reisewerk als Frontispiz voranstellte, schrieb Humboldt: »Es stellt das von Minerva und Merkur über die Übel der Conquista getröstete Amerika dar. [...] Die Griechen gaben den anderen Völkern die Zivilisation, die Wissenschaften und den Weizen. Diese gleichen Wohltaten verdankt Amerika dem Alten Kontinent.«

nach von der spanischen Herrschaft befreiten, er bemerkte jedoch auch, dass sich am eigentlichen Gesellschaftsgefüge wenig änderte. Die kreolischen Oberschichten trugen kaum zur Verbesserung der sozialen Lage der ehemaligen Sklaven und der »erniedrigten kupferfarbenen Rasse« bei. Diese jedoch hatte Humboldt für unabdingbar gehalten und in seinen Publikationen ab 1808 auch öffentlich gefordert. Vielleicht war es kein Zufall, dass ausgerechnet Benito Juárez, der bislang einzige mexikanische Staatspräsident indianischer Abstammung, Humboldt im Jahr 1859, kurz nach dessen Tod, zum »Wohltäter des Vaterlandes« ernannte und die Errichtung eines marmornen Denkmals für ihn anregte.[19]

Die finanzielle Situation Humboldts in Paris verschlechterte sich von Tag zu Tag. Der junge Chemiker Jean-Baptiste Boussingault war, als er ihn 1820 besuchte, völlig erstaunt, als er entdeckte, dass der weltberühmte Gelehrte im vierten Stock eines Gebäudes schräg gegenüber dem Hôtel de la Monnaie in einer Zweizimmerwohnung wohnte:

> Humboldt verfügt über ein winziges Schlafzimmer mit einem Bett ohne Vorhang und über ein Arbeitszimmer. Seine Möbel bestehen aus vier Korbstühlen und einem Tisch aus Tannenholz, an dem er schreibt. Ins Holz dieses Tisches sind mathematische Zeichen aller Art geritzt, er gibt ihn einem Schreiner zum Hobeln, wenn es zu viele geworden sind.[20]

Eine lebhafte Schilderung von Humboldts Leben in Paris zeichnete der deutsche Physiologe und Politiker Carl Vogt:

> Morgens von acht bis elf sind seine Dachstuben-Stunden. Da kriecht er in allen Winkeln von Paris herum, klettert in alle Dachstuben des Quartier latin, wo etwa ein junger Forscher oder einer jener verkommenen Gelehrten haust, die sich mit einer Spezialität beschäftigen, und zieht diesen die Würmer aus der Nase. Was er so ergattert, weiß er trefflich zu benutzen – entweder in seinen Schriften oder in seinen Gesprächen. Er ist auch dankbar für das Mitgeteilte, und wenn ihn einer dieser Dachstuben-Gelehrten interessiert, so unterstützt er ihn auch wohl, wenn nicht mit Geld, so doch jedenfalls mit seinem Einfluss. Schon mancher hat ihm seine Stelle verdankt. Im Café Procope, in der Nähe des Odéon, pflegt er zu frühstücken. Links in der Ecke am Fenster. Es drängt sich da immer ein solcher Schwarm von Menschen um ihn herum, dass man gar nicht an ihn kommen kann. [...] Nachmittags ist er im Kabinett Mignet in der Bibliothèque Richelieu. Da Mignet nie arbeitet, Humboldt aber viel, so tritt ihm Ersterer sein Kabinett während seines Hierseins ab. Er hat dort Bibliothek und Diener zu seiner Verfügung. [...] Er speist täglich woanders, immer bei Freunden, niemals in einem Hotel oder Restaurant. Unter uns gesagt, er plaudert außerordentlich gern. Niemand anders kann zu Worte kommen. Da er ordentlich, aber geistreich, witzig und schön erzählt, so hört man ihm gern zu. Niemand ist vor seinen Malicen sicher. Kein Franzose hat mehr Esprit als er. Darüber sind alle einig ... Er bleibt nicht lange nach dem Essen. Eine halbe Stunde höchstens – dann geht er fort.
> Jeden Abend besucht er wenigstens fünf Salons und erzählt in jedem dieselbe Geschichte mit Varianten. [...] Dann zieht er die Schleusen seiner Beredsamkeit auf und lässt die Wasser fließen. Hat er eine halbe Stunde ge-

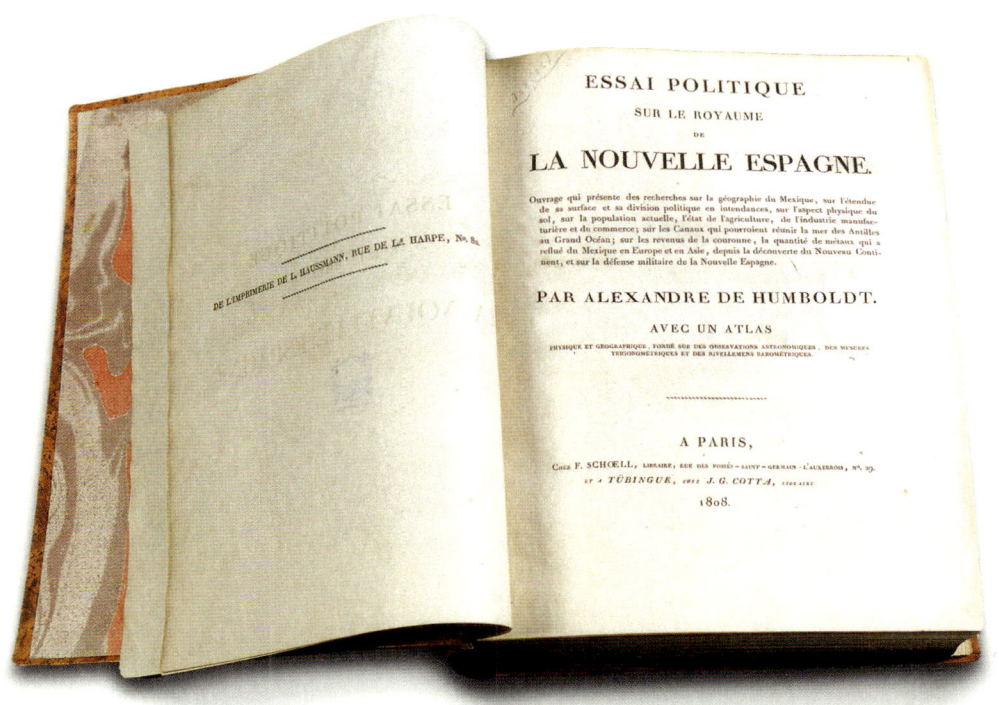

Alexander von Humboldt: *Essai politique sur le royaume de la Nouvelle-Espagne*, Paris, F. Schoell, 1808. Die Publikation, Teil des 29-bändigen Reisewerks Humboldts, schließt mit den Worten: »Das Glück der Weißen ist aufs innigste mit der kupferfarbenen Rasse verbunden. Es wird in beiden Amerikas überhaupt kein dauerndes Glück geben, als bis diese, durch lange Unterdrückung zwar gedemütigte, aber nicht erniedrigte Rasse alle Vorteile teilt, welche aus den Fortschritten der Zivilisation und der Vervollkommnung der gesellschaftlichen Ordnung hervorgehen.«

sprochen, so steht er auf, macht eine Verbeugung, zieht allenfalls noch einen oder anderen in eine Fensterbrüstung, um ihm etwas ins Ohr zu plauschen, und huscht dann geräuschlos aus der Tür. Unten erwartet ihn sein Wagen, der ihn in einen anderen Salon bringt, wo sich dieselbe Szene wiederholt, und so fort mit Grazie *in infinitum*! bis er nach Mitternacht nach Hause fährt.[21]

Es waren finanzielle Gründe, die es schließlich unvermeidlich machten, dass er im Jahr 1827 in die ungeliebte preußische Hauptstadt zurückkehrte. Glücklich war er darüber nicht. Bereits während der amerikanischen Reise hatte er seinen Bruder gebeten: »Macht nur, dass ich niemals nötig habe, die Türme Berlins wiederzusehen.«[22]

*Der 63-jährige Alexander von Humboldt.* Lithographie von François Séraphin Delpech nach einer Zeichnung von François Gerard, 1832.

# Wieder in Berlin

Als »arm wie eine Kirchenmaus«[1] hatte sich Alexander bereits im Jahr 1822 bezeichnet. Dies war der Grund, weshalb er schließlich, im Jahr 1827, sein geliebtes Paris verlassen musste. Es war nie sein Herzenswunsch gewesen, nun wieder in derjenigen Stadt zu wohnen, der er mit 23 Jahren den Rücken gekehrt hatte und die immer wieder Ziel seines Spotts war. »Eine kleine, unliterarische und dazu überhämische Stadt« war die preußische Metropole für ihn, »wo man monatelang gedankenleer an einem selbstgeschaffenen Zerrbild matter Einbildungskraft naget«[2]. Über Paris dagegen schrieb er:

> Männer von Talent finden hier in der Weltstadt bald und dauernd Anerkennung; in Berlins nebulöser Atmosphäre, die den Gesichtskreis ringsum verschleiert und wo alles und jedes nach der Schreiberschablone gemessen wird, kann davon nicht die Rede sein.[3]

In Berlin hatte er sich niemals wohl gefühlt; er wollte nicht vom »Schicksal verdammt [sein] in solchem Klima, ohne allen Genuss des freien Naturlebens, außer kranken Pflanzen in Treibhäusern, ausgestopften Bälgen der zoologischen Kabinette und des getrockneten Heus der Herbarien darben«.[4] Das Einzige, das ihm den Weggang aus der französischen Hauptstadt erleichterte, war die Möglichkeit, künftig seinem geliebten Bruder nahe zu sein. Ein anderer Vorteil bestand darin, die verwandtschaftlichen Bindungen des preußischen Hofes zum russischen Herrscherhaus für seine asiatischen Reisepläne zu nutzen. Entscheidend aber war der existenzielle Grund: In Berlin erwartete ihn eine bezahlte Stellung als Kammerherr des preußischen Königs und als Mitglied der Königlichen Akademie der Wissenschaften. Humboldt nahm den Ortswechsel als Herausforderung: Er setzte sich zum Ziel, die »moralische Sandwüste, geziert durch Akaziensträucher und blühende Kartoffelfelder«[5] zu wissenschaftlicher Blüte zu bringen:

> Berlin muss mit der Zeit die erste Sternwarte, die erste chemische Anstalt, den ersten botanischen Garten, die erste Schule für transzendente Mathematik besitzen. Da haben sie das Ziel meiner Arbeiten und den Zusammenhang meiner Anstrengungen.[6]

Sofort nach seiner Ankunft begann er, die bereits bestehenden Kontakte mit einer großen Zahl von hier ansässigen Wissenschaftlern zu intensivieren und viele neue zu knüpfen. Mit dem Geographen Carl Ritter war er schon lange in Verbindung, und mit dem Botaniker Carl Sigismund Kunth hatte er bereits in Paris viele Jahre lang zusammengearbeitet. Vor allem lag ihm viel daran, auch mit der jungen Forschergeneration in engen Kontakt zu kommen und an den neuesten technischen Entwicklungen teilzuhaben. So bat er den 34-jährigen Werner Siemens darum, ihn in seiner Werkstatt in der Schöneberger Straße besuchen zu dürfen, um sich über die Entwicklung der »unterirdischen Gedankenleitung«[7], wie Humboldt die Telegraphie nannte, zu informieren.

Alexander von Humboldt war es zu verdanken, dass eine beachtliche Zahl von ausländischen Wissenschaftlern im Jahr 1828 zur »Versammlung der deutschen Naturforscher und Ärzte« nach Berlin reiste. Die hauptsächlich von ihm organisierte Tagung, an der 600 Gelehrte teilnahmen, setzte Maßstäbe. In dem bereits zitierten Artikel, den er im Jahr 1852, mit 83 Jahren, für das Brockhaussche *Konversationslexikon* über sich selbst verfasste, schreibt er über diese Zeit:

> Die öffentlichen Vorlesungen, welche ich über den Kosmos (die physische Weltbeschreibung) fast gleichzeitig in der großen Halle der Singakademie und in einem der Hörsäle der Universität hielt, fallen in diese frühe Epoche des Berliner Aufenthalts, von Anfang November 1827 bis Ende April 1828. Das Buch vom Kosmos, welches nicht die Frucht dieser Vorlesungen ist, da die Grundlage davon schon in dem während der peruanischen Reise geschriebenen und Goethe zugeeigneten *Naturgemälde der Tropenwelt* liegt, hat erst 1845, also 15 Jahre nach den Berliner, 18 Jahre nach den Pariser Vorlesungen zu erscheinen angefangen.[8]

Das Besondere an den »Kosmos-Vorträgen« in der Singakademie war, dass Humboldt damit auch ein Publikum erreichte, dem die akademische Welt bis dahin verschlossen war. Das große Gebäude, in dem er 16 Vorträge hielt, bot mit seinen 800 Plätzen mehr Raum als jeder andere Hörsaal Berlins. Humboldt wollte dem gesamten Berliner Publikum beweisen, dass er nicht gekommen war, »um am Hofe zu leben, sondern dass geistige Bestrebungen allein den Menschen ehren können«. Auch hielt er es für eine »politische Pflicht«, dem Ausland zu demonstrieren, »wo das intellektuelle Leben fortatmet«[9]. Die jedes Mal überfüllten Veranstaltungen wurden zu Sternstunden der Popularisierung und Demokratisierung wissenschaftlicher Erkenntnisse. Das Publikum umfasste alle sozialen Schichten: vom König bis zum Droschkenfahrer. Dass Humboldt eine Zuhörerschaft in einer Breite wie kein anderer Gelehrter zuvor erreichen konnte, lag allerdings nicht nur an seiner Person und an den attraktiven Themen, sondern auch an seiner Entscheidung, keine Eintrittsgelder zu erheben. In den Vorträgen präsentierte er, wie auch später in seinem *Kosmos*, ein »allgemeines Naturgemälde«, das »von den fernsten Nebelflecken und kreisenden Doppelsternen zu den tellurischen Erscheinungen der Geographie der Organismen (Pflanzen, Tiere und Menschenrassen) herabsteigt«[10]. In seiner siebten Vorlesung skizzierte Humboldt nochmals einen Überblick über den gesamten Inhalt seiner Vorträge und befasste sich dann mit dem Wasser auf der Erde. Sie begann wie folgt:

> Wenn bei der Betrachtung des Naturbildes, welches ich aufzustellen versuche, wir uns heute mit einer Ansicht des Ozeans beschäftigt haben werden, wenn ich die Verteilung der Kontinen-

*Berlin.* Kolorierte Lithographie von Alexandre Jules Monthelier, um 1840. Humboldts Ziel war es, die preußische Hauptstadt zu wissenschaftlicher Blüte zu bringen. Richtig wohl fühlte er sich hier nie. Berlin war für ihn »eine moralische Sandwüste, geziert durch Akaziensträucher und blühende Kartoffelfelder«.

te und den Einfluss derselben sowie den der Strömungen im Luftmeere [die Atmosphäre] auf die Klimatologie erläutert habe, so bleibt mir noch übrig, auf die Geographie der Pflanzen und die Verteilung der Tiere hinzudeuten, um hieran die Bemerkungen über die Verschiedenheit der Menschenrassen anzuschließen. – Von den äußersten Nebelflecken bis zur ersten Spur der Vegetation, die in dem sogenannten roten Schnee erkannt worden ist, werde ich somit eine Übersicht der Gesamtheit des Geschaffenen gegeben haben; eine Aufgabe, die mit einiger Vollständigkeit zu lösen, in so kurzer Zeit, meine Absicht unmöglich sein konnte.

Den allgemeinen Umriss jener großen Erscheinungen werde ich hierauf in einzelnen Teilen mehr auszumalen und zu erläutern versuchen, gleichsam wie der bildende Künstler auf einzelne Studien zu einem größeren Werke

mehr Ausführlichkeit und Genauigkeit wendet. – Mein Zweck wird erreicht sein, wenn es mir gelungen ist, einer achtbaren Versammlung, deren Interesse für meine Bestrebungen ein ehrendes Zeugnis ablegt für den Standpunkt der Kultur in dieser Hauptstadt, das Wesentliche einer wissenschaftlichen Naturbetrachtung anzudeuten, indem ich die Einheit der Natur in ihren Erscheinungen vorzugsweise hervorzuheben mich bemühe.

Mehr als $^2/_3$ der Oberfläche unseres Planeten wird von einer Wasserhülle bedeckt, die durch Berührung mit der Atmosphäre den wichtigsten Einfluss ausübt – sowohl auf das Klima der Kontinentalmassen als auch auf die tierische Schöpfung. – Man hatte früher angenommen, dass die Lebensfunktion der Fische erhalten werde durch eine Zersetzung des Wassers. Dies ist jedoch nicht richtig, und es hat sich ergeben, dass so-

*Die Singakademie zu Berlin 1848: Konstituierende Sitzung der Preußischen Nationalversammlung.*
Holzstich, veröffentlicht in der Illustrierten Zeitung, Berlin, 1848. Zwanzig Jahre vor dieser historischen
Sitzung hielt Alexander von Humboldt hier seine epochemachenden Kosmos-Vorträge.

wohl die Fische als die mit Kiemen begabten Mollusken die dem Wasser beigemischte atmosphärische Luft atmen. – Die Untersuchungen über die Respiration der Fische sind lange ein Gegenstand meiner Arbeiten gewesen, und ich habe gefunden, dass die Fische der atmosphärischen Luft zum Leben unumgänglich bedürfen. Es klingt auffallend, und doch ist es richtig, dass, nachdem es mir gelungen war, ein vollkommen luftleeres Wasser darzustellen, die Fische darin ersaufen mussten. Das luftfreie Wasser ist für sie ebenso tötend als Chlor und andere ihrer Natur entgegenwirkende Substanzen. Lange hat man dem wunderbaren Organ der Fische, der Schwimmblase, eine Bedeutung beigelegt, mit der neuere Untersuchungen nicht übereinstimmen. Man hatte angenommen, dass durch vermehrtes und vermindertes Anfüllen der Blase mit Luft die Fische im Stande wären ihr Volumen zu verändern und somit im Wasser sich willkürlich auf und nieder zu bewegen. Man ist jetzt vielmehr geneigt die Schwimmblase im Zusammenhang mit dem Gehörorgan dieser Tiere zu glauben. Eine neue sehr merkwürdige Beobachtung lehrt, dass die Schwimmblase derjenigen Fische, welche an der Oberfläche des Wassers gefangen werden, Stickstoffgas enthält, dagegen bei Fischen, welche man aus einer Tiefe von 2000 bis 3000 Fuß [650 bis 975 Meter] heraufholte, der Inhalt aus reinem Sauerstoff besteht. –

Eine noch keineswegs erklärte, merkwürdige Tatsache! – Wenn zur Zeit des *Aristoteles* und *Aelian*, als man sich schon angelegentlich mit Untersuchungen über die Respiration der Fische beschäftigte, die zufällige Annäherung eines Lichtes oder ein anderer Umstand auf die ausgezeichneten Eigenschaften dieser in der Schwimmblase enthaltenen Gasart aufmerksam gemacht hätte, so würden nicht 1800 Jahre haben vergehen müssen, ehe durch die Entdeckung des *oxigène*, dieses verbreiteten, für den Haushalt der Natur so wichtigen Grundstoffs, der Wissenschaft so bedeutender Vorteil erwachsen konnte.

Seit dem Jahre 1782 haben die Menschen angefangen, das die Oberfläche der Erde und den Ozean umgebende Luftmeer selbst zu beschiffen. Man hatte sich von dieser Entdeckung sehr große Vorteile, hauptsächlich für die Meteorologie versprochen, die aber dieser Wissenschaft nicht in dem erwarteten Grade zugeflossen sind. Der Versuch ist mit zu vielen Schwierigkeiten verbunden, ist zu kostbar, und die Zeit, welche man in den höheren Regionen zubringen kann, ist zu kurz, um mit Muße und Umsicht Beobachtungen zu machen, die flüchtig unternommen eher zu unsicheren Resultaten führen, indem man auf Zufälligkeiten ein zu großes Gewicht legt. Dazu kommt noch, dass man diese Luftreisen sämtlich von Ebenen aus unternommen und sich auf diese Weise kaum so hoch in den Luftkreis aufgeschwungen hat, als man auf hohe Berge zu gelangen im Stande ist. – Die bedeutendste und auch für die Wissenschaft wichtigste Ascension [Aufstieg] ist die von *Gay-Lussac* im Jahre 1804 zu *Paris* unternommene. Er gelangte bis zu der Höhe von 21 600 Fuß [7020 Meter], 4000 Fuß [1300 Meter] niedriger als der weiße Berg, der *Dhawallagiri* des *Himalaya-Gebirges*. Die Luft, welche er mit herabbrachte und die ich gemeinschaftlich mit ihm untersucht habe, gab durch ihre ungemeine *Dilatation* [Ausdehnung] einen Beweis der Höhe, aus der sie entnommen war. [Sie] enthielt übrigens alle Bestandteile der uns umgebenden, dieselben 21 Teile Sauerstoff, und selbst einen Anteil Kohlensäure, obgleich diese Gasart, die hauptsächlich durch das Atmen und Verbrennen entwickelt wird, schwerer ist als die atmosphärische Luft. – In der weiten Einöde jener Höhen sind die letzten lebenden Wesen, denen wir begegnen – Schmetterlinge; wahrscheinlich unwillkürlich durch Luftströme in diese Regionen geführt. [Louis François] *Ramond* hat auf dem Gipfel der Pyrenäen, [Horace Bénédict de] *Saussure* auf den Alpen, und auch ich habe auf den Höhen der Anden, 20 000 Fuß [6500 Meter] über dem Meere, wo längst jede Spur von Vegetation aufhörte, diese und andere kleine Insekten ebenfalls angetroffen.[11]

*Alexander von Humboldt als Hörer der Vorlesungen seines Kollegen, des Geographen Carl Ritter im Jahr 1834.* Holzstich, ca. 1850. Humboldt und Ritter gelten als die Begründer der wissenschaftlichen Geographie.

# Die russisch-sibirische Reise

Kurz vor seinem 60. Geburtstag konnte Humboldt endlich einen seiner lange gehegten Pläne realisieren: das Gegenstück zu seiner amerikanischen Reise. In seiner Autobiographie für das Brockhaussche Lexikon schrieb er:

Das Jahr 1829 bezeichnet in meiner so vielbewegten Existenz eine ganz neue sehr wichtige Lebensepoche. Sie umfasst die auf Befehl des Kaisers [von Russland] Nikolaus unternommene und großartig durch die edle Fürsorge des Staatsministers Grafen [Georg] von Cancrin ausgestattete Expedition nach dem nördlichen Asien (Ural und Altai), nach der chinesischen Dsungarei und dem Kaspischen Meere. Die bergmännische Untersuchung der Gold- und Platinlagerstätten, die Entdeckung von Diamanten außerhalb der Wendekreise (sie glückte am 5. Juli 1829), astronomische Ortsbestimmungen und magnetische Beobachtungen, geognostische und botanische

*St. Petersburg, Aussicht von der Schiffsbrücke beim Sommergarten nach dem Marmorpalais und der umliegenden Gegend,* Ausschnitt. Gouache von Wilhelm Barth, 1812.

Sammlungen waren die Hauptzwecke einer Unternehmung, in der ich von zweien meiner berühmten Freunde, [Christian Gottfried] Ehrenberg und Gustav Rose, begleitet war. Die Reise ging über Moskau, Kasan, die Ruinen des alten Bulghar nach Jekaterinenburg, den Goldseifenwerken des Ural und den Platinwäschen von Nishne-Tagilsk, über Bogoslowsk Werchoturje und Tobolsk nach dem Altai (Barnaul, dem malerischen Kolywanschen See, Schlangenberg und Ust-Kamenogorsk); von da nach den chinesischen Militärposten von Khonimailakhu, nahe am Dsaysansee in der Dsungarei. Von den mit ewigem Schnee bedeckten Bergen des Altai wendeten wir uns wieder gegen Westen, um den südlichen Ural zu erreichen. Von einem Pulk starkbewaffneter Kosaken immer begleitet, zogen wir durch die große Steppe von Ischim über Petropawlowsk, die Festung Omsk, Miass, wo 1842, in neun Fuß Tiefe, eine Goldmasse von 36 Kilogramm Gewicht gefunden worden ist, über den Salzsee Ilmen nach Slatoust, dem hohen Taganay, Orenburg und dem weit berufenen, mächtigen Stein-

*Nischni Nowgorod*. Holzstich aus dem Buch von Hermann Klencke: Alexander von Humboldt's Leben und Wirken, Reisen und Wissen, Leipzig: Otto Spamer, 1870. Die blühende Handelsstadt war, als Humboldt sie am 31. Mai 1829 besuchte, auf dem Weg, ein wichtiges Handels- und Industriezentrum des Russischen Reiches zu werden.

salzstock von Ilezk in der Kirgisensteppe der Kleinen Horde. Um Astrachan und das Kaspische Meer zu erreichen, musste man wegen der vielen Regengüsse und Überschwemmungen den Weg über Uralsk, den Hauptsitz der uralischen Kosaken, Saratow, den Eltonsee, Dubowka (berühmt wegen der eine Kanalverbindung versprechenden Nähe der Flüsse Don und Wolga), Zarizyn und die schöne Herrnhuterkolonie Sarepta in der Steppe der Kalmücken einschlagen. Nach einem interessanten Besuche bei dem Kalmückenfürsten Sered-Dschab, der sich und seinem Volke einen großen buddhistischen Tempel hat bauen lassen, wurde die Rückkehr über Woronesh, Tula und Moskau genommen.

Die ganze Expedition, welche in zwei Werken, in Gustav Roses *Mineralogisch-geognostische Reise nach dem Ural, Altai und dem Kaspischen Meere* (2 Bde., 1837–1842), und in meiner *Asie centrale, Recherches sur les chaînes de montagnes et la climatologie comparée* (3 Bde., 1843) beschrieben ist, hat etwas über neun Monate gedauert, in denen 2320 geographische Meilen (15 auf den Grad) [17 216 Kilometer] zurückgelegt wurden.[1]

Die russisch-sibirische Reise, die am 12. April 1829 begann und am 28. Dezember desselben Jahres endete, war eine logistische Meisterleistung: 12 244 Postpferde kamen dabei in schnellem Wechsel zum Einsatz. Während er in der Neuen Welt

*Die Wolga.* Holzstich eines anonymen Künstlers, um 1870. Den Weg von Nischni Nowgorod bis Kasan legten Humboldt und seine Reisegesellschaft vom 1. bis zum 4. Juni 1829 auf der Wolga zurück.

innerhalb von fünf Jahren rund 8000 Kilometer – nicht gerechnet die Seewege – zurückgelegt hatte, bereiste er im Russischen Reich in neun Monaten über 17 000 Kilometer – fast die halbe Länge des Äquators. Seine ständigen Begleiter waren der Mineraloge Gustav Rose, der Mediziner, Zoologe und Botaniker Christian Gottfried Ehrenberg und sein Diener Johann Seifert. Die Aufteilung der Forschungsaufgaben hatte den Vorteil, dass Humboldt sich vorwiegend geomagnetischen und astronomischen Beobachtungen widmen und die physische Geographie im Überblick studieren konnte. Diesmal forschte er allerdings nicht, wie in Amerika, als unabhängiger Wissenschaftler, sondern im Auftrag von Kaiser Nikolaus I., was seine Freiheiten in der Wahl der Untersuchungsbereiche und in den späteren Publikationen weitaus stärker einschränkte. Weder in

seinem Reisetagbuch, seinen Briefen noch in den Publikationen finden sich kritische politische Anmerkungen, geschweige denn Forderungen nach einer neuen liberalen Staatsform. Besonders in den Briefen an seinen Bruder schilderte Alexander vor allem alltägliche Begebenheiten der Reise. So berichtete er am 17. und 29. April 1829 aus Königsberg und Narwa:

Meine Reise, mein teurer Bruder, ist überaus leicht und glücklich gewesen. Wir sind gestern Morgen um 8 Uhr hier angekommen, nachdem wir alle vier Nächte durchreist und Oberpräsident von Schön in Marienburg sechs Stunden vergeblich erwartet haben. Die ungeheure Überschwemmung hat ihn wahrscheinlich gehindert von Marienwerder herüberzukommen. In Marienburg haben wir alle Herr-

225

lichkeiten unter der Anleitung eines pedantischen Predigers gesehen. Der Weg von Berlin hierher ist im Ganzen vortrefflich gewesen, einige Meilen Schnee und Eisdecke abgerechnet. Auch sind wir in der Tat recht schnell gereist, da wir oft gegessen und wegen der Haspen [Verschlüsse] eines aufgeschrobenen Koffers (an Ehrenbergs Wagen) uns drei Stunden haben aufhalten müssen. Hier lebe ich ganz mit dem so lebendigen und liebenswürdigen Bessel*, auf der von Dir erbauten Sternwarte, ich mache noch heute Morgen magnetische Beobachtungen mit ihm. Er hatte gestern alle Gelehrten zu Tische gebeten. Hier finde ich alle Unterstützung zum Weiterreisen bei dem Hofpostmeister Pfützer. Ich kann erst diese Nacht weiterreisen, da, nach Nachrichten von Memel, der Meerespass heute und morgen, da er nicht mehr hält, aufgeeist wird. Vielleicht werden wir noch auf der letzten Station der Nehrung (in Schwarzort) Aufenthalt finden, wenn etwa das aufgeeiste Haff noch zu große Schollen triebe. Auf der Weichsel fanden wir eine sehr gefahrlose Überfahrt. Meine Gesundheit ist vortrefflich, die Reisegesellschaft freundlich, und wir haben die vier Kubikfuß Medikamente von Ehrenberg noch nicht angebrochen. Ich umarme Dich zärtlichst, teurer Bruder, und bin stündlich mit Dir und Deiner künftigen Lage beschäftigt. Umarme Carolinchen und Hermann und schreibe drei Zeilen meinem verehrten Freunde General Witzleben, um ihm den Tag meiner Abreise von hier zu melden. Ich werde gewiss außer Dorpat (1 Tag) alle Zögerung vermeiden. Mit innigster Liebe Al. Humboldt.

*  Der Astronom, Mathematiker und Geodät Friedrich Wilhelm Bessel (1784–1846) war Direktor der Sternwarte in Königsberg.

Wenn ich nicht Zeit hätte, an Valenciennes zu schreiben, so entschuldige mich bei ihm.

Narwa, den 29. April 1829

Heute den 16. Tag unserer Abreise von Berlin, teurer, innigst geliebter Wilhelm, sind wir noch nicht in Petersburg, ob wir gleich vorsätzlich uns nur zwei Tage in Königsberg und einen Tag in Dorpat aufgehalten haben und immer des Nachts reisen. Aber die unglückliche Eigenschaft des Wassers, bald fest, bald flüssig zu sein, stört alle unsere Pläne. Die Wege selbst sind in der Tat erträglich, obgleich wir seit Dorpat alle Gräuel der Winterlandschaft um uns sehen, Schnee und Eis, soweit das Auge reicht, aber überall ist Aufenthalt bei den Flüssen, die entweder in vollem Eisgange sind, wie die Dana und Narowa (hier), oder die Ufer so weggerissen haben (wie an der Windau), dass man die Vorderräder im Schlamm fast verschwinden sieht und sich Balken nachfahren lassen muss, um über die tiefsten Löcher die Wagen, bei abgespannten Pferden, durch Bauernbegleitung hinüberstoßen zu lassen. Alles dies sind gewöhnliche Frühlingsereignisse, im Ganzen sehr gefahrlos und die unsere heitere Laune gar keinen Augenblick niedergeschlagen haben. Ich erwähne diese Stromhindernisse (und bis heute sind wir 17-mal mit Prahmen [offene Kähne mit flachem Boden] übergesetzt worden), bloß, um zu beweisen, dass die so verspätete Ankunft nicht unsere Schuld ist.

In Memel haben wir ein angenehmes und splendides Diner bei dem reichen Geheimen Postrat Goldbeck, Deputationen der Kaufmannschaft und alle Ehren wichtiger Personen gehabt. Bei Paplacken vor Mitau sahen wir schön gekleidete Damen durch ein nasses

*Tobolsk.* Kolorierter Holzstich von Elisee Reclus aus: La Nouvelle Géographie Universelle, la Terre et les Hommes, ca. 1878. Tobolsk war zu Humboldts Zeit die Verwaltungsmetropole des Generalgouvernements Westsibirien, das aufgrund seiner Größe und der Vollmachten des Generalgouverneurs eine Art Staat im Staate bildete.

Ackerfeld reiten, um sich unserem im Kot feststeckenden Wagen zu nahen. Wir glaubten, es sei vor Freude, welche die Bewohner des nahen Schlosses sich gaben, um sich an den Schiffbrüchigen zu ergötzen. Bald löste sich die Sache auf. Als wir, dem Kote entwunden, ¼ Meile weiter waren, eilte uns in vollem Galopp ein zierlich gekleideter Livréebedienter nach, hielt den Wagen an, fragte, ob ich darinnen sei, zog einen silbernen Präsentierteller und zwei kleine silberne Becher aus einem Futteral und reichte uns eine Bouteille des trefflichsten Ungar-Weins nebst einer großen Schachtel echt französischer Confituren. Dies alles sandte uns der Starost von Paplacken, ein Graf von der Ropp, »weil es seinen Damen nicht geglückt sei, uns in das Schloss einzuladen«. Zivilisierter kann man nicht die Gastfreundschaft ausüben. Wir hörten in Mitau, er sei ein Verwandter der Herzogin von Kur-

land und besitze eine Statue von Thorvaldsen.* Die Szene war von Pflugacker mit drei Birken und zwei Kiefern umgeben, die Gegend des Oranienburger Tores, welche sich mit liebenswürdiger Einförmigkeit nun schon 200 Meilen weit gegen NO ausdehnt. Das Charakteristischste dieser Unnatur, was ich gesehen, ist die Nehrung, auf der wir vier bis fünf Tage lang gelebt, fünf Muscheln und drei Lichenen [Flechten] gefunden. Wenn Schinkel** dort einige Backsteine zusammenkleben ließe, wenn ein Montagsclub, ein Zirkel von kunstliebenden Judendemoiselles und eine Akademie auf jenen mit Gesträppe bewachsenen

---

\* Bertel Thorvaldsen (1770–1844), dänischer Bildhauer.

\** Karl Friedrich Schinkel (1781–1841), preußischer Architekt, Baumeister, Stadtplaner und Maler. Er prägte den Klassizismus in Preußen und baute auf Wilhelms Wunsch auch das Schloss Tegel in klassizistischem Stil um.

*Steppenfahrt.* Holzstich aus dem Buch von Hermann Klencke: Alexander von Humboldt's Leben und Wirken, Reisen und Wissen, Leipzig: Otto Spamer 1870. Mehr als 12 000 Postpferde kamen während Humboldts Reise in schnellem Wechsel zum Einsatz. Die guten Straßen ermöglichten Tagesstecken von 300 Kilometern.

Sandsteppen eingerichtet würde, so fehlte nichts, um ein neues Berlin zu bilden, ja, ich würde die neue Schöpfung vorziehen, denn die Sonne habe ich herrlich auf der Nehrung sich in das Meer tauchen sehen. Dazu spricht man dort, wie du weißt, rein Sanscrito, Litauisch.[2]

Einen weiteren Brief schickte Alexander aus Jekaterinburg an seinen Bruder. Er ist datiert auf den 9. und 21. September 1829. Unter dem Datum findet sich die Bemerkung: »Ein Ball, von dem ich komme und wo ich habe eine Quadrille tanzen müssen!!«

So sind wir denn ohne Unfälle, teurer Bruder, in Asien angekommen. Seit 6 Tagen sind wir im Ural, die asiatische Grenze hat freilich einiges Ansehen der Tegelschen Heide, aber mit denselben Bestandteilen sind doch die Wälder anders gruppiert. Schöne Linden- und Pappelwälder angenehm mit Lärchenbäumen gemischt; dazu der Boden mit Linnaea borealis [Moosglöckchen] wie mit Moos bedeckt; die herrliche Cypripedia [Frauenschuh] und andere sibirische Pflanzen, eine Anzahl wilder Rosen, alles in Pracht der Frühlingsvegetation. Seit Kasan besonders an der Grenze von Europa in den Gouvernements Wiatka und Perm schöne Kies-Chausseen wie in England. Die Vorsorge der Regierung für unsere Reise ist nicht auszusprechen, ein ewiges Begrüßen, Vorreiten und Vorfahren von Polizeileuten, Administratoren, Kosakenwachen aufgestellt! Leider aber auch fast kein Augenblick des Alleinseins, kein Schritt,

228

ohne dass man ganz wie ein Kranker unter der Achsel geführt wird! Ich möchte Leopold Buch* in dieser Lage sehen. Die geognostische Ausbeute ist schon sehr wichtig gewesen, ebenso die Zahl magnetischer, barometrischer und astronomischer Beobachtungen. Das Tier- und Pflanzenreich bisher ziemlich gemein, doch viel neue Süßwassermuscheln. Meine Gesundheit ist ununterbrochen besser als in Berlin gewesen. Die zwei Reisebegleiter [Ehrenberg und Rose] tätig und angenehm. Ehrenberg gewinnt sehr in der Nähe, er ist gutmütig, lebendig und spirituell zugleich. Eine Sibirische Reise ist nicht entzückend wie eine Südamerikanische, aber man hat das Gefühl, etwas Nützliches unternommen und eine große Länderstrecke durchreist zu haben. Wir sind hier so weit von Paris [entfernt,] als Cayenne [die Hauptstadt von Französich-Guayana, von Paris entfernt ist]. Das Wetter war bisher sehr günstig, aber seit den zwei Tagen, die wir in den Gruben von Beresow waren (Gruben, die noch voll Eis sind), regnet es. Temperatur: 9 °R [11,25 °C]. Wir aßen heute bei einem Bergwerksbesitzer, der 50 Pud (à 40 Pfd.) Goldstaub und 1 500 000 Francs revenue [Erlös] hat, ein bärtiger Kaufmann H. Charitonow. Ein anderer, H. Jacowlew, hat 3 Millionen Francs Einkünfte. Seit Kasan gibt es kein Wirtshaus mehr, man schläft auf Bänken oder im Wagen, doch ist das Leben erträglich und ich klage nicht. Bis jetzt haben wir in unserer vorgeschriebenen Rechnung einige Tage (sechs) gewonnen, und wir können (auch wenn wir von Omsk etwas östlicher bis Se-

mipalatinsk und Buchtarma, wo die ersten chinesischen Vorposten vordringen) Ende September in Moskau und Anfang November in Berlin sein! Eine solche Reise, eine solche Ansicht so vieler Völker, Tataren, Baschkiren, Waiteken, Wogulen, Kalmücken, Kirgisen, Buklaren wird angenehme Erinnerungen hinterlassen. Morgen, teurer Bruder, ist Dein Geburtstag, ich feiere ihn morgen am asiatischen Ural in den Kupfergruben von Gumischewsk. Ich bin ganz gerührt, indem ich diese Zeilen schreibe, und wie gern wäre ich morgen bei Euch im Familienkreise. Dich herzlich umarmend, grüße ich mit inniger Liebe die unserigen alle.[3]

Die wissenschaftlichen Ergebnisse der Reise fasste Humboldt am 28. November 1829 in einer Rede vor der außerordentlichen Versammlung der Kaiserlichen Akademie der Wissenschaften von Sankt Petersburg zusammen:

Als ich den eisigen Kamm der Kordilleren und die Wälder der äquinoktialen Tiefländer durchquert hatte, in meine Heimat zurückkehrte und dem unruhigen Europa wiedergegeben wurde, nachdem ich lange Zeit die Ruhe der Natur und den beeindruckenden Anblick ihrer wilden Üppigkeit genossen hatte, hat mir diese erlauchte Akademie als ein öffentliches Zeichen ihres Wohlwollens die Ehre gewährt, in sie aufgenommen zu werden. Ich denke heute noch gern an die Zeit meines Lebens zurück, als dieselbe beredte Stimme, die Sie zur Eröffnung dieser Sitzung gehört haben, mich in Ihre Mitte rief und es mit geistreichen Erdichtungen verstand, mich fast davon zu überzeugen, die Palme verdient zu haben, die Sie mir zuerkannt hatten. Wie weit war ich damals davon entfernt

---

*   Leopold von Buch (1774–1853) war einer der bedeutendsten Geologen des 19. Jahrhunderts. Humboldt schilderte ihn als genial, menschenscheu und weltfremd.

zu ahnen, dass ich erst wieder nach Rückkehr von den Ufern des Irtysch, von den Grenzen der chinesischen Dsungarei, von den Ufern des Kaspischen Meeres an einer Versammlung unter Ihrem Vorsitz, mein Herr, teilnehmen würde. Durch die glückliche Verkettung von Dingen im Laufe eines unruhigen und manchmal mühevollen Lebens konnte ich die Gold führenden Gebiete des Ural und Neu-Granadas vergleichen, die Hebungsformationen von Porphyr und Trachyt Mexikos mit denen des Altai, die Savannen (Llanos) des Orinoco mit den Steppen des südlichen Sibirien, die den friedlichen Eroberungen der Landwirtschaft und den industriellen Künsten, die, indem sie die Völker bereichern, ihre Sitten mildern und in zunehmendem Maße den Zustand der Gesellschaft verbessern, ein weites Feld bieten.

Ich konnte zum Teil die gleichen Instrumente oder solche einer ähnlichen, aber verbesserten Konstruktion an die Ufer des Ob und des Amazonas tragen. Während der langen Zeitspanne, die meine beiden Reisen getrennt hat, hat sich das Antlitz der physischen Wissenschaften, vor allem der Geognosie, der Chemie und der elektromagnetischen Theorie beträchtlich geändert. Neue Geräte, ich würde fast zu sagen wagen, neue Organe, sind geschaffen worden, um den Menschen in einem engeren Kontakt mit den geheimnisvollen Kräften zu bringen, die das Werk der Schöpfung beleben und deren ungleicher Kampf, deren scheinbare Störungen ewigen Gesetzen unterliegen. Wenn die modernen Reisenden in kurzer Zeit einen größeren Raum der Erdoberfläche ihren Beobachtungen unterwerfen können, dann verdanken sie die Vorteile, die sie genießen, den Fortschritten

der mathematischen und physischen Wissenschaften, der Präzision der Instrumente, der Vervollkommnung der Methoden, der Kunst, Tatsachen zusammenzufassen und sich zu allgemeinen Betrachtungen zu erheben. Der Reisende setzt das in die Tat um, was durch den wohltuenden Einfluss der Akademien, durch die Studien des häuslichen Lebens in der Stille des Arbeitszimmers vorbereitet wurde. Um das Verdienst der Reisenden verschiedener Epochen gerecht und billig zu beurteilen, muss man vor allem den Entwicklungsgrad kennen, den die praktische Astronomie, die geognostischen Kenntnisse, das Studium der Atmosphäre und die beschreibende Naturgeschichte zu gleicher Zeit erreicht hatten. Auf diese Weise muss sich der mehr oder weniger blühende Kulturzustand des großen Gebietes der Wissenschaften in dem Reisenden widerspiegeln, der sich auf das Niveau seiner Zeit erheben will; so müssen die Reisen, unternommen, um das physikalische Wissen der Erdkugel zu erweitern, zu verschiedenen Zeitaltern einen individuellen Charakter, die Physiognomie einer gegebenen Epoche darbieten; so müssen sie der Ausdruck des Kulturzustandes sein, den die Wissenschaften schrittweise durchmessen haben. [...]

Wenn, wie wir es eben erst anhand von neuen Beispielen bewiesen haben, die große Ausdehnung des Russischen Reiches, die größer ist als der sichtbare Teil des Mondes, das Zusammenwirken einer großen Anzahl von Beobachtern verlangt, so bietet diese gleiche Ausdehnung auch Vorteile anderer Art, die Ihnen, meine Herren, seit langem bekannt sind, die aber, in ihrem Bezug auf die gegenwärtigen Bedürfnisse der Physik der Erdkugel

*Granitfelsen am Kolywansee*. Holzstich aus dem Buch von Hermann Klencke: Alexander von Humboldt's Leben und Wirken, Reisen und Wissen, Leipzig: Otto Spamer, 1882. In seinem Werk Central-Asien (1843) erinnert sich Humboldt an diese »höchst romantische Ansicht der Granitfelsen von der sonderbarsten Form, die sich ganz plötzlich und unmittelbar aus der Steppe erheben wie kleine einzeln stehende Altäre, andere fernere wie Mauern und Ruinen alter Burgen«.

*Am Abhang des Altai*. Holzstich eines anonymen Künstlers, um 1870. Humboldt war begeistert von der »herrlichen Schweizer Gegend bei den Syrianowskischen Schneebergen des Altai« und schrieb: »Der Ural ist freilich bergmännisch von großer Wichtigkeit, aber die eigentliche Freude einer asiatischen Reise hat uns doch erst der Altai [...] verschafft.«

231

*Omsk.* Kolorierter Holzstich von Elisee Reclus aus: La Nouvelle Géographie Universelle, la Terre et les Hommes, ca. 1878. Ende August 1829 besichtigte Humboldt in der sibirischen Stadt am Zusammenfluss von Irtysch und Om eine Kosakenschule und eine Tuchfabrik.

mir nicht genug allgemein anerkannt zu sein scheinen. Ich werde nicht von dem unermesslichen Maßstab reden, auf dem man, von Livland und Finnland bis zur Ostasien und das russische Amerika umspülenden Südsee, ohne die Grenzen eines Staates zu überschreiten, Lagerung und Formation der Felsen aller Zeitalter studieren kann, die Überreste der Meerestiere, welche frühe Umwälzungen unseres Planeten im Schoß der Erde versenkt haben; die Riesenskelette der Land-Vierfüßler, deren Vergleichsformen verloren sind oder nur in der Region der Tropen leben; ich werde die Aufmerksamkeit dieser Versammlung nicht bei der Hilfe festhalten, welche die Geographie der Pflanzen und der Tiere (eine Wissenschaft, die noch kaum flüchtig entworfen ist) eines Tages aus einer vertieften spezifischen

Kenntnis der klimatischen Verteilung der komplexen Lebewesen von den glücklichen Gegenden der Krim und Mingreliens her, von den Grenzen Persiens und Kleinasiens bis an die öden Ufer des Eismeeres ziehen wird; ich verweile mit Vorliebe bei diesen veränderlichen Erscheinungen, deren regelmäßige Wiederkehr, die, mit der strengen Genauigkeit astronomischer Beobachtungen festgestellt, unmittelbar zur Entdeckung der großen Gesetze der Natur führen würde. [...]

Ein Land, das sich über mehr als 135 Längengrade erstreckt, von der glücklichen Zone der Olivenbäume bis zu den Landstrichen, wo der Boden nur noch mit flechtenartigen Pflanzen bedeckt ist, kann mehr als alles andere das Studium der Atmosphäre, die Kenntnis der mittleren Jahrestemperatur und, was noch sehr viel wichtiger für den Zyklus der Vegetation ist, das Studium der Verteilung der jährlichen Wärme auf die verschiedenen Jahreszeiten vorantreiben. Nehmen Sie, um eine Gruppe eng miteinander verbundener Tatsachen zu erhalten, zu diesen Daten den wechselnden Luftdruck und das Verhältnis dieses Druckes mit den vorherrschenden Winden und der Temperatur hinzu, das Ausmaß der stündlichen Schwankungen des Barometers (Schwankungen, die in den Tropen eine mit Quecksilber gefüllte Röhre in eine Art Uhr von unerschütterlichstem Gang verwandeln), der hygrometrische Zustand der Luft und die jährliche Regenmenge, die zu kennen für die Bedürfnisse der Landwirtschaft so wichtig ist. Wenn man die variierten Ablenkungen der isother-

men Linien oder Linien von gleicher Wärme gemäß genauen Beobachtungen aufzeichnen und diese wenigstens fünf Jahre im europäischen Russland und in Sibirien fortführen wird; wenn man sie bis zu den westlichen Küsten Amerikas verlängern wird, [...] dann wird die Wissenschaft der Wärmeverteilung auf der Erdoberfläche und in den Schichten, die unseren Forschungen zugänglich sind, auf solide Grundlagen gegründet sein.[4]

Tatsächlich gelang es, auf Anregung Humboldts ein Netz von Messstationen in Russland aufzubauen und ein Zentrum für meteorologische und geomagnetische Messungen des Physikalischen Zentralobservatoriums in Petersburg einzurichten.

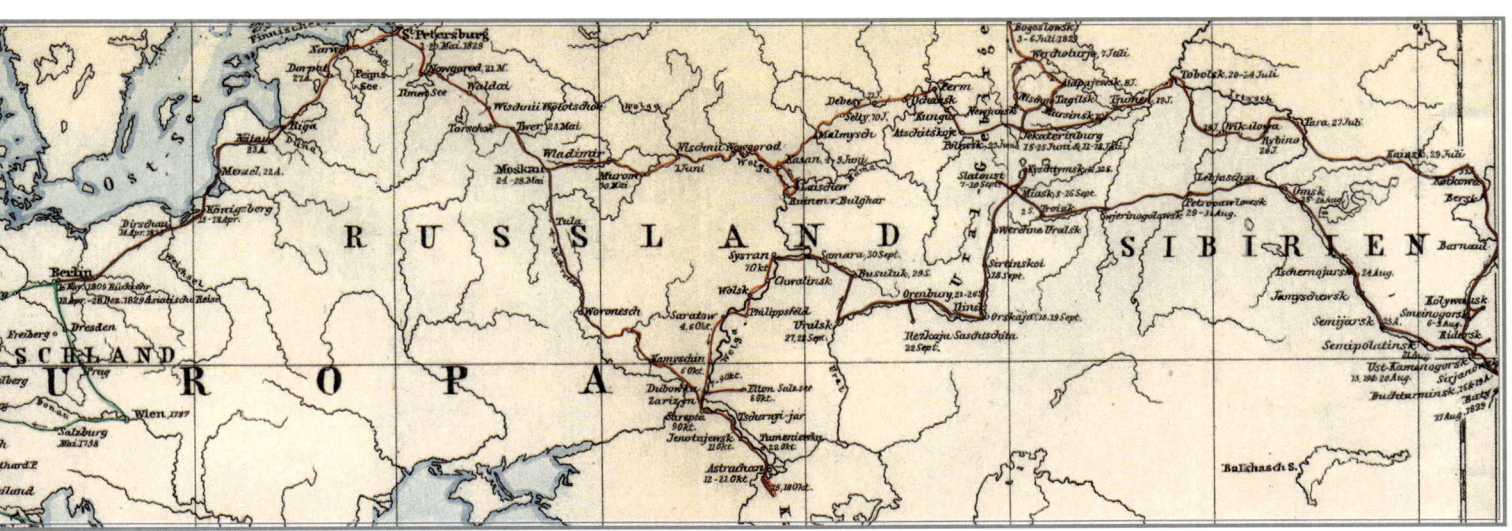

*Die russisch-sibirische Reise.* Ausschnitt der »Karte zur Übersicht von A. von Humboldt's Reisen in der Neuen und Alten Welt« von August Petermann, Gotha: Justus Perthes, 1869.

*Alexander von Humboldt.* Stahlstich von C. Cook nach einem Gemälde von Emma Gaggiotti Richards, 1854.

# Kosmos. Entwurf einer physischen Weltbeschreibung

Im Jahr 1834 begann Humboldt mit einer Arbeit, die dem amerikanischen Reisewerk in seinem Anspruch in nichts nachstehen und ihn bis zum Ende seines Lebens beschäftigen sollte. Am 24. Oktober 1834 schrieb er an seinen Freund, den Publizisten Karl August Varnhagen von Ense:

Ich fange den Druck meines Werks (des Werks meines Lebens) an. Ich habe den tollen Einfall, die ganze materielle Welt, alles was wir heute von den Erscheinungen der Himmelsräume und des Erdenlebens, von den Nebelsternen bis zur Geographie der Moose auf den Granitfelsen wissen, alles in *einem* Werke darzustellen, und in einem Werke, das zugleich in lebendiger Sprache anregt und das Gemüt ergötzt. Jede große und wichtige Idee, die irgendwo aufgeglimmt, muss neben den Tatsachen hier verzeichnet sein. Es muss eine Epoche der geistigen Entwickelung der Menschheit (in ihrem Wissen von der Natur) darstellen. Die Prolegomena sind meist fertig, der ganz neu umgearbeitete, von mir frei gehaltene, aber an demselben Tage diktierte *Discours d'ouverture*, das Na-

turgemälde, die Anregungsmittel zum Naturstudium im Geiste unserer Zeit – dreierlei: 1) *Poésie descriptive* und lebendige Schilderung der Naturszenen in modernen Reiseberichten; 2) Landschaftsmalerei, Darstellung, sinnliche, einer erotischen Natur, wann sie entstanden, wann sie Bedürfnis und hohe Freude geworden, warum das leidenschaftliche Altertum sie nicht haben konnte; 3) Pflanzungen, Gruppierung nach Pflanzenphysiognomik (nicht botanische Gärten); Geschichte der physischen Weltbeschreibung, wie die Idee der Welt, des Zusammenhangs aller Erscheinungen, den Völkern durch den Lauf der Jahrhunderte klar geworden ist.

Diese Prolegomena sind die Hauptsache und erhalten den generellen Teil, ihm folgt der spezielle – die Einzelheiten, geordnet (ich lege Ihnen einen Teil eines tabellarischen Registers bei). Weltraum – die ganze physische Astronomie – Unser fester Erdkörper, Inneres, Äußeres, Elektro-Magnetismus des Inneren. Vulkanismus, d. h. Reaktion des Inneren eines Planeten auf seine Oberfläche. Gliederung der Massen. Eine kleine Geognosie – Meer

– Luftkreis – Klimate – Organisches – Geographie der Pflanzen. Geographie der Tiere – Menschen-Rassen und Sprache – deren dann physische Organisation (Artikulation der Töne) von der Intelligenz (deren Produkt, Manifestation die Sprache ist) beherrscht wird. In dem speziellen Teile alle numerischen Resultate, die genauesten wie in Laplace *Exposition du système du monde*. Da diese Einzelheiten nicht derselben literarischen Darstellung fähig sind als die allgemeinen Kombinationen des Naturwissens, so wird das nur Faktische nur in kurzen Sätzen fast tabellarisch geordnet, so dass z. B. über Klimate, über Erdmagnetismus der fleißige Leser in wenigen Blättern alle Resultate zusammengedrängt finden muss, die ein Studium vieler Jahre nur liefern würde. Die Formähnlichkeit (literarische Übereinstimmung) mit dem allgemeinen Teile wird vermittelt durch kleine Einleitungen zu jedem speziellen Kapitel. Otfried Müller hat in seiner vortrefflich geschriebenen Archäologie dieselbe Methode sehr glücklich befolgt.

Ich habe gewünscht, dass Sie, hochverehrter Freund, einen deutlichen Begriff von meinen Unternehmungen durch mich selbst erhalten möchten. Es ist mir nicht geglückt, das Ganze in *einem* Band zusammenzudrängen, und doch würde es in dieser Kürze den großartigsten Eindruck hinterlassen haben. Ich hoffe, dass zwei Bände das Ganze fassen. Keine Note unter dem Texte, aber hinter den Kapiteln Noten, welche ganz ungelesen bleiben können, die aber solide Erudition und mehr Einzelheiten enthalten. Das Ganze ist nicht, was man gemeinhin *physikalische Erdbeschreibung* nennt, es begreift Himmel und Erde, alles Geschaffene. Ich hatte vor 15 Jahren

angefangen, es französisch zu schreiben, und nannte es *Essai sur la Physique du Monde*. In Deutschland wollte ich es anfangs *Das Buch von der Natur* nennen, wie man dergleichen im Mittelalter von Albertus Magnus hat. Das ist alles aber unbestimmt. Jetzt ist mein Titel: *Kosmos. Entwurf einer physischen Weltbeschreibung von A. v. H. Nach erweiterten Umrissen seiner Vorlesungen in den Jahren 1827 und 1828. Bei Cotta.* Ich wünsche das Wort Kosmos hinzuzufügen, ja die Menschen zu zwingen das Buch so zu nennen, um zu vermeiden, dass man nicht H.'s physische Erdbeschreibung sage, was denn das Ding in die Klasse der Mittersacherschen Schriften werfen würde. Weltbeschreibung (nach Weltgeschichte geformt) würde man als ungebräuchliches Wort immer mit Erdbeschreibung verwechseln. Ich weiß, dass Kosmos sehr vornehm ist und nicht ohne gewisse Afféterie [Maniriertheit], aber der Titel sagt mit einem Schlagworte *Himmel und Erde*, und steht der Gäa (dem etwas schlechten Erdbuche von Prof. Zeune*, einer wahren Erdbeschreibung) entgegen. Mein Bruder ist auch für den Titel Kosmos, ich habe lange geschwankt.

Nun meine Bitte, teurer Freund! Ich kann es nicht über mich gewinnen, den Anfang meines Manuskripts wegzusenden, ohne Sie anzuflehen, einen kritischen Blick darauf zu werfen. Sie haben ein so großes Talent der anmutreichsten Schreibart, Sie sind auch so geistreich und unabhängig, dass Sie Formen des Schreibens nicht geradehin zurückstoßen, die individuell sind, und von den Ihrigen abweichen. Lesen

---

*   Johann August Zeune (1778–1853) war ein deutscher Pädagoge, Geograph und Germanist. 1808 veröffentlichte er das Werk *Gea. Versuch einer wissenschaftlichen Erdkunde.*

*Die Isothermkurven der Nördlichen Halbkugel.* Kolorierter Stahlstich, 1838, in: Dr. Heinrich Berghaus'
Physikalischer Atlas [...] zu Alexander von Humboldts Kosmos. Gotha: Justus Perthes, 2. Auflage 1852. Im Jahr
1817 erfand Humboldt die Isothermen. Das sind Linien, die Orte gleicher mittlerer Jahrestemperatur miteinander
verbinden. Humboldt hielt sie für einen seiner wichtigsten wissenschaftlichen Beiträge überhaupt; sie sind bis
heute die gängige kartographische Darstellung in der Klimageographie.

Sie gewogentlichst die Rede, und legen Sie ein Blättchen an, auf welches Sie schreiben, ganz ohne Gründe anzugeben: so ... hätte ich lieber statt so ... dieses. Tadeln Sie aber nicht, ohne mir zu helfen. Auch beruhigen Sie mich über den Titel. [...]

Die Hauptgebrechen meines Stils sind eine unglückliche Neigung zu allzu dichterischen Formen, eine lange Partizipial-Konstruktion und ein zu großes Konzentrieren vielfacher Ansichten, Gefühle in einen Periodenbau. Ich glaube, dass diese meiner Individualität anhängenden Radikal-Übel durch eine danebenstehende ernste Einfachheit und Verallgemeinerung (ein Schweben über der Beobachtung, wenn ich eitel so sagen dürfte) gemindert werden. Ein Buch von der Natur muss den Eindruck wie die Natur selbst hervorbringen. Worauf ich aber besonders wie in meinen *Ansichten der Natur* geachtet und worin meine Manier von [Georg] Forster und [François-René de] Chateaubriand* ganz verschieden ist, ich habe gesucht, immer *wahr* beschreibend, bezeichnend, selbst scientistisch wahr zu sein, ohne in die dürre Region des Wissens zu gelangen. [1]

---

\* François-René de Chateaubriand (1768–1848), französischer Schriftsteller, Politiker und Diplomat. Er gilt als Begründer der Romantik in Frankreich.

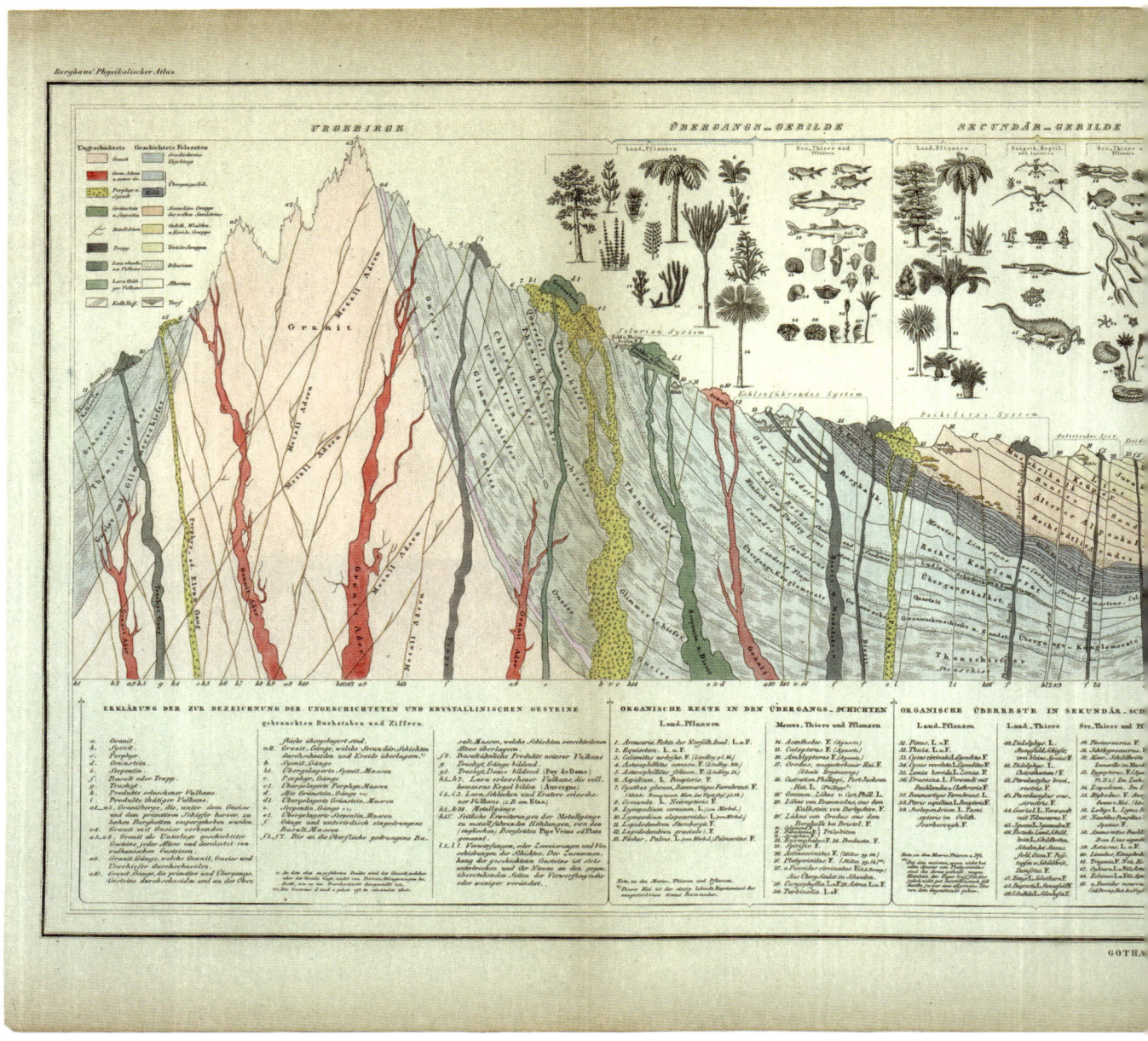

*Idealer Durchschnitt eines Teils der Erdrinde.* Kolorierter Stahlstich, 1841, in: Dr. Heinrich Berghaus' Physikalischer Atlas [...] zu Alexander von Humbo

Alexander von Humboldt war 64 Jahre alt, als er mit dem gigantischen Publikationsprojekt begann. Doch, wie in fast allen seinen Unternehmungen, benötigte er weitaus mehr Zeit als ursprünglich angenommen. Dreieinhalb Jahre später, im Februar 1838, beruhigte er seinen Verleger Georg von Cotta:

Ich bitte Sie inständigst, nie einen Augenblick daran zu zweifeln, dass ich das Werk mit Liebe *für Sie* bearbeite. Die Gefahr mit einem Menschen sich einzulassen, der halb fossil und 1769 geboren ist, kenne ich sehr wohl – aber auch auf diesen Umstand, mit sehr ruhigem Gemüte hindeutend, werde ich *für Sie*

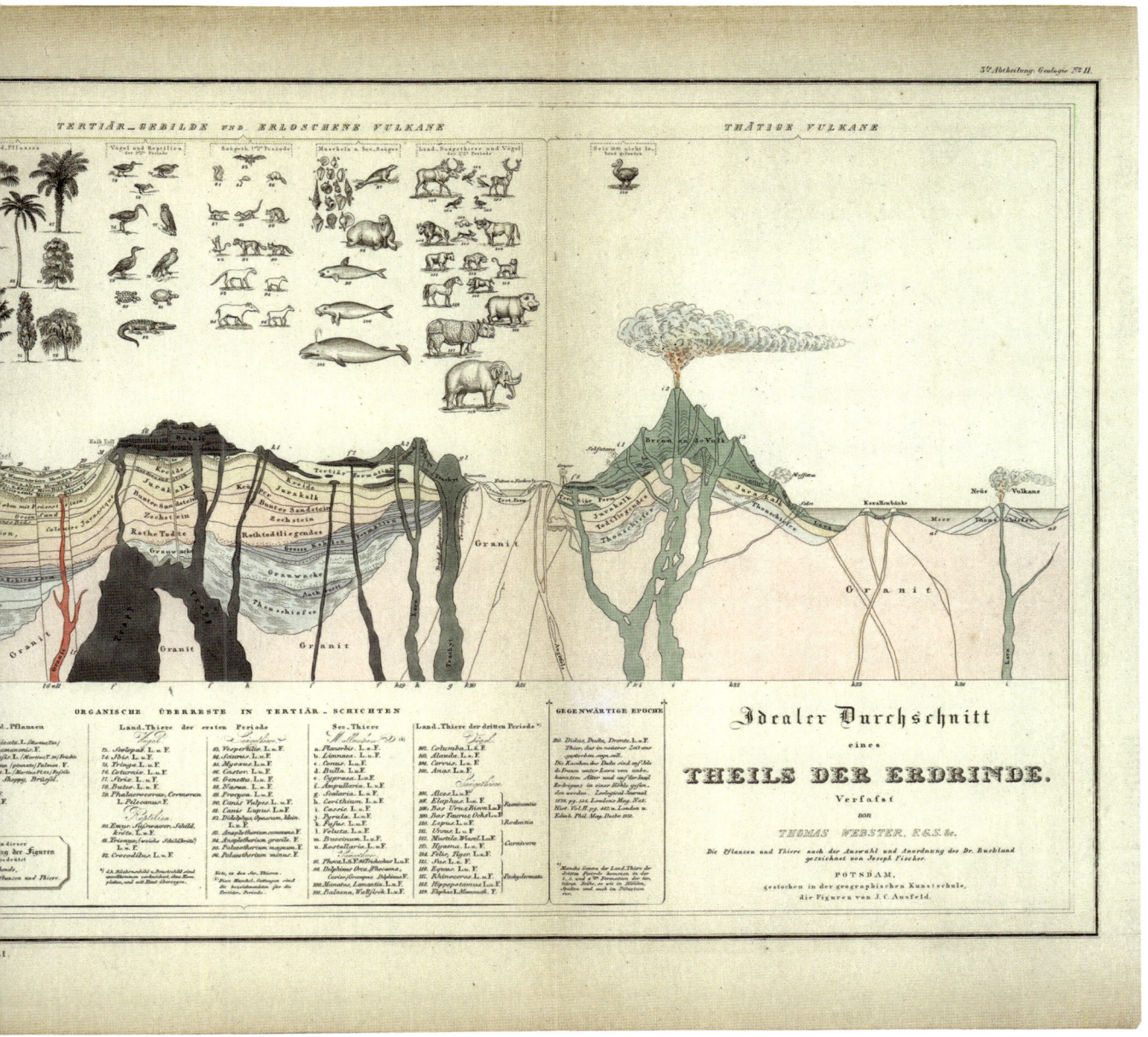

Kosmos. Gotha: Justus Perthes, 2. Auflage 1852. Dieses Profil geht auf Humboldts Idee, »ganze Länder darzustellen wie ein Bergwerk«, zurück.

sorgen. [...] Das Werk ist die gewissenhafteste meiner Arbeiten, es enthält sehr wichtige und neue Ansichten. Es ist ein Schwert in der Brust, das nun heraus muss. Ich gehe keine Nacht vor halb drei zu Bette und lebe der Hoffnung, bis zum Mai das Ganze zu vollenden. Der Kaiserbesuch [des Zaren Nikolai I.] ist freilich eine schlimme Zeit, aber meine Gesundheit ist jetzt vortrefflich und mein Wille sehr stark. Dazu (lassen Sie diesen Brief niemand lesen) brauch ich Geld, als Folge ehemaliger Reise-Verwirrungen, und bin also auch von der Seite ganz gemein prosaisch interessiert, eine andere Arbeit zu beginnen.[2]

Der erste Band des *Kosmos – Entwurf einer physischen Weltbeschreibung* erschien schließlich 1845, der fünfte, unvollendete, im Jahr 1862, drei Jahre nach Humboldts Tod. Das Werk war Humboldts Versuch einer zusammenhängenden Darstellung »alles Geschaffenen im Erd- und Himmelsraum«, in der die Natur »als ein durch innere Kräfte bewegtes und belebtes Ganzes«[3] gezeigt wird. Alexander von Humboldt zeigte ihre Phänomene darin als ein Netzwerk, als »eine allgemeine Verkettung nicht in einfach linearer Richtung, sondern in netzartig verschlungenem Gewebe«[4]. Hatte seine amerikanische Reise das Fundament zu seiner »physischen Erd-

beschreibung« gelegt, so bezeichnete er seinen *Kosmos* nun als »physische Weltbeschreibung«, da er darin auch die Betrachtung des Weltalls mit einbezog. Das Buch wurde ein Bestseller. Als 1847 der zweite Band erschien, lieferten sich die Käufer »wirkliche Schlachten«[5] um die ersten Exemplare, wie sein Verleger Cotta bemerkte. Wie ein Besessener arbeitete Humboldt an dem Werk, immer wieder bemüht, die neuesten wissenschaftlichen Ergebnisse mit einzubeziehen. Es war ein Wettlauf mit der verbleibenden Lebenszeit und ein letztendlich vergeblicher Versuch, Schritt zu halten mit der immer rasanteren weltweiten Wissensproduktion und den sich immer weiter

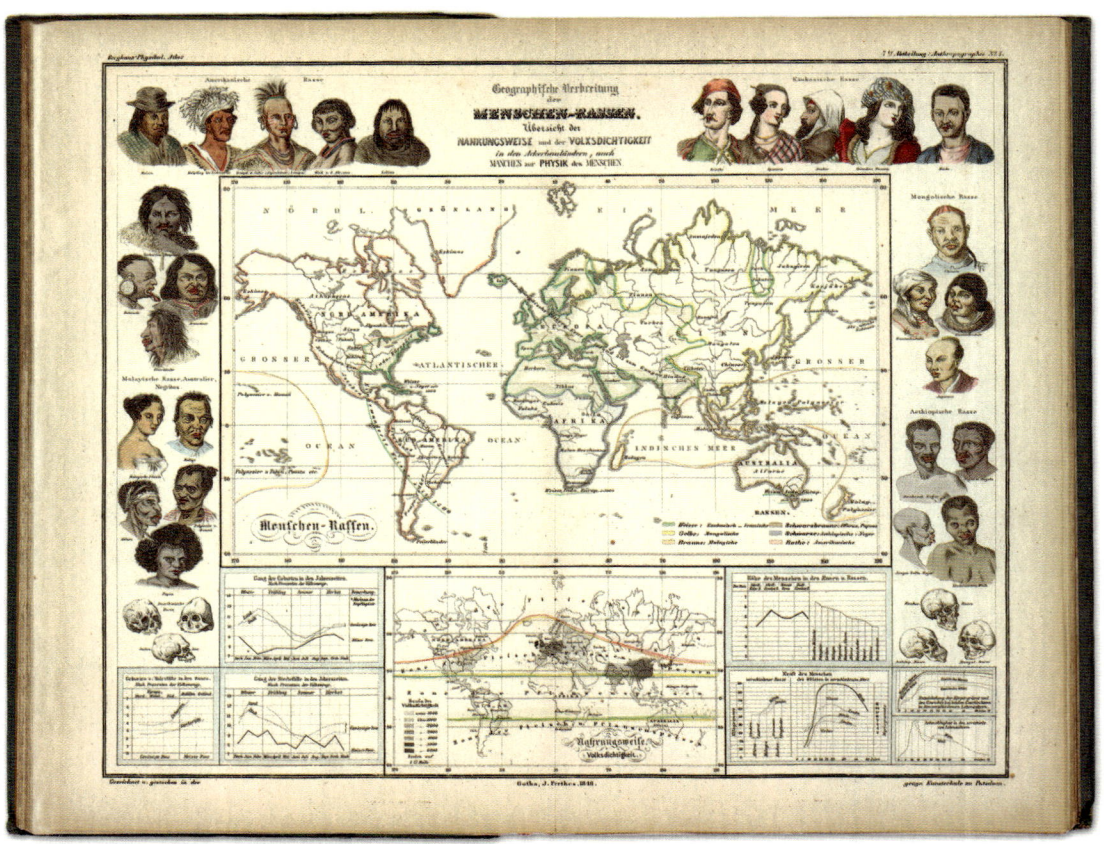

*Geographische Verbreitung der Menschen-Rassen.* Kolorierter Stahlstich, 1848, in: Dr. Heinrich Berghaus' Physikalischer Atlas [...] zu Alexander von Humboldts Kosmos. Gotha: Justus Perthes, 2. Auflage 1852. »Indem wir die Einheit des Menschengeschlechtes behaupten, widerstreben wir auch jeder unerfreulichen Annahme von höheren und niederen Menschenrassen«, schrieb Humboldt im *Kosmos*.

ausdifferenzierenden wissenschaftlichen Disziplinen. Auch wenn dieser Wettlauf nicht zu gewinnen war, stellte sich ihm Humboldt Tag für Tag und Nacht für Nacht aufs Neue:

> Meine Gesundheit erlaubt die nächtliche Arbeitsamkeit. Den Tag klingelt man bei mir wie in einem Branntweinladen. Man hält mich für das Adresscomptoir der Stadt. Die Nacht ist Ruhe und da ich erst um 11 ½ h von Charlottenburg meist [in die Wohnung in der Oranienburger Straße] heimkehre, so ist meine schöne Arbeitszeit bis 2 ½ und 3 Uhr morgens. Die Notwendigkeit des periodischen Schlafs ist ein Vorurteil, sage ich oft scherzweise.[6]

Auch im Alter war Humboldts Willensstärke ungebrochen. Nichts hatte sich an seiner Lebenseinstellung geändert. Die 50 Jahre alte Aussage des jungen, aufbruchsbereiten Forschungsreisenden galt noch immer:

> Ich weiß wohl, dass ich meinem großen Werke über die Natur nicht gewachsen bin, aber dieses ewige Treiben in mir (als wären es 10 000 Säue) wird nur durch die stete Richtung nach etwas Großem und Bleibendem erhalten.[7]

Seine Arbeit am *Kosmos* war aber auch Flucht aus dem oft tristen Berliner Alltag des »durch Bankette gequälten Jubelgreise[s]«[8], der Tag für Tag mit zahllosen Bitten und Anfragen bestürmt wurde und dem der Hofdienst gelegentlich auch eine Plage war:

> Ich flüchte mich vor den ewigen Klagen [des Königs] über Undankbarkeit des entarteten Geschlechts, die auch ich mit anhören muss, und vor

dem unaufhörlichen Schaukeln in der Wahl dessen, was zu tun sei, so oft es meine Stellung gestattet, in den unendlichen Kosmos, in der Ergründung seiner Erscheinungen und Gesetze die Ruhe suchend und findend, die mir am Abend meines vielbewegten Lebens so Not tut.[9]

Wie sehr den 76-jährigen Humboldt die Fertigstellung des ersten Bandes seines *Kosmos* bewegte und welches Ziel er mit dem Werk verfolgte, legte er in der Vorrede dar:

> Ich übergebe am späten Abend eines vielbewegten Lebens dem deutschen Publikum ein Werk, dessen Bild in unbestimmten Umrissen mir fast ein halbes Jahrhundert lang vor der Seele schwebte. In manchen Stimmungen habe ich dieses Werk für unausführbar gehalten: und bin, wenn ich es aufgegeben, wieder, vielleicht unvorsichtig, zu demselben zurückgekehrt. Ich widme es meinen Zeitgenossen mit der Schüchternheit, die ein gerechtes Misstrauen in das Maß meiner Kräfte mir einflößen muss. Ich suche zu vergessen, dass lange erwartete Schriften gewöhnlich sich minderer Nachsicht zu erfreuen haben.
>
> Wenn durch äußere Lebensverhältnisse und durch einen unwiderstehlichen Drang nach verschiedenartigem Wissen ich veranlasst worden bin mich mehrere Jahre und scheinbar ausschließlich mit einzelnen Disziplinen: mit beschreibender Botanik, mit Geognosie, Chemie, astronomischen Ortsbestimmungen und Erdmagnetismus als Vorbereitung zu einer großen Reise-Expedition zu beschäftigen; so war doch immer der eigentliche Zweck des Erlernens ein höherer. Was mir den Hauptantrieb gewährte, war

das Bestreben, die Erscheinungen der körperlichen Dinge in ihrem allgemeinen Zusammenhange, die Natur als ein durch innere Kräfte bewegtes und belebtes Ganzes aufzufassen. Ich war durch den Umgang mit hochbegabten Männern früh zu der Einsicht gelangt, dass ohne den ernsten Hang nach der Kenntnis des Einzelnen alle große und allgemeine Weltanschauung nur ein Luftgebilde sein könne. Es sind aber die Einzelheiten im Naturwissen ihrem inneren Wesen nach fähig wie durch eine aneignende Kraft sich gegenseitig zu befruchten. Die beschreibende Botanik, nicht mehr in den engen Kreis der Bestimmung von Geschlechtern und Arten festgebannt, führt den Beobachter, welcher ferne Länder und hohe Gebirge durchwandert, zu der Lehre von der geographischen Verteilung der Pflanzen über den Erdboden nach Maßgabe der Entfernung vom Äquator und der senkrechten Erhöhung des Standortes. Um nun wiederum die verwickelten Ursachen dieser Verteilung aufzuklären, müssen die Gesetze der Temperatur-Verschiedenheit der Klimate wie der meteorologischen Prozesse im Luftkreise erspäht werden. So führt den wissbegierigen Beobachter jede Klasse von Erscheinungen zu einer anderen, durch welche sie begründet wird oder die von ihr abhängt.

Es ist mir ein Glück geworden, das wenige wissenschaftliche Reisende in gleichem Maß mit mir geteilt haben: das Glück, nicht bloß Küstenländer, wie auf den Erdumseglungen, sondern das Innere zweier Kontinente in weiten Räumen und zwar da zu sehen, wo diese Räume die auffallendsten Kontraste der alpinischen Tropenlandschaft von Südamerika mit der öden Steppennatur des nördlichen Asiens

darbieten. Solche Unternehmungen mussten, bei der eben geschilderten Richtung meiner Bestrebungen, zu allgemeinen Ansichten aufmuntern; sie mussten den Mut beleben, unsre damalige Kenntnis der siderischen [die Sterne betreffenden] und tellurischen [die Erde betreffenden] Erscheinungen des Kosmos in ihrem empirischen Zusammenhange in einem einigen Werke abzuhandeln. Der bisher unbestimmt aufgefasste Begriff einer *physischen Erdbeschreibung* ging so durch erweiterte Betrachtung, ja nach einem vielleicht allzu kühnen Plane, durch das Umfassen alles Geschaffenen im Erd- und Himmelsraume in den Begriff einer *physischen Weltbeschreibung* über. [...]

Der erste Band meines Werkes enthält: *Einleitende Betrachtungen über die Verschiedenartigkeit des Naturgenusses und die Ergründung der Weltgesetze; Begrenzung und wissenschaftliche Behandlung der physischen Weltbeschreibung; ein allgemeines Naturgemälde als Übersicht der Erscheinungen im Kosmos.* Indem das allgemeine Naturgemälde von den fernsten Nebelflecken und kreisenden Doppelsternen des Weltraums zu den tellurischen Erscheinungen der Geographie der Organismen (Pflanzen, Tiere und Menschen-Rassen) herabsteigt, enthält es schon das, was ich als das Wichtigste und Wesentlichste meines ganzen Unternehmens betrachte: die innere Verkettung des Allgemeinen mit dem Besonderen, den Geist der Behandlung in Auswahl der Erfahrungssätze, in Form und Stil der Komposition. Die beiden nachfolgenden Bände sollen die *Anregungsmittel zum Naturstudium* (durch Belebung von Naturschilderungen, durch Landschaftmalerei und durch Gruppierung exotischer

*Wilhelm von Humboldt.* Lithographie von Carl Wildt, nach einer Zeichnung von Franz Krüger, um 1830. Sein ganzes Leben lang war sein Bruder die mit Abstand wichtigste Bezugsperson für Alexander. Als »Bill«, wie er ihn nannte, im Jahr 1835 starb, klagte er gegenüber August Wilhelm von Schlegel: »Wie ist es hier so öde um mich her, seitdem der Einzige fehlt, der mich hierher zog. Sandig, öde, gemütslos, stets von einer nüchternen Gegenwart bedrängt. Aber der Mensch ist biegsam und kann viel erleiden.«

*Der Wasserfall in der Basaltschlucht in der Hacienda von Santa María de Regla, Mexiko.* Ölskizze von Johann Moritz Rugendas, 1832. Im Kosmos nennt Humboldt Rugendas als einen der beispielhaften Maler »mit höherer Meisterschaft für die amerikanische Tropenwelt«.

Pflanzengestalten in Treibhäusern); die *Geschichte der Weltanschauung,* d. h. der allmählichen Auffassung des Begriffs von dem Zusammenwirken der Kräfte in einem Naturganzen; und das *Spezielle der einzelnen Disziplinen* enthalten, deren gegenseitige Verbindung in dem *Naturgemälde* des ersten Bandes angedeutet worden ist. [...]

Man hat es oft eine nicht erfreuliche Betrachtung genannt, dass, indem rein literarische Geistesprodukte gewurzelt sind in den Tiefen der Gefühle und der schöpferischen Einbildungskraft, alles, was mit der Empirie, mit Ergründung von Naturerscheinungen und physi-

scher Gesetze zusammenhängt, in wenigen Jahrzehnten, bei zunehmender Schärfe der Instrumente und allmählicher Erweiterung des Horizonts der Beobachtung, eine andere Gestaltung annimmt; ja dass, wie man sich auszudrücken pflegt, veraltete naturwissenschaftliche Schriften als unlesbar der Vergessenheit übergeben sind. Wer von einer echten Liebe zum Naturstudium und von der erhabenen Würde desselben beseelt ist, kann durch nichts entmutigt werden, was an eine künftige Vervollkommnung des menschlichen Wissens erinnert. Viele und wichtige Teile dieses Wissens, in den Erscheinungen der Himmelsräume wie in den tellurischen Verhältnissen, haben bereits eine feste, schwer zu erschütternde Grundlage erlangt. In anderen Teilen werden allgemeine Gesetze an die Stelle der partikulären treten, neue Kräfte ergründet, für einfach gehaltene Stoffe vermehrt oder zergliedert werden. Ein Versuch, die Natur lebendig und in ihrer erhabenen Größe zu schildern, in dem wellenartig wiederkehrenden Wechsel physischer Veränderlichkeit das Beharrliche aufzuspüren, wird daher auch in späteren Zeiten nicht ganz unbeachtet bleiben.[10]

Welchen Stellenwert der Mensch in Humboldts Weltbeschreibung einnimmt, wird aus der Gliederung des Bandes deutlich: Nach ausführlichen Betrachtungen des Weltalls, der Atmosphäre, der Meere, der geologischen Strukturen, der Geographie der Pflanzen und der Tiere, thematisiert ihn Humboldt erst ganz am Ende des ersten Bandes. Er weist ihm damit eine Bedeutung in der Natur zu, wie er sie zuvor bereits einmal in seiner *Reise in die Äquinoktial-Gegenden des Neuen Kontinents* formuliert hatte: »Hier, im Innern des Neuen Kontinents, gewöhnt man sich beinahe daran, den Menschen als etwas zu betrachten, das für die Ordnung der Natur nicht von Notwendigkeit ist.«[11]

Aber er zeigt ihn auch als politisches Wesen, das auf eine humane Weise nur koexistieren kann, wenn es bestimmten ethischen Regeln folgt:

Indem wir die Einheit des Menschengeschlechtes behaupten, widerstreben wir auch jeder unerfreulichen Annahme von höheren und niederen Menschenrassen. Es gibt bildsamere, höher gebildete, durch geistige Kultur veredelte, aber keine edleren Volksstämme. Alle sind gleichmäßig zur Freiheit bestimmt; zur Freiheit, welche in roheren Zuständen dem Einzelnen, in dem Staatenleben bei dem Genuss politischer Institutionen der Gesamtheit als Berechtigung zukommt. [12]

In diesen Schlussworten des ersten Bandes des *Kosmos* formuliert Humboldt jedoch nicht nur seine eigene politische Haltung, sondern er setzt, indem er seinen Bruder ausführlich zitiert, auch diesem ein Denkmal:

Wenn wir eine Idee bezeichnen wollen, die durch die ganze Geschichte hindurch in immer mehr erweiterter Geltung sichtbar ist, wenn irgendeine die vielfach bestrittene, aber noch vielfacher missverstandene Vervollkommnung des ganzen Geschlechtes beweist, so ist es die Idee der Menschlichkeit: das Bestreben, die Grenzen, welche Vorurteile und einseitige Ansichten aller Art feindselig zwischen die Menschen gestellt, aufzuheben, und die gesamte Menschheit, ohne Rücksicht auf Religion, Nation und Farbe, als Einen großen, nahe verbrüderten Stamm, als ein zur Erreichung Eines Zweckes, der *freien Entwicklung innerlicher Kraft*, bestehendes Ganzes zu behandeln. Es ist dies das letzte, äußerste Ziel der Geselligkeit und zugleich die durch seine Natur selbst in ihn gelegte Richtung des Menschen auf unbestimmte Erweiterung seines Daseins. Er sieht den Boden, so weit er sich ausdehnt, den Himmel, so weit, ihm entdeckbar, er von Gestirnen umflammt wird, als innerlich sein, als ihm zur Betrachtung und Wirksamkeit gegeben an. Schon das Kind sehnt sich über die Hügel, über die Seen hinaus, welche seine enge Heimat umschließen; es sehnt sich dann wieder pflanzenartig zurück: denn es ist das Rührende und Schöne im Menschen, dass Sehnsucht nach Erwünschtem und nach Verlorenem ihn immer bewahrt ausschließlich an dem Augenblicke zu haften. So festgewurzelt in der innersten Natur des Menschen und zugleich geboten durch seine höchsten Bestrebungen, wird jene wohlwollend menschliche Verbindung des ganzen Geschlechts zu einer der großen leitenden Ideen in der Geschichte der Menschheit.[13]

Dem ersten Teil des zweiten Bandes des *Kosmos* gab Humboldt den Titel »Anregungsmittel zum Naturstudium«. Im zweiten Teil befasste er sich mit der »Geschichte der physischen Weltanschauung« und gab darin einen historischen Überblick der wissenschaftlichen Auseinandersetzung des Menschen mit der Natur. Die Erweiterung auf die speziellen Ergebnisse der Forschung in den Bänden drei, vier und fünf ergab sich erst nach und nach, als ihm der Stoff unter den Händen zu immer größeren Massen anwuchs. Auf ähnliche Weise wiederholte sich hier, was Humboldt bereits mit seinem amerikanischen Reisewerk geschehen war und was sein Freund Arago wie folgt charakterisiert hatte: »Humboldt, Du weißt nicht, wie ein Buch verfasst wird; Du schreibst ohne Ende, aber das ergibt kein Buch, sondern ein Bild ohne Rahmen.«[14]

Besonders der zweite Band des *Kosmos* begeistert noch heute viele Leser. Dessen erster Teil »Anregungsmittel zum Naturstudium« ist gegliedert in die Abschnitte I. Dichterische Naturbeschreibung, II. Landschaftsmalerei und III. Kultur exotischer Gewächse. Es war vor allem die Landschaftsmalerei, die durch die Reisen und die Schilderungen Alexander von Humboldts im 19. Jahrhundert eine neue Blüte erlebte. Maler wie Johann Moritz Rugendas und Ferdinand Bellermann

standen mit ihm in persönlichem Kontakt und wurden durch seine Vermittlung vom preußischen König finanziell unterstützt. Den nordamerikanischen Maler Frederic Edwin Church inspirierte die Lektüre des *Kosmos* zu seinen Reisen in die Anden und zu seinen monumentalen Gemälden der dortigen Vulkane. Selbst Fotografen wie der Ungar Pál Rosti folgten – noch zu Humboldts Lebzeiten – der Route des Forschers in Lateinamerika. Im zweiten Band des *Kosmos* formulierte Humboldt seine Theorie der Landschaftsmalerei. Deren Wurzeln finden sich bereits in seinen *Ideen zu einer Geographie der Pflanzen nebst einem Naturgemälde der Tropen-Länder* aus dem Jahr 1805 und in seinen *Ideen zu einer Physiognomik der Gewächse*, die er erstmals 1806 und dann 1808 in seinen *Ansichten der Natur* publiziert hatte. Im Folgenden einige Auszüge aus dem Kapitel »Landschaftsmalerei in ihrem Einfluss auf die Belebung des Naturstudiums«:

Wie eine lebensfrische Naturbeschreibung, so ist auch die *Landschaftmalerei* geeignet, die Liebe zum Naturstudium zu erhöhen. Beide zeigen uns die Außenwelt in ihrer ganzen gestaltenreichen Mannigfaltigkeit; beide sind fähig, nach dem Grade eines mehr oder minder glücklichen Gelingens in Auffassung der Natur, das Sinnliche an das Unsinnliche anzuknüpfen. Das Streben nach einer solchen Verknüpfung bezeichnet das letzte und erhabenste Ziel der darstellenden Künste. Diese Blätter sind durch den wissenschaftlichen Gegenstand, dem sie gewidmet sind, auf eine andere Ansicht beschränkt: Es kann hier der Landschaftmalerei nur in der Beziehung gedacht werden, als sie den physiognomischen Charakter der verschiedenen Erdräume anschaulich macht, die Sehnsucht nach fernen Rei-

*Das Tafelland bei San Agustín del Palmar mit dem Pico de Orizaba, Mexiko.*
Ölskizze von Johann Moritz Rugendas, 1831.

sen vermehrt und auf eine ebenso lehr-
reiche als anmutige Weise zum Verkehr
mit der freien Natur anreizt. [...]
Solchen Beispielen physiognomischer
Naturdarstellung [wie der des hollän-
dischen Malers Albert Eckhout] sind
bis zu Cooks zweiter Weltumseglung
wenige begabte Künstler gefolgt. Was
[William] Hodges für die westlichen
Inseln der Südsee, was unser ver-
ewigter Landsmann Ferdinand Bauer
für Neu-Holland und Van Diemens
Land geleistet, haben in den neuesten
Zeiten in viel größerem Stile und mit
höherer Meisterschaft für die amerikanische Tropenwelt Moritz Rugendas, der Graf Clarac, Ferdinand Bellermann und Eduard Hildebrandt, für
viele andere Teile der Erde Heinrich
von Kittlitz, der Begleiter des russischen Admirals Lütke auf seiner Weltumseglung, getan.
Wer, empfänglich für die Naturschön-
heit von Berg-, Fluss- und Waldge-
genden, die heiße Zone selbst durch-

wandert ist, wer Üppigkeit und Mannigfaltigkeit der Vegetation nicht etwa
bloß an den bebauten Küsten, sondern
am Abhange der schneebedeckten
Anden, des Himalaya und des myso-
rischen Nilgherry-Gebirges oder in
den Urwäldern des Flussnetzes zwischen dem Orinoco und Amazonen-
strom gesehen hat; der allein kann
fühlen, welch ein unabsehbares Feld
der Landschaftmalerei zwischen den
Wendekreisen beider Kontinente oder
in der Inselwelt von Sumatra, Borneo
und der Philippinen zu eröffnen ist,
wie das, was man bisher Geistreiches
und Treffliches geleistet, nicht mit der
Größe der Naturschätze verglichen
werden kann, deren einst noch die
Kunst sich zu bemächtigen vermag.
Warum sollte unsere Hoffnung nicht
gegründet sein, dass die Landschaftmalerei zu einer neuen, nie gesehenen
Herrlichkeit erblühen werde, wenn
hochbegabte Künstler öfter die engen
Grenzen des Mittelmeers überschrei-

ten können, wenn es ihnen gegeben sein wird, fern von der Küste, mit der ursprünglichen Frische eines reinen jugendlichen Gemütes, die vielgestaltete Natur in den feuchten Gebirgstälern der Tropenwelt lebendig aufzufassen?

Jene herrlichen Regionen sind bisher meist nur von Reisenden besucht worden, denen Mangel an früher Kunstbildung und anderweitige wissenschaftliche Beschäftigung wenig Gelegenheit gaben, sich als Landschaftmaler zu vervollkommnen. Die wenigsten von ihnen wussten bei dem botanischen Interesse, welches die individuelle Form der Blüten und Blätter erregte, den Totaleindruck der tropischen Zone aufzufassen. Oft wurden die Künstler, welche große auf Kosten des Staats ausgerüstete Expeditionen begleiten sollten, wie durch Zufall gewählt und dann unvorbereiteter befunden, als es eine solche Bestimmung erheischt. Das Ende der Reise nahte dann heran, wenn die Talentvolleren unter ihnen, durch den langen Anblick großer Naturszenen und durch häufige Versuche der Nachbildung, eben angefangen hatten eine gewisse technische Meisterschaft zu erlangen. Auch sind die sogenannten Weltumseglungen wenig geeignet den Künstler in ein eigentliches Waldland oder zu dem oberen Laufe großer Flüsse und auf den Gipfel innerer Gebirgsketten zu führen.

Skizzen, in Angesicht der Naturszenen gemalt, können allein dazu leiten, den Charakter ferner Weltgegenden, nach der Rückkehr, in ausgeführten Landschaften wiederzugeben; sie werden es umso vollkommner tun, als neben denselben der begeisterte Künstler zugleich eine große Zahl einzelner Studien von Baumgipfeln, wohlbelaub-

ten, blütenreichen, fruchtbehangenen Zweigen, von umgestürzten Stämmen, die mit Pothos und Orchideen bedeckt sind, von Felsen, Uferstücken und Teilen des Waldbodens nach der Natur in freier Luft gezeichnet oder gemalt hat. Der Besitz solcher, in recht bestimmten Umrissen entworfenen Studien kann dem Heimkehrenden alle *missleitende* Hilfe von Treibhaus-Gewächsen und sogenannten botanischen Abbildungen entbehrlich machen. [...]

So wie man an einzelnen organischen Wesen eine bestimmte Physiognomie erkennt, wie beschreibende Botanik und Zoologie im engeren Sinne des Worts Zergliederung der Tier- und Pflanzenformen sind, so gibt es auch eine gewisse *Naturphysiognomie*, welche jedem Himmelsstriche ausschließlich zukommt. Was der Künstler mit den Ausdrücken: Schweizer Natur, italienischer Himmel bezeichnet, gründet sich auf das dunkle Gefühl eines lokalen Naturcharakters. Himmelsbläue, Wolkengestaltung, Duft, der auf der Ferne ruht, Saftfülle der Kräuter, Glanz des Laubes, Umriss der Berge sind die Elemente, welche den Totaleindruck einer Gegend bestimmen. Diesen aufzufassen und anschaulich wiederzugeben ist die Aufgabe der Landschaftsmalerei. Dem Künstler ist es verliehen, die Gruppen zu zergliedern, und unter seiner Hand löst sich (wenn ich den figürlichen Ausdruck wagen darf) das große Zauberbild der Natur, gleich den geschriebenen Werken der Menschen, in wenige einfache Züge auf. [...]

Alle diese Mittel, deren Aufzählung recht wesentlich in ein Buch vom Kosmos gehört, sind vorzüglich geeignet die Liebe zum Naturstudium zu erhöhen; ja die Kenntnis und das Gefühl von der erhabenen Größe der Schöp-

*Hafen von Puerto Cabello, Venezuela.* Ölgemälde von Ferdinand Bellermann, um 1843.

fung würden kräftig vermehrt werden, wenn man in großen Städten neben den Museen, und wie diese dem Volke frei geöffnet, eine Zahl von Rundgebäuden aufführte, welche wechselnd Landschaften aus verschiedenen geographischen Breiten und aus verschiedenen Höhezonen darstellten. Der Begriff eines Naturganzen, das Gefühl der Einheit und des harmonischen Einklanges im Kosmos werden umso lebendiger unter den Menschen, als sich die Mittel vervielfältigen, die Gesamtheit der Naturerscheinungen zu anschaulichen Bildern zu gestalten.[15]

249

*Alexander von Humboldt*. Daguerreotypie von Hermann Biow, 1847.

# Die Erfindung der Fotografie

Auch wenn seit 1827 Humboldts vorwiegender Aufenthaltsort Berlin war, ließ er doch die Verbindungen in die französische Hauptstadt nicht abreißen. Die Erlaubnis, mehrere Reisen im Jahr nach Paris zu unternehmen, war eine der Bedingungen, an die Humboldt beim Preußischen König seine Rückkehr nach Berlin geknüpft hatte. Friedrich Wilhelm III. unterstützte den Wunsch des Forschers zusätzlich, indem er ihn mit diplomatischen Missionen betraute.

Das Jahr 1830 mit seinen großen Umwälzungen jenseits des Rheins* gab meinen Beschäftigungen auf mehrere Jahre eine politische Richtung, die deshalb doch nicht meiner wissenschaftlichen Laufbahn hinderlich geworden ist. Nachdem ich den Kronprinzen im Mai 1830 nach Warschau zu dem letzten vom Kaiser Nikolaus persönlich eröffneten konstitutionellen Reichstage und bald darauf den König in das Bad von Teplitz begleitet hatte, verbreitete sich die Kunde von dem Sturze der älteren Linie der bourbonischen Familie und der Thronbesteigung des Königs Ludwig Philipp. Ich, der lange schon in sehr naher Verbindung mit dem Orleansschen Hause gestanden, ward vom König Friedrich Wilhelm III. beauftragt, die Anerkennung des neuen Monarchen nach Paris zu überbringen und von dort aus, mit Kenntnis des französischen Hofes, politische Berichte, zuerst vom September 1830 bis Mai 1832, dann in den Jahren 1834–35 nach Berlin einzusenden. Dieselben Aufträge wurden mit gleichem Vertrauen in den folgenden zwölf Jahren fünfmal wiederholt, so dass ich bei jeder Sendung wieder vier bis fünf Monate meinen Aufenthalt in Paris nahm. In diese Epoche fällt die Herausgabe der fünf Bände *Kritische Untersuchungen über die historische Entwicklung der geographischen Kenntnisse von der Neuen Welt im 15. und 16. Jahrhundert*, nach dem französischen Original von Ideler ins Deutsche übersetzt. Mein letzter Aufenthalt in Paris war vom Oktober 1847 bis Januar 1848. Zwei kleinere Reisen außerhalb Deutschlands mit dem Könige Friedrich Wilhelm IV., die eine die nach England zur Taufe des Prinzen von Wales (1842), die andere nach Dänemark (1845), sind ihrer Kürze wegen hier kaum zu erwähnen.[1]

---

\* Während der Julirevolution wurde die Bourbonenherrschaft in Frankreich endgültig beseitigt. Das Bürgertum ergriff in einem liberalen Königreich, unter König Louis Philippe, erneut die Macht.

Während einer dieser Aufenthalte in Paris wurde Humboldt, als Mitglied der Französischen Akademie der Wissenschaften, zusammen mit François Arago und Jean-Baptiste Biot gebeten, eine neue Erfindung zu begutachten. Sie stammte von einem ihm bereits seit 1829 bekannten Panoramenmaler namens Louis Jacques Mandé Daguerre. Dieser hatte bis zu diesem Zeitpunkt große, transparente Gemälde gefertigt, die von hinten erhellt werden konnten. Indem er die Beleuchtung veränderte und den Gesamteindruck mit pyrotechnischen Effekten, Geräuschen und zusätzlichen transparenten Teilen dramatisch verstärkte, vermittelte er dem Betrachter den Eindruck eines belebten Bildes. Seine Panoramen waren Vorläufer des Kinos.[2] Doch Daguerre war mit der Herstellung von immer neuen Gemälden überfordert und suchte deshalb andere Wege: Bilder, die sich selber zeichnen. Seine Erfindung – Abbildungen der Realität auf silberbeschichteten, mit Quecksilber bedampften Kupferplatten, fixiert mit Kochsalzlösung – stellte er Arago vor, der sie am 7. Januar 1839 der Akademie mitteilte. Humboldt schrieb am 25. Februar 1839 aus Paris an den Dresdener Arzt, Naturforscher und Maler Carl Gustav Carus:

*Sonnenstein*, Mexiko, 1858, Fotografie von Pál Rosti.

> Von Daguerre weiß ich nicht mehr, als was jetzt überall gedruckt steht von Arago und mir. – Es ist dies jedenfalls eine der freuendsten und bewunderungswürdigsten Entdeckungen unserer Zeit. Mit dem Effekt auf Chlor-Silber hat es nichts gemein; hier bringt Licht Licht hervor, ein Bleichprozess, wie ein Gitter nach Monaten sich auf einer rosenrot unecht gefärbten Gardine abbildet.
>
> Man sieht bei Daguerre nur die Bilder im Rahmen unter Glas meist auf Metall, einige weniger gute auf Papier und auf Glasplatten gebildet, alle dem feinsten Stahlstich ähnlich, von bräunlich-grauem Biesterton, die Luft immer etwas traurig und verwischt. Die schönsten Abstufungen der Halb-Schatten, die Verschiedenheit des Seine-Wassers unter den Brücken oder in der Mitte des Flusses, Pferde, Menschen, angelnd, mit ihren projizierten Schlagschatten auf das bestimmteste, da bei großer Entfernung kleine Bewegungen – wegen des geringen Winkels – nicht schaden. Diffuses Licht wirkt wie Sonnenlicht. Schöne Abbildungen der Quais oder Ansichten des fernen Paris bei starkem Regen. Abstufung der Erleuchtung des Palais und Jardin des Tuileries um fünf Uhr morgens, sommers um zwei Uhr in der Sonnenhitze und um sieben Uhr bei Sonnenuntergang, versteht sich als einfarbig, monochrom. Von Vervielfältigung oder Porträtierung ist bisher keine Rede. Am herrlichsten wirkt Lampenlicht, marmorne Statuen, marmorne Basreliefs erleuchtend. Solche Platten, acht bis zehn Zoll lang, sechs Zoll hoch,

auch größer, sind durch blendende Lichteffekte ausgezeichnet.

Erleuchtete Schlachtenbilder werden in acht bis zehn Minuten kopiert und in jede Größe reduziert. Die Oberfläche des feuchten Gesteines, Gemäuers, hat eine Wahrheit, die kein Kupferstich erreicht. Der generelle Ton, zart, fein, aber als braun, grau etwas traurig. Ich sah eine innere Ansicht des Louvre mit den zahllosen Basre-

liefs ... Er gab mir eine Lupe, und es zeigen sich leuchtende Strohhalme an allen Fenstern. In einer Zeichnung, sagte Arago, nahm ein Haus von 5 Etagen etwa ¾ Zoll Raum ein; man erkannte im Bild, dass in einer Dachluke – und welche Kleinigkeit!! – eine Fensterscheibe zerbrochen und mit Papier verklebt war. Arago hat jetzt das Geheimnis von Daguerre erhalten und hat in 10 Minuten ein vollendetes Bild

*Santa María Regla*, Mexiko, 1858, Fotografie von Pál Rosti.

*Samán-Baum*, Venezuela, 1857/58,
Fotografie von Pál Rosti.

unter seinen Augen entstehen sehen. Das Bild zeigte einen feinen [Blitz-] Ableiter, den Arago mit bloßen Augen nicht gesehen hatte. Da man gewiss ist, dass die Methode von jedem und auf Reisen angewandt werden kann, so zweifelt man in Paris kaum daran, Arago werde durch die Kammern dem Herrn Daguerre und der Witwe eines Miterfinders, auch Franzosen – in der Deputiertenkammer die geforderten 200 000 Franken verschaffen. Dann macht nach dort herrschender Sitte das Gouvernement die Erfindung bekannt. Welch ein Vorteil für Architekten, den ganzen Säulengang von Baalbeck oder den Krims-Krams einer gotischen Kirche in 10 Minuten in Perspektive auf dem Bilde mitzunehmen. Daguerre glaubt, dass die Intensität des ägyptischen Lichts in 2 bis 3 Minuten wirken werde.

Welche Melioration [Verbesserung] künftig der Gebrauch entwickeln wird, ist jetzt nicht vorherzusagen. Wie viel ist nicht die Lithographie verfeinert worden, nachdem ein langer Gebrauch an ihr manche Mängel erkannte. Daguerre fürchtet mit Recht sehr, dass man der Erfindung auf die Spur komme ... Ich sollte glauben, eine solche Erfindung, wenn man sie gemacht, werde man nicht im Leibe behalten haben.[3]

Humboldt setzte sich dafür ein, dass Daguerre und die Erben seines Kollegen Joseph Nicéphore Nièpce vom französischen Staat eine Pension erhielten und auf Patente verzichteten. 1842 veranlasste er die Wahl Daguerres in die Friedensklasse des Ordens »Pour le mérité«. Fast zur selben Zeit, als Humboldt sein Gutachten über die Daguerreotypie abgab, erhielt er einen Brief des Engländers William Henry Fox Talbot, in dem dieser die Erfindung für sich reklamierte. Zur großen Enttäuschung Talbots stellte sich Humboldt auf die Seite Daguerres. Doch gerade Talbot fand den für die Zukunft der Fotografie entscheidenden Weg, indem er in der Lage war, von einem Negativ beliebig viele Positivabzüge herzustellen. Das Dreiergremium in Paris erkannte jedoch diesen Vorteil zunächst nicht. Schließlich söhnte sich Talbot mit Humboldt aus, indem er ihm ein besonders ausgewähltes Album mit handschriftlicher Widmung übersandte. Humboldt propagierte begeistert die neue Technik der Fotografie und empfahl sie fortan jedem Forschungsreisenden. Die Gebrüder Schlagintweit führten auf Humboldts Rat während ihrer Expedition nach Asien in den Jahren 1854 bis 1857 Fotokameras mit sich.[4]

Auch der ungarische Reisende Pál Rosti nutzte die neue Erfindung, als er in den Jahren 1857 und 1858 auf den Spu-

*Kamera von Louis Jacques Mandé Daguerre,* gebaut 1839.

ren Humboldts Ansichten der Länder Kuba, Venezuela und Mexiko mit seiner Kamera festhielt. Kurz vor dem Tod Humboldts hatte er Gelegenheit, dem Gelehrten in dessen Wohnung seine Arbeiten zu zeigen. »Die greisen Augen füllten sich sofort mit Tränen«, berichtete Rosti. Als Humboldt das Bild des von ihm damals in Venezuela beschriebenen gigantischen Samán-Baumes entdeckte, meinte er: »Schau, was aus mir geworden ist; dieser schöne Baum ist noch genauso, wie ich ihn vor 60 Jahren gesehen habe. Keiner seiner gewaltigen Zweige ist abgeknickt, er ist so wie ich ihn mit Bonpland gesehen habe. Damals waren wir jung und stark, voller Glück, und unsere junge Begeisterung heiterte sogar die ernsthaftesten Studien auf.«[5]

*Alexander von Humboldt.* Stahlstich von Johnson Fry & Co Publishers, New York, 1861 nach einem Gemälde von Julius Schrader, 1859.

# Gegen die Unterdrückung

Humboldts politische Haltung war geprägt vom Geist der Aufklärung und den Idealen der Französischen Revolution: »Seit 1789 bin ich gewiss über meine Richtung, und ich denke, das ist deutlich in allen meinen Schriften zu lesen«,[1] sagte er und bezeichnete sich selbst als »alten trikoloren Lappen«[2]. Mit seiner Position am Hof allerdings war diese Einstellung nicht leicht zu vereinbaren. Einerseits war er den beiden Königen Friedrich Wilhelm III. und ab 1840 Friedrich Wilhelm IV. als deren Kammerherr zur Loyalität verpflichtet, andererseits gingen seine Ideale in eine deutlich liberalere Richtung als die seiner beiden Dienstherren. Den Berliner und Potsdamer Höflingen galt Humboldt als »rot«[3]. Aus seiner demokratischen Haltung und seinem Glauben an den Rechtsstaat machte er keinen Hehl. Der Einfluss des »Hofdemokraten«[4] war jedoch beschränkt. Immer wieder beklagte er sich darüber, dass er auf die Könige »leider oft nur als eine Atmosphäre«[5] einwirken konnte. Doch er lehnte das monarchische Prinzip nicht grundsätzlich ab. Am ehesten entsprach seine Haltung der eines Liberalen, der mit geschickter Diplomatie zwischen dem konservativen und dem fortschrittlichen Lager vermittelte. Sein Ziel war der »Mittelweg zwischen oszillierenden Ansichten«[6]. So setzte er sich im Jahr 1837 für die »Göttinger Sieben« ein, die wegen ihres Protestes gegen die Aufhebung der Verfassung des Königreiches Hannover verfolgt wurden. Er trat für die Gleichbehandlung der Juden ein und setzte durch, dass der Komponist Giacomo Meyerbeer in das Amt des Preußischen Generalmusikdirektors an der Berliner Oper berufen wurde.[7]

Auf die revolutionären Unruhen vom März 1848 reagierte Humboldt betroffen. Er stand zwar hinter den demokratischen und konstitutionellen Forderungen, verurteilte aber die Gewalt des »Pöbels«, die er wiederum auf falsches und zögerliches Handeln des Monarchen und der unfähigen Ministerien zurückführte.[8] Es ist bezeichnend für ihn, dass es ihm während der Revolution von 1848 gelang, an den Versammlungen der Aufständischen teilzunehmen[9] und mit dem König, den er als Menschen sehr schätzte, wie gewöhnlich zu Abend zu essen. Als nach der gescheiterten Revolution am 22. März 1848 die Barrikadenkämpfer beerdigt wurden, lief Humboldt im Trauerzug mit. Ernst August II., der König von Hannover, brachte dessen Haltung auf den Punkt, als er ihn während eines Besuches in Potsdam kurz nach der Revolution wie folgt charakterisierte: »Immer derselbe, immer Republikaner und immer im Vorzimmer des Palastes.«[10] Humboldt selbst formulierte es im Jahr 1852 so:

> Ich bin ja, während der letzten Jahre, selbst eine missliebige Person geworden; und würde längst als Revolutionär und Autor des gottlosen *Kosmos* ausgewiesen sein, verhinderte dies nicht meine Stellung beim Könige. Den Pietisten und Kreuzzeitungsmännern bin ich ein Gräuel. Nichts würde ihnen lieber sein, als dass ich schon unter der Erde vermodere.[11]

Nie ließ Humboldt nach, in seinen wissenschaftlichen Publikationen Diskriminierung und Rassismus anzuprangern. Im *Kosmos* wandte er sich gegen die »unerfreuliche Annahme von höheren und niederen Menschenrassen«[12] und wies auf die menschen- und kulturenverbindende Rolle des Wissens und der Wissenschaften hin:

> Wissen und Erkennen sind die Freude und die *Berechtigung* der Menschheit; sie sind Teile des National-Reichtums, oft ein Ersatz für die Güter, welche die Natur in allzu kärglichem Maße ausgeteilt hat. Diejenigen Völker [...], bei denen die Achtung einer solchen Tätigkeit nicht alle Klassen durchdringt, werden unausbleiblich in ihrem Wohlstande herabsinken.[13]

Und immer wieder beschwor er das Ideal der Freiheit:

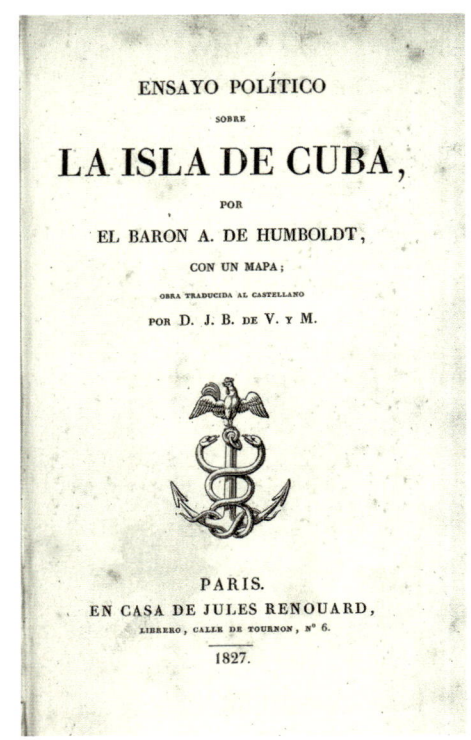

Bereits 1827, ein Jahr nach der französischen, erschien in Paris die spanische Ausgabe von Humboldts *Politischem Essay über die Insel Kuba*. Wegen der »über alle Maßen gefährlichen Meinung des Autors zur Sklaverei« wurde das Buch von der Regierung der Insel umgehend verboten.

> Vervollkommnung des Landbaus durch freie Hände und in Grundstücken vom minderem Umfang, Aufblühen von Manufakturen, von einengendem Zunftzwange befreit, Vervielfältigung der Handelsverhältnisse und ungehindertes Fortschreiten der geistigen Kultur der Menschheit wie in bürgerlichen Einrichtungen, stehen [...] in gegenseitigem, dauernd wirksamen Verkehr miteinander.[14]

In seinem *Politischen Essay über die Insel Kuba* hatte er 1826 diese liberale Wirtschaftsform, die auf gleichen Rechten für alle Bürger beruhte, als eine natürliche beschrieben und gefordert: »Wenn der Sklavenhandel ganz aufhört, so werden die Sklaven nach und nach in die

Klasse der freien Menschen übertreten, und eine aus neuen Elementen gebildete Gesellschaft wird [...] in jene Bahnen übergehen, welche die Natur allen zahlreichen und aufgeklärten Gesellschaften vorgezeichnet hat.«[15]

Als im Jahr 1856 in den USA eine englischsprachige Ausgabe von Humboldts Kuba-Essay erschien, in der der Herausgeber, der US-Amerikaner John Sidney Thrasher, alle Äußerungen gegen die Sklaverei getilgt hatte,[16] protestierte der Autor im Juli 1856 in einer Presseerklärung, die in den USA und Deutschland erschien, aufs schärfste:

Ich habe in Paris im Jahr 1826 unter dem Titel *Essai politique sur l'Isle de Cuba* in zwei Bänden alles vereinigt, was die große Ausgabe meines *Voyage aux Régions équinoxiales du Nouveau Continent* im T. III p. 445–459 über den Agrikultur- und Sklavenzustand der Antillen enthält. Eine englische und eine spanische Übersetzung sind von diesem Werke zu derselben Zeit erschienen, Letztere als *Ensayo político sobre la isla de Cuba*, und ohne etwas von den sehr freien Äußerungen wegzulassen, welche die Gefühle der Menschlichkeit einflößen. Jetzt eben erscheint, sonderbar genug, aus der spanischen Ausgabe und nicht aus dem französischen Original übersetzt, in New York in der Buchhandlung von Derby und Jackson ein Oktavband von 400 Seiten unter dem Titel: *The Island of Cuba, by Alexander Humboldt. With notes and a preliminary Essay by J. S. Thrasher.* Der Übersetzer, welcher lange auf der schönen Insel gelebt, hat mein Werk durch neuere Tatsachen über den numerischen Zustand der Bevölkerung, der Landeskultur und der Gewerbe bereichert, und überall

in der Diskussion über entgegengesetzte Meinungen eine wohlwollende Mäßigung bewiesen. Ich bin es aber einem inneren moralischen Gefühle schuldig, das heute noch ebenso lebhaft ist als im Jahr 1826, eine Klage darüber öffentlich auszusprechen, dass in einem Werke, welches meinen Namen führt, das ganze 7te Kapitel der spanischen Übersetzung (p. 261–287) mit dem mein *Essai politique* endigte, eigenmächtig weggelassen worden ist. Auf diesen Teil meiner Schrift lege ich eine weit größere Wichtigkeit als auf die mühevollen Arbeiten astronomischer Ortsbestimmungen, magnetischer Intensitäts-Versuche oder statistischer Angaben. *Ich habe mit Freimut geprüft* (ich wiederhole die Worte, deren ich mich vor 30 Jahren bediente), *was die Gestaltung der menschlichen Gesellschaft in den Kolonien betrifft, die ungleiche Verteilung der Rechte und Lebensgenüsse, die drohenden Gefahren, welche die Weisheit der Gesetzgeber und die Mäßigung der freien Menschen beseitigen können, gleichviel wie die Regierungsform beschaffen sein mag. Sache des Reisenden, welcher in der Nähe gesehen hat, was die menschliche Natur quält und herabsetzt, ist es, die Klagen des Unglücks zur Kenntnis jener zu bringen, welche zu helfen vermögen. Ich habe in dieser Schrift wiederholt, dass die alte spanische Sklavengesetzgebung weniger unmenschlich und weniger grausam ist als die der Sklavenstaaten im festländischen Amerika nördlich und südlich des Äquators.* Ein beharrlicher Verteidiger der freiesten Meinungsäußerung in Rede und Schrift, würde ich mir selbst nie eine Klage erlaubt haben, wenn ich auch mit großer Bitterkeit wegen meiner Behauptungen angegriffen würde; aber ich glaube dagegen

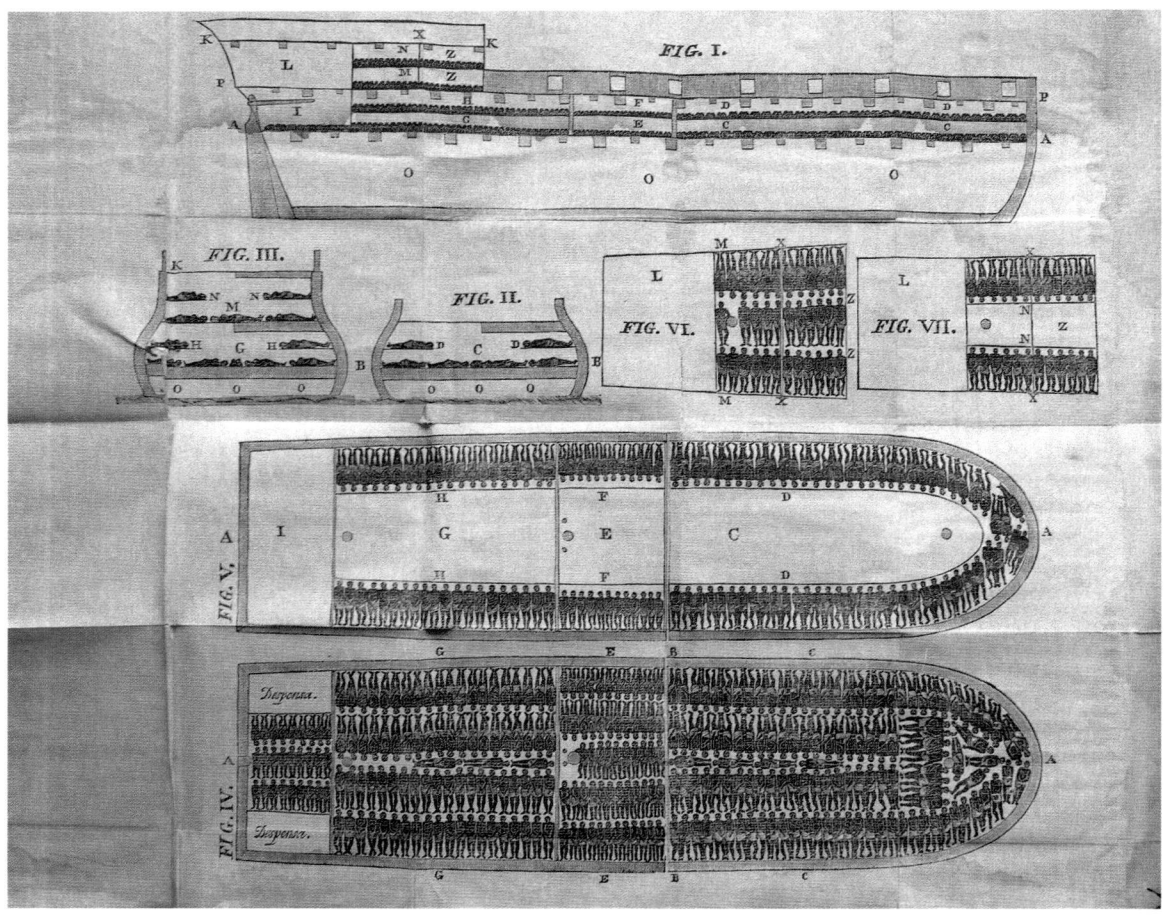

*Sklavenschiff.* Kupfertafel in: Thomas Clarkson: Le Cri des Africains contre les Européens leurs Oppresseurs, Paris: 1822. Der Engländer Thomas Clarkson (1760–1846) widmete sein Leben dem Kampf gegen die Sklaverei. Die Tafel zeigt, wie die »Ware Mensch« in den Sklavenschiffen über den Atlantik transportiert wurde.

auch fordern zu dürfen, dass man in den freien Staaten des Kontinents von Amerika lesen könne, was in der spanischen Übersetzung seit dem ersten Jahre des Erscheinens hat zirkulieren dürfen. [17]

Humboldts öffentliche Anklage der Sklaverei fand beachtliche Resonanz in den USA. John C. Frémont, Präsidentschaftskandidat und glühender Anhänger des Forschungsreisenden, fühlte »die Macht von Humboldts Namen auf seiner Seite«[18], als er mit einem Programm gegen die Ausbreitung der Sklaverei 1856 in den Wahlkampf zog. Als Frémont

schließlich knapp unterlag, kommentierte dies Humboldt mit den Worten: »Die schändliche Partei, die fünfzigpfündige Negerkinder verkauft, [...] und die erweist, dass alle weißen Arbeiter auch besser Sklaven als Freie wären, hat gesiegt. Welche Untat!«[19]

In Preußen erreichte Humboldt es immerhin, dass durch seine Initiative ein Jahr später König Friedrich Wilhelm IV. ein Gesetz unterzeichnete, in dem es hieß: »Sklaven werden von dem Augenblicke an, wo sie Preußisches Gebiet betreten, frei. Das Eigentumsrecht des Herrn ist von diesem Zeitpunkte ab erloschen.«[20]

In einem Brief an Julius Fröbel, ein Mitglied der Frankfurter Nationalversammlung, der wegen seiner politischen Haltung in die USA emigriert war, schrieb Humboldt am 11. Januar 1858:

Ihre nächste Schrift »Die politische Zukunft von Amerika« möchte ich, der *Urmensch*, noch erleben. Fahren Sie fort, die schändliche Vorliebe für Sklaverei, die Betrügereien mit der Einfuhr *sogenannter* frei werdender Neger (ein Mittel, zu den Negerjagden im Innern von Afrika zu ermutigen) zu brandmarken. Welche Gräuel man erlebt, wenn man das Unglück hat, von 1789 bis 1858 zu leben. Mein Buch gegen die Sklaverei ist in Madrid nicht verboten und hat in den Vereinigten Staaten, die Sie die ›Republik vornehmer Leute‹ nennen, nur mit Weglassung alles dessen, was die *Leiden* farbiger, *nach meinen politischen Ansichten zum Genuss jeder Freiheit berechtigten Mitmenschen* betrifft, kaufbar werden können. Noch dazu der Bannfluch über die anderen Menschenrassen, vergessend, dass die älteste Kultur der Menschheit vor der weißen, hellenischen in Assyrien, in Babylon, im Niltale, in China das Werk farbiger Menschen war.

Ich lebe arbeitsam, meist in der Nacht, weil ich durch eine immer zunehmende, meist sehr uninteressante Korrespondenz unbarmherzig gequält werde; ich lebe unfroh im 89sten Jahre, weil von dem vielen, nach dem ich seit früher Jugend gestrebt, so wenig erfüllt worden ist.[21]

*Humboldt in seinem Arbeitszimmer.* Farblithographie von Paul Grabow nach einem Aquarell von Eduard Hildebrandt, 1848, Ausschnitt. »Ein treues Bild meines Arbeitszimmers, als ich den zweiten Teil des Kosmos schrieb.«

# Ein Besuch bei Alexander von Humboldt

Am 25. November 1856 besuchte der nordamerikanische Schriftsteller und Reisende Bayard Taylor Alexander von Humboldt in dessen Berliner Wohnung. Er hatte seine Werke gelesen und war fasziniert, dass der Gelehrte ihn, nachdem er sich schriftlich angemeldet hatte, umgehend empfing. Einen Bericht über die Begegnung veröffentlichte Taylor später in New York.

Ich ging nach Berlin, nicht um seine Museen und Galerien, die schöne Straße Unter den Linden, Opern und Theater zu sehen noch um mich an dem munteren Leben seiner Straßen und Salons zu erfreuen, sondern um den größten jetzt lebenden Mann der Welt zu sprechen – Alexander von Humboldt. [...]
Ich war auf die Minute pünktlich und kam in seiner Wohnung in der Oranienburger Straße an. Die Glocke schlug. In Berlin wohnt er mit seinem Bedienten Seifert, dessen Name allein an der Tür steht. Das Haus ist einfach und zwei Stock hoch, von einer fleischfarbenen Außenseite und, wie die meisten Häuser in deutschen Städten, von zwei bis drei Familien bewohnt. Der Glockenzug oberhalb von Seiferts Namen ging nach dem zweiten Stock. Ich läutete. Die schwere Haustür öffnete sich von selbst, und ich stieg die Treppen hinauf, bis ich vor einem zweiten Glockenzug stand, über welchem auf einer Tafel die Worte zu lesen waren: Alexander von Humboldt.
Ein untersetzter vierschrötiger Mann von etwa 50, den ich sogleich als Seifert erkannte, öffnete. »Sind Sie Herr Taylor?«, redete er mich an und fügte auf meine Bejahung hinzu: »Seine Exzellenz ist bereit, Sie zu empfangen.« Er führte mich in ein Zimmer voll ausgestopfter Vögel und anderer Gegenstände der Naturgeschichte; von da in eine große Bibliothek, die offenbar die Geschenke von Schriftstellern, Künstlern und Männern der Wissenschaft enthielt. Ich schritt zwischen zwei langen, mit mächtigen Folianten bedeckten Tischen zu der nächsten Tür, welche sich in das Studierzimmer öffnete. Diejenigen, welche die herrliche Lithographie von Hildebrandts Bild gesehen haben, wissen genau, wie dieses Zimmer aussieht. Da befanden sich der einfache Tisch, das Schreibpult, mit Papieren und Manuskripten

E. Hildebrandt Berlin 1856.

bedeckt, das kleine grüne Sofa und dieselben Karten und Bilder auf den sandfarbenen Wänden. Die Lithographie hat so lange in meinem eigenen Zimmer zu Hause gehangen, dass ich sofort jeden einzelnen Gegenstand wiedererkannte.

Seifert ging an eine innere Tür, nannte meinen Namen, und alsbald trat Humboldt ein. Er kam mir mit Freundlichkeit und Herzlichkeit entgegen, welche mich sofort die Nähe eines Freundes fühlen ließen, reichte mir seine Hand und fragte, ob wir Englisch oder Deutsch sprechen sollten. »Ihr Brief war der eines Deutschen«, sagte er, »und Sie müssen sicherlich die Sprache geläufig sprechen; doch bin ich auch fortwährend an das Englische gewöhnt.« Ich musste auf dem einen Ende des grünen Sofas Platz nehmen, indem er bemerkte, dass er selten selbst auf demselben sitze; hierauf stellte er einen einfachen Strohstuhl daneben und setzte sich darauf, bemerkend, dass ich ein wenig lauter als gewöhnlich sprechen möge, da sein Gehör nicht mehr so gut wie früher sei. [...]

Der erste Eindruck, den Humboldts Gesichtszüge machten, ist der einer großen und warmen Menschlichkeit. Seine massive Stirn, beladen mit dem aufgespeicherten Wissen eines Jahrhunderts fast, strebt vorwärts und beschattet, wie eine reife Kornähre, seine Brust; doch wenn man darunter blickt, trifft man auf ein paar blaue Augen, von der Ruhe und Heiterkeit eines Kindes. Aus diesen Augen spricht jene Wahrheitsliebe des Mannes, jene unsterbliche Jugend des Herzens, welche den Schnee von 87 Wintern seinem Haupte so leicht erträglich machen. Man fasst bei dem ersten Blick Vertrauen, und man fühlt, dass er uns

*Humboldts Papagei: Präparat eines Psittacus Vasa Shaw, 1811 aus Madagaskar. Humboldt erbte diesen Papagei 1828 vom Großherzog Karl August von Sachsen-Weimar. Er lebte über 30 Jahre in der Wohnung des Gelehrten in Berlin. Sein Lieblingssatz war die Anweisung Humboldts an den Diener Seifert: »Viel Zucker, viel Kaffee, Herr Seifert!«*

vertrauen wird, wenn wir desselben würdig sind. Ich hatte mich ihm mit einem natürlichen Gefühl der Ehrfurcht genähert, aber in fünf Minuten fühlte ich, dass ich ihn liebte und mit ihm ebenso unumwunden sprechen konnte wie mit einem Freunde meines eigenen Alters. [...]

Seine Nase, Mund und Kinn besitzen den schweren teutonischen Charakter, dessen reiner Typus stets eine biedere Einfachheit und Rechtschaffenheit darstellt.

Ich war sehr von dem leidenden Ausdruck seines Gesichts überrascht. Ich wusste, dass er während des letzten Jahres häufig unwohl war, und man hatte mir gesagt, dass die Anzeichen seines hohen Alters einzutreten anfingen; dennoch würde ich ihm nicht über fünfundsiebzig gegeben haben. Er hat wenig und kleine Runzeln, und seine Haut ist weich und zart, wie man sie selten bei bejahrten Leuten antrifft.

266

Sein Haar, obgleich schneeweiß, ist noch reich, sein Gang langsam, aber fest, und sein Auftreten tätig bis zur Rastlosigkeit. Er schläft nur vier Stunden von vierundzwanzig, liest und schreibt seine tägliche Korrespondenz und lässt sich nicht den geringsten Umstand von einigem Interesse aus einem Teil der Welt entschlüpfen. Ich konnte nicht wahrnehmen, dass sein Gedächtnis, die erste geistige Kraft, die zu verfallen pflegt, irgendwie gelitten hatte. Er spricht rasch, mit der größten Leichtigkeit, ohne je um ein Wort im Deutschen oder Englischen verlegen zu sein, und schien in der Tat nicht zu bemerken, dass er im Laufe der Unterhaltung fünf- bis sechsmal die Sprache wechselte. Er blieb auf seinem Stuhl nicht länger als zehn Minuten sitzen, sondern stand öfters auf und spazierte durch das Zimmer, indem er dann und wann ein Bild zeigte oder ein Buch öffnete, um seine Bemerkungen zu erklären.

Ich sprach von meiner beabsichtigten Reise nach Russland und meinem Wunsch, die russisch-tatarischen Provinzen Zentral-Asiens zu durchwandern. Die Kirgisen-Steppe sei sehr eintönig, meinte er: 50 Meilen machten einem den Eindruck von tausend; doch das Volk sei sehr interessant. Sollte ich mich dahin begeben, so würde ich keine Schwierigkeiten finden, von dort aus nach der chinesischen Grenze zu gelangen. Aber die südlichen Provinzen Sibiriens, meinte er, würden mich doch am meisten entschädigen. Die Natur zwischen den Altai-Bergen sei außerordentlich großartig. In einer der sibirischen Ortschaften hatte er aus seinem Fenster elf Gipfel, mit ewigem Schnee bedeckt, gezählt. Die Kirgisen, fügte er hinzu, gehörten zu den wenigen Menschenrassen, deren Gewohnheiten seit Jahrtausenden unverändert geblieben seien, und sie besäßen die merkwürdige Eigenschaft, ein Mönchsleben mit einem nomadischen zu verbinden. Sie wären zum Teil Buddhisten, zum Teil Muselmanen, und ihre Mönchssekten folgten den verschiedenen Stämmen auf ihren Wanderungen, indem sie ihre religiösen Übungen in ihren Lagern innerhalb eines geheiligten Kreises, der durch Speere abgemessen werde, verrichteten. Er hat ihre Zeremonien beobachtet und war durch ihre Ähnlichkeit mit denen der katholischen Kirche überrascht.

Humboldts Erinnerungen an das Altai-Gebirge brachten ihn natürlich auf die Anden zu sprechen. »Sie sind in Mexiko gereist«, sagte er, »sind Sie nicht mit mir einer Meinung, dass die schönsten Berge der Welt jene einzeln stehenden Kegelberge sind, die, mit ewigem Schnee bedeckt, sich aus der glänzenden Vegetation der Tropen erheben? Der Himalaya, obgleich erhabener, kann kaum einen gleichen Eindruck machen; er liegt höher in dem Norden, ohne die Umgebung tropischen Wachstums, und seine Abhänge sind im Vergleich unfruchtbar und trocken. Sie erinnern sich an den Pic von Orizaba«, fuhr er fort, »hier ist ein Stich von einer unvollendeten Skizze von mir. Ich hoffe, Sie werden sie korrekt finden.«

Er stand auf und nahm den illustrierten Folioband, welcher der letzten Ausgabe seiner *Kleineren Schriften* beigegeben ist, blätterte ihn durch und rief bei jedem Blatt ein oder die andere Reminiszenz seiner amerikanischen Reise wach. »Ich glaube noch«, äußerte er, indem er

**Vorhergehende Doppelseite:** *Alexander von Humboldt in seiner Bibliothek.* Farblithographie von Storch und Kramer nach einem Aquarell von Eduard Hildebrandt, 1856.

das Buch schloss, »dass der Chimborazo der großartigste Berg der Welt ist.«

Unter den Gegenständen in seinem Arbeitszimmer war ein lebendes Chamäleon in einem Behältnis mit einem Glasdeckel. Das Tierchen, welches etwa sechs Zoll [16 Zentimeter] lang war, lag müßig auf einem Bette von Sand, mit einer großen Schmeißfliege auf dem Rücken, welche ihm als Mittagsbrot dienen sollte. »Man hat es mir gerade von Smyrna geschickt«, sagte Humboldt, »es ist sehr unbekümmert und gleichgültig in seiner Art.« In diesem Augenblick öffnete das Chamäleon eines seiner runden Augen und sah uns an. »Eine Eigentümlichkeit dieses Tieres ist«, fuhr er fort, »sein Vermögen, zu gleicher Zeit nach verschiedenen Richtungen sehen zu können. Es kann mit einem Auge gegen den Himmel sehen, während das andere zur Erde niedersieht. Es gibt viele Kirchendiener, die dasselbe können.«

Nachdem er mir einige von Hildebrandts Aquarellen gezeigt hatte, ging er zu seinem Stuhl zurück und begann über amerikanische Angelegenheiten zu sprechen, mit denen er vollständig vertraut zu sein schien. Er sprach mit großer Auszeichnung von Colonel Frémont, dessen Wahlniederlage er tief bedauerte. »Doch es ist ein sehr erfreuliches Zeichen« – sagte er – »und ein sehr großes Omen für Ihr Land, dass mehr als eine halbe Million Stimmen einen Mann von Frémonts Charakter und Fähigkeiten getragen haben!« [...]

Er sprach auch von unseren Schriftstellern und erkundigte sich besonders nach Washington Irving, den er einmal sah. Ich bemerkte, dass ich Herrn Irving kannte und nicht lange vor seiner Abreise nach New York gesehen

hatte. »Er muss wenigstens 50 Jahre alt sein«, bemerkte Humboldt. »Er ist 70«, erwiderte ich, »aber so jung wie immer.« »Ah«, bemerkte er, »ich habe so lange gelebt, dass ich fast den Maßstab der Zeit verloren habe. Ich gehöre dem Zeitalter der Jefferson und Gallatin an, und ich hörte von dem Tode Washingtons, als ich auf der Reise in Südamerika war.«

Ich habe nur den kleinsten Teil seiner Unterhaltung wiedergegeben, welche in einem ununterbrochenen Strom des Wissens dahinfloss. [...] Seifert erschien endlich und sagte zu ihm in einem Tone, der ebenso ehrerbietig als vertraulich war: »Es ist Zeit!«, und ich empfahl mich.

»Sie sind viel gereist und haben viele Ruinen gesehen«, sagte Humboldt, indem er mir seine Hand reichte, »jetzt haben Sie eine mehr gesehen.« »Keine Ruine«, war meine unwillkürliche Antwort, »sondern eine Pyramide.« Ich drückte die Hand, welche die Friedrichs des Großen, Forsters – des Gefährten Cooks –, Klopstocks und Schillers, Pitts, Napoleons, Josephinens, der Marschälle des Kaiserreichs, Jeffersons, Hamiltons, Wielands, Herders, Goethes, Cuviers, Laplaces, Gay-Lussacs, Beethovens, Walter Scotts – kurz aller großer Männer, die Europa in drei Vierteln eines Jahrhunderts erzeugt hat, berührt hatte. Ich blickte in das Auge, welches nicht allein die gegenwärtige Geschichte der Welt, Szene nach Szene, vorüberziehen gesehen hatte, bis die Handelnden einer nach dem anderen verschwanden, sondern das auch die Katarakte von Atures und die Wälder des Casiquiare, den Chimborazo, den Amazonas und Popocatepetl, den Altai in Sibirien, die Tataren-Steppen und das Kaspische Meer betrachtet hatte.[1]

*Humboldt in seinem Arbeitszimmer.* Holzstich aus der Zeitschrift »The Leisure Hour – A Family Journal of Instruction and Recreation«, London, August 1859.

*Abschied vom Kosmos*. Holzstich von Johann Carl Wilhelm Aarland nach einer Zeichnung von Wilhelm von Kaulbach, in: Die Gartenlaube, September 1869.

# Eine außergewöhnliche Zeitungsanzeige

Am 15. März 1859, sechs Wochen vor seinem Tod, ließ Humboldt folgende Erklärung in den *Berlinischen Nachrichten von Staats- und gelehrten Sachen* veröffentlichen, die bald darauf in zahlreichen Zeitungen im In- und Ausland abgedruckt wurde:

Leidend unter dem Drucke einer immer noch zunehmenden Korrespondenz, fast im Jahresmittel zwischen 1600 und 2000 Nummern (Briefe, Druckschriften über mir ganz fremde Gegenstände, Manuskripte, deren Beurteilung gefordert wird, Auswanderungs- und Colonialprojekte, Einsendung von Modellen, Maschinen und Naturalien, Anfragen über Luft-Schifffahrt, Vermehrung autographischer Sammlungen, Anerbietungen mich häuslich zu pflegen, zu zerstreuen und zu erheitern usw.), versuche ich einmal wieder, die Personen, welche mir ihr Wohlwollen schenken, öffentlich aufzufordern, dahin zu wirken, dass man sich weniger mit meiner Person in beiden Kontinenten beschäftige und mein Haus nicht als ein Adress-Comptoir benutze, damit bei ohnedies abnehmenden physischen und geistigen Kräften mir einige Ruhe und Muße zu eigener Arbeit verbleibe. Möge dieser Ruf um Hilfe, zu dem ich mich ungern und spät entschlossen habe, nicht lieblos gemissdeutet werden![1]

Alexander von Humboldt, der sich nie viel aus materiellem Besitz gemacht hatte, starb verschuldet am 6. Mai 1859 in seiner Berliner Mietwohnung in der Oranienburger Straße 67. Den größten Teil seiner Habe, darunter die wertvolle Bibliothek mit 11 164 Bänden – viele mit seinen handschriftlichen Anmerkungen –, vermachte er seinem Diener Seifert, bei dem er Schulden hatte. Seifert verkaufte sie an einen Berliner Buchhändler. Sie sollte in London versteigert werden. Doch ein Brand im Lagerhaus von Sotheby, Wilkinson & Co. vernichtete sie wenige Jahre nach Humboldts Tod fast völlig. Was bleibt, ist Alexander von Humboldts Werk, das jede Generation aufs Neue für sich entdecken muss; denn, »im wundervollen Gewebe des Organismus, im ewigen Treiben und Wirken der lebendigen Kräfte führt jedes tiefere Forschen an den Eingang neuer Labyrinthe«[2].

## Anmerkungen

### Einleitung

1 Adelbert von Chamisso an Eduard Hitzig, Paris, 16. Februar 1810. In: Hanno Beck (Hg.): *Gespräche Alexander von Humboldts.* Berlin: Akademie-Verlag, 1959 [im Folgenden zitiert: *Gespräche*], S. 37.

2 Schiller an Christian Gottfried Körner, 6. August 1797. In: *Schillers Werke. Nationalausgabe,* Bd. 29. Briefwechsel, hg. von Norbert Oellers und Frithjof Stock. Weimar: Hermann Böhlaus Nachfolger, 1977 [im Folgenden zitiert: *Schillers Werke*], S. 112.

3 Humboldt an David Friedländer, Madrid, 11. April 1799. In: Ilse Jahn und Fritz G. Lange (Hg.): *Die Jugendbriefe Alexander von Humboldts 1787–1799.* Berlin: Akademie-Verlag, 1973 [im Folgenden zitiert: *Jugendbriefe*], S. 657 f.

4 Bericht des nordamerikanischen Schriftstellers und Reisenden Bayard Taylor über einen Besuch bei Alexander von Humboldt am 25. November 1856, siehe in diesem Buch, S. 267.

5 Bericht von Caroline Bauer, Berlin 1827. In: Claire May: *Rahel Varnhagen, geb. Levin. Ein Frauenleben im 19. Jahrhundert.* Berlin: Das Neue Berlin, 1949, S. 13 f.

6 Alexander von Humboldt: Mes confessions. In: *Lettres d'Alexandre de Humboldt à Marc-Auguste Pictet 1795–1824, publiées dans le Journal Le Globe,* 7, 1868, S. 180–190. Zit. nach der deutschen Übersetzung in: Alexander von Humboldt: *Aus meinem Leben. Autobiographische Bekenntnisse.* Zusammengestellt und erläutert von Kurt-R. Biermann. Leipzig, Jena und Berlin: Urania, 1987 [im Folgenden zitiert: *Leben*], S. 60.

7 Ebd., S. 60.

8 Humboldt an David Friedländer, Madrid, 11. April 1799, In: *Jugendbriefe*, S. 657.

9 Humboldt an Friedrich Anton von Heinitz, Steben, 13. März 1794. In: Karl Bruhns (Hg.): *Alexander von Humboldt. Eine wissenschaftliche Biographie*, Bd. 1, Leipzig: Brockhaus, 1872 [im Folgenden zitiert: Bruhns], S. 293.

10 Humboldt an Joseph-Louis Gay-Lussac, Paris, 8. Dezember 1842. In: León Delhoume: *Hommage de Humboldt à Gay-Lussac.* In: CR 87ᵉ Congrès des Sociétés savantes, Poitiers 1962, S. 153 f.

11 Humboldt an Charles Darwin, Sanssouci, 18. September 1839. In: Ilse Jahn: *Dem Leben auf der Spur. Die biologischen Forschungen Alexander von Humboldts.* Leipzig, Jena, Berlin: Urania 1969 [im Folgenden zitiert: *Dem Leben auf der Spur*], S. 185.

12 Humboldt an David Friedländer, Madrid, 11. April 1799. In: *Jugendbriefe*, S. 657.

13 Reisetagebuch 1.–5. August 1803. In: Margot Faak (Hg.): *Alexander von Humboldt: Reise auf dem Río Magdalena, durch die Anden und Mexiko. Aus seinen Reisetagebüchern.* 2., durchgesehene Aufl., 2 Bde. Berlin: Akademie-Verlag, 2003 [im Folgenden zitiert: *Reisetagebücher*], hier Bd. 2, S. 258.

14 Alexander von Humboldt: *Kosmos. Entwurf einer physischen Weltbeschreibung.* 1845, Bd. 1, S. VI. Zit. nach der Ausgabe der Anderen Bibliothek, ediert von Ottmar Ette und Oliver Lubrich. Frankfurt am Main: Eichborn, 2004 [im Folgenden zitiert: *Kosmos*], S. 3.

15 *Kosmos*, Bd. 1 S. 33 bzw. 23.

16 Alexander von Humboldt: *Relation historique*, 1814–1831. Zitiert nach der deutschen Ausgabe: Alexander von Humboldt: *Reise in die Äquinoktial-Gegenden des Neuen Kontinents.* Ottmar Ette (Hg.). 2 Bde. Frankfurt, 1999 [im Folgenden zitiert: *Äquinoktial-Gegenden*], hier Bd. 1, S. 680.

17 Ebd. Bd. 2, S. 933.

18 *Kosmos*, Bd. 1, S. 385 bzw. S. 187.

19 Humboldt an Marc-Auguste Pictet, Paris, 3. Februar 1805. In: Ulrike Moheit (Hg.): *Das Große und Gute wollen. Alexander von Humboldts Amerikanische Briefe.* Berlin: Rohrwall, 1999 [im Folgenden zitiert: *Reisebriefe*], S. 238.

20 *Äquinoktial-Gegenden*, Bd. 1, S. 32.

21 *Kosmos*, Bd. 1, S. V bzw. S. 3.

22 Wilhelm an Caroline von Humboldt, London, 3. Dezember 1817. In: *Gespräche*. S. 52.

23 Ralph Waldo Emerson und Edward Waldo Emerson: *The Complete Works of Ralph Waldo Emerson.* Boston: Houghton, Mifflin and Co.,1904, Bd. 11, S. 457.

### Die ersten Jahre

1 Humboldt an Georg von Cotta, Potsdam, 3. Juli 1847. In: Ulrike Leitner (Hg.): *Alexander von Humboldts Briefwechsel mit Cotta.* Berlin: Akademie-Verlag, 2009, im Erscheinen [im Folgenden zitiert: *Cotta-Briefe*].

2 Dem Astronomen Daniel Flores vom Astronomischen Institut der Autonomen Nationalen Universität von Mexiko (UNAM) danke ich für die exakte Berechnung dieser Daten.

3 Humboldt gegenüber Henriette Herz, um 1788. In: Bruhns, Bd. 1, S. 49.

4 Humboldt an Carl Freiesleben, Tegel, 5. Juni 1792. In: *Jugendbriefe*, S. 191 f.

5 Humboldt gegenüber Henriette Herz, um 1788. In: Bruhns, Bd. 1, S. 49.

6 Autobiographische Skizze Humboldts, Bogotá, 4. August 1801. In: *Leben*, S. 32–34.

7 Humboldt an Wilhelm Gabriel Wegener, Berlin, 25. Februar 1789. In: *Jugendbriefe*, S. 40–42.

### Erste Reisen

1 Humboldt an Wilhelm Gabriel Wegener, Berlin, 27. März 1789. In: *Jugendbriefe*, S. 47.

2 Vgl.: Steven Jan van Geuns: *Tagebuch einer Reise mit Alexander von Humboldt durch Hessen, die Pfalz, längs des Rheins und durch Westfalen im Herbst 1789.* Hg. von Bernd Kölbel und Lucie Terken unter Mitwirkung von Martin Sauerwein, Katrin Sauerwein, Steffen Kölbel und Gert Jan Röhner. Berlin: Akademie Verlag, 2007.

3 Humboldt an Joachim Heinrich Campe, Göttingen, 21. Februar 1790. In: *Jugendbriefe*, S. 87.

4 Humboldt an Paul Usteri, London, 27. Juni 1790. In: *Jugendbriefe*, S. 98.

5 Autobiographische Skizze Humboldts, Bogotá, 4. August 1804. In: *Leben*, S. 35–40.

6 Humboldt an Friedrich Heinrich Jacobi, Hamburg, 3. Januar 1791. In: *Jugendbriefe*, S. 118.

7 Humboldt an Wilhelm Gabriel Wegener, Castleton 15. Juni 1790. In: *Jugendbriefe*, S. 91.

8 Humboldt an Paul Usteri, London, 27. Juni 1790. In: *Jugendbriefe*, S. 96 f.

9 Humboldt an Wilhelm Gabriel Wegener, Hamburg, 23. September 1790. In: *Jugendbriefe*, S. 106 f.

10 Humboldt an Archibald MacLean, Freiberg, 14. Oktober 1791. In: *Jugendbriefe*, S.153 f.

11 Vgl. Klaus Dobat: Alexander von Humboldt als Botaniker. In: Wolfgang-Hagen Hein (Hg.): *Alexander von Humboldt. Leben und Werk.* Frankfurt am Main: Weisbecker, 1985, S. 171.

12 Humboldt an Paul Christian Wattenbach, Escheburg, vor dem 26. April 1791. In: *Jugendbriefe*, S. 136

13 Humboldt an Archibald MacLean, Freiberg, 6. November 1791. In: *Jugendbriefe*, S. 157 f.

**Vom Bergmann zum
Forschungsreisenden**

1 Humboldt an Joachim Heinrich
Campe, Berlin, 17. Mai 1792. In:
*Jugendbriefe*, S. 188.

2 Humboldt an Archibald MacLean,
Berlin, 9. Februar 1793. In:
*Jugendbriefe*, S. 233.

3 Humboldt an Johann Wolfgang von
Goethe, Bayreuth, 21. Mai 1795. In:
*Jugendbriefe*, S. 420.

4 Alexander von Humboldt: *Ueber
die unterirdischen Gasarten und
die Mittel ihren Nachtheil zu
vermindern. Ein Beytrag zur Physik
der praktischen Bergbaukunde.*
Braunschweig: Vieweg, 1799, S. 249.

5 Humboldt an Karl Freiesleben,
Bayreuth, 18. Oktober 1796. In:
*Jugendbriefe*, S. 532 f.

6 Humboldt an Friedrich Anton von
Heinitz, Steben, 13. März 1794. In:
Bruhns, Bd. 1, S. 293.

7 Humboldt an Karl Freiesleben,
Bayreuth, 20. Januar 1794. In:
*Jugendbriefe*, S. 311 f.

8 Humboldt an Karl Freiesleben,
Bayreuth, 20. Januar 1794. In:
*Jugendbriefe*, S. 310.

9 Humboldt an Christoph Girtanner,
Berlin, 12. Februar 1793. In:
*Jugendbriefe*, S. 236.

10 Humboldt an Dietrich Ludwig
Gustav Karsten, Freiberg, 26.
November 1791. In: *Jugendbriefe*,
S. 160.

11 Alexander von Humboldt:
*Aphorismen aus der chemischen
Physiologie der Pflanzen. Aus dem
Lateinischen übersetzt von Gotthelf
Fischer.* Leipzig: Voss, 1794, S. 123.

12 Ebd., S. XV.

13 Humboldt an Karl Freiesleben, Wien,
2. November 1792. In: *Jugendbriefe*,
S. 222.

14 Humboldt an Friedrich Albrecht
Carl Gren, Bayreuth, 23. Juni 1795.
In: *Jugendbriefe*, S. 436.

15 Humboldt an Karl Freiesleben,
Bayreuth, 9. Februar 1796. In:
*Jugendbriefe*, S. 495.

16 Vgl. dazu Ilse Jahn: »Die ›Lebenskraft‹
– Humboldts physiologische
Experimente«. In: Frank Holl (Hg.):
*Alexander von Humboldt – Netzwerke
des Wissens.* Ausstellung in Berlin
und Bonn. Ostfildern: Cantz 1999
[im Folgenden zitiert: *Netzwerke*],
S. 54 und dies.: *Dem Leben auf der
Spur. Die biologischen Forschungen
Alexander von Humboldts.* Leipzig
u. a.: Urania, 1969.

17 Humboldt an Johann Friedrich
Blumenbach, Juni 1795. In: Bruhns
Bd. 1, S. 172 f.

18 Vgl. Ilse Jahn: »Die ›Lebenskraft‹
– Humboldts physiologische
Experimente«. (siehe Anm. 16), S. 54.

19 Alexander von Humboldt: *Versuche
über die gereizte Muskel- und
Nervenfaser.* Posen: Decker; Berlin:
Rottmann, 1797/98, Bd. 2, S. 434.

20 Alexander von Humboldt: »Sur la
couleur verte des végétaux qui ne
sont pas exposé à la lumiere«. In:
*Journal de Physique* XL, Januar 1792,
S. 154 f.

21 Humboldt an Johann Friedrich
Blumenbach, Mailand, 16. August
1795. In: *Jugendbriefe*, S. 454.

22 Humboldt an Johann Friedrich Pfaff,
Goldkronach, 12. November 1794.
In: *Jugendbriefe*, S. 370.

23 Humboldt an Marc-Auguste Pictet,
Bayreuth, 24. Januar 1796. In:
*Jugendbriefe*, S. 487.

24 *Äquinoktial-Gegenden*, Bd. 1, S. 12.

25 Humboldt, zitiert nach Hanno
Beck: *Alexander von Humboldt.*
Wiesbaden: Steiner 1959, [im
Folgenden zitiert: Beck: *Humboldt*]
Bd. 1, S. 74.

26 Humboldt an Reinhard von Haeften,
Jena, 19. Dezember 1794. In:
*Jugendbriefe*, S. 388.

27 Humboldt veröffentlichte sie später,
im Jahr 1826, in der zweiten, und
1849 auch nochmals in der dritten
Auflage seiner *Ansichten der Natur.*

28 Schiller an Christian Gottfried
Körner, 6. August 1797. In: *Schillers
Werke*, S. 112 f.

29 Johann Peter Eckermann: *Gespräche
mit Goethe in den letzten Jahren
seines Lebens 1823–1832.* Leipzig:
Brockhaus, Bd. 1, S. 260.

30 Humboldt an Carl Ludwig
Willdenow, Bayreuth, 20. Dezember
1796. In: *Jugendbriefe*, S. 560.

31 Humboldt an Ludwig Bollmann,
Cumaná (Venezuela), 15. Oktober
1799. In: *Reisebriefe*, S. 37.

**Erfolg in Paris und zerschlagene
Reiseträume**

1 Alexander von Humboldt: *Versuche
über die chemische Zerlegung des
Luftkreises und über einige andere
Gegenstände der Naturlehre.*
Braunschweig: Vieweg, 1799.

2 Alexander von Humboldt: *Reise
durch Venezuela. Auswahl aus den
amerikanischen Reisetagebüchern.*
Hrsg. von Margot Faak. Berlin:
Akademie-Verlag 2000 [im
Folgenden zitiert: *Venezuela-
Tagebuch*], S. 43–55.

3 Wie verblüffend genau diese
Messungen waren, hat im September
2005 Georg von Humboldt,

ein Nachfahre Wilhelm von
Humboldts und Spezialist für Geo-
Softwaresysteme, mit modernsten
Geräten auf dem Weg von Barcelona
nach Madrid nachgewiesen. Vgl.
seinen Bericht in: Irene Prüfer Leske
(Hg.): *Alexander von Humboldt: La
actualidad de su pensamiento en
torno a la naturaleza / Die Gültigkeit
seiner Ansichten der Natur.*
Hamburg u. a.: Peter Lang, 2009, im
Erscheinen.

4 »Aus einem Schreiben des Ober-
Bergraths A. von Humboldt,
überschrieben: Madrid, 23
Floréal Jahr VII«. In: *Allgemeine
geographische Ephemeriden* 4;
August 1799, S. 152–156.

**Neue Ziele und ein Reisepass von
unschätzbarem Wert**

1 Das Original befindet sich heute
im Archivo del Banco Central del
Ecuador in Quito. Übersetzung nach
Bruhns, Bd. 1, S. 457 f.

2 Humboldt an David Friedländer,
Madrid, 11. April 1799. In:
*Jugendbriefe*, S. 657 f.

3 *Äquinoktial-Gegenden*, Bd. 1, S. 53 f.

4 Humboldt an Karl Freiesleben, La
Coruña, 4. Juni 1799, in *Jugendbriefe*,
S. 680 f.

5 *Äquinoktial-Gegenden*, Bd. 1, S. 52.

6 Zitiert nach Urs Bitterli: *Die
Entdeckung Amerikas. Von Kolumbus
bis Alexander von Humboldt.* 4.
durchges. Aufl. München: Beck,
1992, S. 440.

7 Alexander von Humboldt:
*Reisebericht* (Newcastle, Ende Juni
1804), Philadelphia, American
Philosphical Society Library, Misc.
Ms. Coll. (V). Die Darstellung, in
französischer Sprache von Humboldt
selbst in der dritten Person verfasst,
erschien auf Englisch im *Literary
Magazine and American Register
for 1804*, Bd. 2, S. 321–327 in
Philadelphia. Zit. nach der deutschen
Übersetzung in *Netzwerke*, S. 63–76.
Humboldt schrieb diesen Bericht
für einen Journalisten in der
dritten Person, der ihn danach
auf dessen Wunsch unter seinem
eigenen Namen veröffentlichte; [im
Folgenden zitiert: *Reisebericht aus
Philadelphia*], hier S. 63.

8 Humboldt an Karl Ludwig
Willdenow, Havanna, 21. Februar
1801. In: Alexander von Humboldt:
*Briefe aus Amerika 1799–1804.*
Hg. von Ulrike Moheit. Berlin 1993
[im Folgenden zitiert: *Briefe aus
Amerika*], S. 126.

ANMERKUNGEN

### Die Fahrt auf der Pizarro

1 *Äquinoktial-Gegenden*, Bd. 1, S. 62.

2 *Venezuela-Tagebuch*, S. 57.

3 Ebd., S. 58–59.

4 Alexander an Wilhelm von Humboldt, Puerto Orotava, 20.–25. Juni 1799. In: *Briefe aus Amerika*, S. 35–37.

5 *Äquinoktial-Gegenden*, S. 134 f. und S. 150–152.

6 »Tableau physique des Îles Canaries. Géographie des Plantes du Pic de Ténériffe« (1817). In: Alexander von Humboldt: *Atlas géographique et physique des régions équinoxiales du Nouveau Continent, fondé sur des observations astronomiques, des mesures trigonométriques et des nivellemens barométriques*. Paris 1814–1838, Tafel 2.

7 *Äquinoktial-Gegenden*, Bd. 1, S. 174 f.

8 Ebd., S. 183 und 185 f.

9 Ebd., S. 195–197.

10 *Venezuela-Tagebuch*, S. 110–112.

### Ankunft in der Tropenwelt

1 *Äquinoktial-Gegenden*, Bd. 1, S. 212–217.

2 Alexander an Wilhelm von Humboldt, Cumaná, 16. Juli 1799. In: *Briefe aus Amerika*, S. 41–43.

3 *Äquinoktial-Gegenden*, Bd. 1, S. 256 f.

4 Ebd., S. 260–262.

5 *Venezuela-Tagebuch*, S. 139.

### Die Missionen

1 Humboldt an Karl Ludwig Willdenow, Havanna, 21. Februar 1801. In: *Briefe aus Amerika*, S. 127.

2 Während der Reise hat Humboldt bereits publiziert. So z. B. auf Kuba: Alexander von Humboldt: »Noticia mineralógica del Cerro de Guanabacoa comunicada al Exmo. Sr. Marqués de Someruelos por el barón de Humboldt en año de 1804«. In: *El Patriota Americano* (Havanna) 1812, S. 29–31. oder einen ersten vollständigen Reisebericht in englischer Übersetzung von John Vaughan in *The Literary Magazine and American Register for 1804* (Philadelphia) 1804, Bd. 2, S. 321–327 [in diesem Buch zitiert: *Reisebericht aus Philadelphia*].

3 Missionen. Reisetagebuch, Lima (Peru), 23. Oktober bis 24 Dezember 1802. Original in Französisch. In: Alexander von Humboldt: *Lateinamerika am Vorabend der Unabhängigkeitsrevolution. Eine Anthologie von Impressionen und Urteilen aus seinen Reisetagebüchern*. Hg. von Margot Faak. Berlin: Akademie-Verlag, 2003, [im Folgenden zitiert: *Unabhängigkeit*], hier S. 142–146.

### Die Höhle der Guácharos

1 In seiner *Reise in die Äquinoktial-Gegenden* spricht Humboldt anstatt von 44 Quadratzoll von 60 Kubikzoll. Demnach belief sich der Jahresertrag auf ca. 150 bis 160 Liter.

2 *Venezuela-Tagebuch*, S. 155–157.

3 *Äquinoktial-Gegenden*, Bd. 2, S. 358.

4 Ebd.

### Von Cumaná nach Caracas

1 Humboldt an Reinhard und Christiane von Haeften, Cumaná, 18. und 20. November 1799. In: *Briefe aus Amerika*, S. 65 f.

2 *Äquinoktial-Gegenden*, Bd. 1, S. 443–446.

3 Ebd., S. 447.

4 Ebd., S. 448–452.

5 Vgl. dazu ausführlich Arcadio Poveda und Christine Allen: »La astronomía de Humboldt y sus observaciones en el nuevo continente«. In: Frank Holl (Hg.): *Alejandro de Humboldt – una nueva visión del mundo*. Katalog zur Ausstellung im Museo Nacional de Ciencias Naturales, Madrid. Barcelona und Madrid: Lunwerg 2005, S. 163 f.

6 *Äquinoktial-Gegenden*, Bd. 1, S. 453–457.

7 Ebd., S. 461.

8 *Venezuela-Tagebuch*, S. 168 f.

9 *Äquinoktial-Gegenden*, S. 472–476.

10 Ebd., S. 524.

11 Ebd., S. 530.

### Klimastudien am Valencia-See

1 *Reisebericht aus Philadelphia*, S. 65.

2 *Venezuela-Tagebuch*, S. 140.

3 *Äquinoktial-Gegenden*, Bd. 1, S. 383.

4 Ebd., S. 633–639.

5 *Venezuela-Tagebuch*, S. 215 f.

6 Peter Fabian: *Leben im Treibhaus: Unser Klimasystem – und was wir daraus machen*. Berlin u. a.: Springer, 2002. Zu Humboldts Studien am Valencia-See vgl. ausführlich: Engelhard Weigl: »Wald und Klima: Ein Mythos aus dem 19. Jahrhundert«. In: HiN (Humboldt im Netz) V, 9 (2004), S. 1–20. Weigl weist auch darauf hin, dass, entgegen Humboldts Annahme, doch ein unterirdischer Abfluss existierte, der 1962 von Geologen entdeckt wurde. Humboldts Hypothese wird dadurch allerdings nicht entwertet.

7 Alexander von Humboldt: *Fragmente einer Geologie und Klimatologie Asiens*. Übersetzung aus dem Französischen von Julius Löwenberg, Berlin: J. A. List, 1832, S. 228 f. Die französische Originalausgabe erschien 1831 in Paris.

8 Vgl. dazu ausführlich: Frank Holl: »Wie der Klimawandel entdeckt wurde – Alexander von Humboldt als Klimaforscher«. In: *Die Gazette. Das politische Kulturmagazin*, Nummer 16, Winter 2007/08, S. 20–25, und ders. »Alexander von Humboldt y el cambio climático«. In: Irene Prüfer Leske (Hg.): Alexander von Humboldt: *La actualidad de su pensamiento en torno a la naturaleza / Die Gültigkeit seiner Ansichten der Natur*. Bern u. a.: Peter Lang, 2009, S. 223–239.

9 Alexander von Humboldt: *Central-Asien. Untersuchungen über die Gebirgsketten und die vergleichende Klimatologie*. Aus dem Französischen übersetzt und durch Zusätze vermehrt, hg. von Wilhelm Mahlmann, 2 Bde. Berlin: Kleemann, 1844 [im Folgenden zitiert: *Central-Asien*], hier Bd. 2, S. 214. Die französische Originalausgabe erschien 1843 in Paris.

10 Humboldt an Emil Adolf Roßmäßler, Berlin 6. (ohne Monat) 1858. Handschrift in der Harvard College Library, Cambridge, USA. Zit. nach dem Archiv der Alexander-von-Humboldt-Forschungsstelle der Berlin-Brandenburgischen Akademie der Wissenschaften, Berlin.

11 *Central-Asien*, S. 214.

12 G. Marland, T. A. Boden, R. J. Andres: »Global, Regional, and National $CO_2$ Emissions«. In: *Trends: A Compendium of Data on Global Change*. Carbon Dioxide Information Analysis Center, Oak Ridge National Laboratory, U.S. Department of Energy, Oak Ridge, Tenn., USA 2005.

13 Daten des IPCC 1996 und 2001, mit Aktualisierungen, nach: Christian Dietrich Schönwiese: »Klimaänderungen im Industriezeitalter – Beobachtungen, Ursachen und Signale«. In: *Wetterkatastrophen und Klimawandel. Sind wir noch zu retten? Der aktuelle Stand des Wissens – alle wesentlichen Aspekte des Klimawandels von den Ursachen bis zu den Auswirkungen*. München: Münchener Rückversicherungs-Gesellschaft 2004, S. 39. Weitere Aktualisierungen bis zum Oktober 2007 nach den Messungen vom Mauna Loa Observatorium.

275

**Die Llanos: Hitze, Staub und Zitteraale**

1  *Reisebericht aus Philadelphia*, S. 65.

2  *Äquinoktial-Gegenden*, Bd. 2, S. 712–732.

3  Ebd., S. 744.

4  Ebd., S. 747–753.

5  Ebd., S. 755.

6  Ebd., S. 757.

**Der Orinoco: Einsamkeit und Großartigkeit**

1  *Äquinoktial-Gegenden*, Bd. 2, S. 761.

2  Ebd., Bd. 1, S. 460.

3  *Venezuela-Tagebuch*, S. 239–244.

4  Ebd., S. 249.

5  *Äquinoktial-Gegenden*, Bd. 2, S. 805 f.

6  *Venezuela-Tagebuch*, S. 250.

7  *Äquinoktial-Gegenden*, Bd. 2, S. 795 f.

8  *Venezuela-Tagebuch*, S. 255.

9  *Äquinoktial-Gegenden*, Bd. 2, S. 817.

10  Ebd., S. 825.

11  Ebd., S. 823 f.

12  Vgl. Alexander von Humboldt: *Missionen*. Reisetagebuch, Lima (Peru), 23. Oktober bis 24. Dezember 1802. In: *Unabhängigkeit*, S. 144.

13  Reisetagebuch, Playa de Uruana (Venezuela), 6. April 1800 und später. In: *Unabhängigkeit*, S. 160 f.

14  *Äquinoktial-Gegenden*, Bd. 2, S. 818.

15  *Reisebericht aus Philadelphia*, S. 63.

16  *Venezuela-Tagebuch*, S. 257 f.

17  *Äquinoktial-Gegenden*, Bd. 2, S. 856.

18  Ebd., S. 860–862.

19  Ebd., S. 856–859.

20  Ebd., S. 859.

21  Ebd., S. 859 f.

22  *Venezuela-Tagebuch*, S. 277.

23  *Äquinoktial-Gegenden*, Bd. 2, S. 891.

24  Ebd., S. 904 und S. 963.

25  *Unabhängigkeit*, S. 162.

26  *Äquinoktial-Gegenden*, Bd. 2, S. 1014–1017

27  *Venezuela-Tagebuch*, S. 290 f., und *Äquinoktial-Gegenden*, Bd. 2, S. 1022–1026.

28  *Venezuela-Tagebuch*, S. 290.

29  *Äquinoktial-Gegenden*, Bd. 2, S. 1023.

30  Zit. nach Erich Kalwa: »Alexander von Humboldt, die Entdeckungsgeschichte Brasiliens und die brasilianische Geschichtsschreibung des 19. Jahrhunderts«. In: Michael Zeuske und Bernd Schröter (Hg.) *Alexander von Humboldt und das neue Geschichtsbild von Lateinamerika*. Leipzig: Leipziger Universitäts-Verlag 1992, S. 73 f., Anm. 12. Die von Humboldt immer wieder geplante Expedition in den Himalaja scheiterte später an demselben Misstrauen der Kolonialherren, in diesem Fall an der Gegnerschaft der britischen Ostindischen Kompanie.

31  *Äquinoktial-Gegenden*, Bd. 2, S. 1101.

32  Ebd., S. 1121.

33  Ebd., S. 1122.

34  Ebd., S. 1127.

35  Ebd., S. 1056 f.

36  Ebd., S. 1134.

37  Ebd., S. 1135.

38  Ebd., S. 1148.

39  Ebd., S. 1153 f.

40  Ebd., S. 1168.

41  *Reisebericht aus Philadelphia*, S. 66.

42  *Äquinoktial-Gegenden*, Bd. 2, S. 1181 f.

43  Ebd., S. 1184 f.

44  Ebd., S. 1189.

45  Ebd., S. 1250.

46  *Venezuela-Tagebuch*, S. 324 f.

47  *Äquinoktial-Gegenden*, Bd. 2, S. 1255 f.

48  Ebd., S. 1294.

49  Ebd., S. 848, Anm. 1.

50  Ebd, S. 1296 f.

51  Alexander an Wilhelm von Humboldt, Cumaná 17. Oktober 1800. In: *Briefe aus Amerika*, S. 106 f.

52  *Äquinoktial-Gegenden*, Bd. 2, S. 1255.

**Gegen die Sklaverei – der Aufenthalt auf Kuba**

1  Humboldt an Karl Ludwig Willdenow, Havanna, 21. Februar 1801. In: *Briefe aus Amerika*, S. 126.

2  Ebd., S. 122.

3  Alexander von Humboldt: *Essai politique sur l'île de Cuba*, Paris: Libraire de Gide Fils, 1826. Zit. nach der deutschen Übersetzung: *Alexander von Humboldt – Cuba-Werk*. Hg. von Hanno Beck, Darmstadt: Wissenschaftliche Buchgesellschaft 1992 [im Folgenden zitiert: *Politischer Essay über die Insel Kuba*], S. 8.

4  Ebd., S. 8.

5  Alexander von Humboldt: »Insel Cuba«. In: *Berlinische Nachrichten von Staats- und gelehrten Sachen*, Nr. 172, 25. Juli 1856, S. 4. Zit. nach Alexander von Humboldt – Samuel Heinrich Spiker: *Briefwechsel*. Hg. von Ingo Schwarz unter Mitarbeit von Eberhard Knobloch. Berlin: Akademie Verlag, 2007 [im Folgenden zitiert: *Spiker-Briefwechsel*], S. 383

6  Reisetagebuch 23. Juni – 8. Juli 1801, *Reisetagebücher*, Bd.1, S. 87.

7  Reisetagebuch, Cumaná (Venezuela), Herbst 1800. In: *Unabhängigkeit*, S. 244.

8  Reisetagebuch Cumaná (Venezuela), 27. August – 16. November 1800. In: *Venezuela-Tagebuch*, S. 371.

9  Reisetagebuch 23. Juni – 8. Juli 1801, Reise von Honda nach Bogotá. In: *Reisetagebücher*, Bd.1, S. 87.

10  *Politischer Essay über die Insel Kuba*, S.141.

11  Ebd., S. 64.

12  Ebd., S. 156 f.

**Neu-Granada – Aufbruch in die Andenwelt**

1  *Reisetagebücher*, Bd.1, S. 54.

2  Ebd., S. 89.

3  Ebd., S. 89.

4  Ebd., S. 89.

5  Ebd., S. 67.

6  Ebd., S. 69 und Fußnote.

7  Ebd., S. 69 f.

8  Ebd., S. 68, Fußnote.

9  Ebd., S. 67.

10  Ebd., S. 77.

11  Ebd., S. 85.

12  Ebd., S. 89.

13  Ebd., S. 92 f.

14  Vgl. ebd. S. 119.

15  Ebd., S. 94.

16  *Äquinoktial-Gegenden*, Bd. 2, S. 1116, Anm. 2.

17  Ebd., S. 1358.

18  Ebd., S. 1358, und vgl. *Vues des Cordillères et monumens des peuples indigènes de l'Amérique*, Paris: Schoell, 1810–1813, Original in Französisch. Übersetzung nach Alexander von Humboldt: *Ansichten der Kordilleren und Monumente der eingeborenen Völker Amerikas*. Aus dem Französischen von Claudia Kalscheuer. Ediert und mit einem Nachwort versehen von Oliver Lubrich und Ottmar Ette. Frankfurt a. M.: Eichborn, 2004 [im Folgenden zitiert: *Vues*], S. 380.

19  Vgl. *Äquinoktial-Gegenden*, Bd. 2, S. 1069.

20  Ebd., S. 1363 f.

21  *Reisetagebücher*, Bd.1, S. 83.

22  Ebd., S. 90.

23  Ebd., S. 119.

24  Ebd., S. 128.

25  Ebd., S. 133 f.

26 Ebd., S. 133 f.

27 Humboldt in seinem Reisetagebuch, Popayán, 9. bis 17. November 1801. In: *Unabhängigkeit*, S. 313.

**Ecuador und Peru: Vulkane, Urwald und Küstenwüste**

1 *Reisebericht aus Philadelphia*, S. 69 f.

2 Alexander an Wilhelm von Humboldt, Lima, 25. November 1802. In: *Reisebriefe*, S. 150.

3 Ebd., S. 150 f.

4 *Reisetagebücher*, Bd. 2, S. 55 f.

5 Alexander von Humboldt: *Über einen Versuch den Gipfel des Chimborazo zu besteigen*. Hg. von Oliver Lubrich und Ottmar Ette, Berlin: Eichborn, 2006, S. 84–86. und 96–98.

6 *Reisetagebücher*, Bd. 2, S. 118.

7 Ebd., S. 119.

8 Ebd., S. 120.

9 Ebd., S. 120.

10 *Reisebericht aus Philadelphia*, S. 72 f.

11 *Reisetagebücher*, Bd. 2, S. 145–147.

12 Ebd., S. 137.

13 Ebd., S. 152.

14 Ebd., S. 159.

15 Ebd., 2, S. 159.

16 Alexander von Humboldt: *Ansichten der Natur*. Dritte vermehrte und verbesserte Auflage, Stuttgart und Tübingen: Cotta, 1849. Zit. nach der Ausgabe Berlin: Eichborn, 2004 [im Folgenden zitiert: *Ansichten*], S. 460–562.

17 Reisetagebuch: Mexiko-Stadt, 11. April 1803 bis 20. Januar 1804. In: *Unabhängigkeit*, S. 329–331.

18 *Vues*, S. 16, 19 und 20.

19 *Ansichten*, S. 466.

20 *Reisetagebücher*, Bd. 1, S. 274. Eigene Übersetzung.

21 *Reisetagebücher*, Bd. 1, S. 274. Eigene Übersetzung.

22 *Reisetagebücher*, Bd. 2, S. 170.

23 Zit. nach Ilse Jahn: *Dem Leben auf der Spur. Die biologischen Forschungen Alexander von Humboldts*. Leipzig, Jena, Berlin: Urania, 1969, S. 191.

24 Humboldt an Heinrich Berghaus, Berlin, 21. Februar 1840. In: *Briefwechsel Alexander von Humboldt's mit Heinrich Berghaus aus den Jahren 1825–1858*, Leipzig: Costenoble, 1863 [im Folgenden zitiert: *Berghaus-Briefwechsel*], Bd. 2, S. 284.

**Aufenthalt in Guayaquíl: Pflanzengeographie und eine Schrift gegen den Kolonialismus**

1 *Reisetagebücher*, Bd. 2, S. 182.

2 Ebd., S. 182.

3 Ebd., S. 185.

4 Siehe das Kapitel »Die Missionen« in diesem Band, S. 93–97.

5 *Unabhängigkeit*, S. 65 f.

6 Alexander von Humboldt: *Essai politique sur le royaume de la Nouvelle-Espagne*. Zit. nach der deutschen Übersetzung: Alexander von Humboldt: *Mexiko-Werk. Politische Ideen zu Mexiko. Politische Landeskunde*. Hg. von Hanno Beck. Darmstadt: Wissenschaftliche Buchgemeinschaft 1991 [im Folgenden zitiert: *Mexiko-Essay*], S. 97. Die Erscheinungsdaten der einzelnen Lieferungen nach Horst Fiedler und Ulrike Leitner: *Alexander von Humboldts Schriften. Bibliographie der selbständig erschienenen Werke*. Berlin: Akademie-Verlag, 2000.

7 Ebd., S. 189 f.

8 Ebd., S. 198.

9 Ebd., S. 192, Anm. 126.

10 Ebd., S. 229.

**Neu-Spanien: Azteken, Bergwerke und Vulkane**

1 *Reisebericht aus Philadelphia*, S. 74.

2 *Reisetagebücher*, Bd. 2, S. 210.

3 Ebd., Bd. 2, S. 210.

4 Ebd., Bd. 2, S. 213.

5 *Reisebericht aus Philadelphia*, S. 74 f.

6 *Reisetagebücher*, Bd. 2, S. 216.

7 Ebd., Bd. 2, S. 217.

8 Ebd., Bd. 2, S. 226.

9 Ebd., Bd. 2, S. 227.

10 Ebd., Bd. 2, S. 229.

11 Ebd., Bd. 2, S. 219 f.

12 Ebd., Bd. 2, S. 237.

13 Ebd., Bd. 2, S. 219.

14 Ebd., Bd. 2, S. 254.

15 Ebd., Bd. 1, S. 358.

16 Ebd., Bd. 2, S. 246.

17 Ebd., Bd. 2, S. 265.

18 Ebd., Bd. 1, S. 366.

19 *Mexiko-Essay*, S. 432.

20 *Reisetagebücher*, Bd. 2, S. 276.

21 Ebd., Bd. 2, S. 281.

22 Ebd., S. 282.

23 Ebd., S. 284.

24 Ebd., S. 284.

25 Ebd., S. 284.

26 Andere während der Reise

eingereichte Publikationen waren z. B. auf Kuba: Alexander von Humboldt: *Noticia mineralógica del Cerro de Guanabacoa comunicada al Exmo. Sr. Marqués de Somerouelos por el barón de Humboldt en año de 1804*. In: *El Patriota Americano* (Havanna) 1812, S. 29–31, oder sein erster vollständiger Reisebericht, der in englischer Übersetzung von John Vaughan in *The Literary Magazine and American Register for 1804* (Philadelphia) 1804, Bd. 2, S. 321–327, erschien.

27 *Reisetagebücher* Bd. 2, S. 294

**Stürmische Überfahrt und ein Kurzbesuch in Washington**

1 *Reisetagebücher*, Bd. 2, S. 303–305.

2 Humboldt an Thomas Jefferson, Philadelphia, 24. Mai 1804. In: Ingo Schwarz (Hg.): *Alexander von Humboldt und die Vereinigten Staaten von Amerika. Briefwechsel*. Berlin: Akademie-Verlag, 2004, S. 89.

3 Humboldt an Christian Carl Josias Bunsen, Sanssouci, 28. Juni 1847. In: Ingo Schwarz (Hg.): *Briefe von Alexander von Humboldt an Christian Carl Josias Bunsen*. Berlin: Rohrwall, 2006 [im Folgenden zitiert: *Bunsen-Briefwechsel*], S. 102.

**Paris – Zentrum der Wissenschaften**

1 Humboldt in einem Gespräch mit Julius Löwenberg. In: Bruhns, Bd. 1, S. 402.

2 Humboldt in einem für das Brockhaussche Konversationslexikon über seine eigene Person verfassten Artikel, 1852. In: *Leben*, S. 103 f.

3 Alexander an Wilhelm von Humboldt, Paris, 14. Oktober 1804. In: *Leben*, S. 178 f.

4 Humboldt an Aimé Bonpland, Berlin, 10. Juni 1858. In: Heinz Schneppen: *Aimé Bonpland – Humboldts vergessener Gefährte?* Berlin: Alexander-von-Humboldt-Forschungsstelle, 2002, S. 40.

5 Humboldt in einem für das Brockhaussche Konversationslexikon über seine eigene Person verfassten Artikel, 1852. In: *Leben*, S. 104–113.

6 Die im Jahr 2000 erschienene Bibliographie von Fiedler und Leitner gibt die Zählung mit 29 Bänden an.

7 Humboldt an David Friedländer, Madrid, 11. April 1799. In: *Jugendbriefe*, S. 657 f.

8 *Kosmos*, Bd. 1, 1845, S. 340. bzw. S. 166.

9 Vorrede zur zweiten und dritten Ausgabe der *Ansichten der Natur*, S. 9.

10 Humboldt an Johann Wolfgang von Goethe, Paris, 3. Januar 1810. Zit. nach: Mario Krammer: *Alexander von Humboldt. Mensch, Werk, Zeit.* Berlin: Weiss, 1951, S. 135 f.

11 Humboldt in einem für das Brockhaussche Konversationslexikon über seine eigene Person verfassten Artikel, 1852. In: *Leben,* S. 113.

12 *Mexiko-Essay,* S. 189.

13 Humboldt, Alexander von: *Versuch über den politischen Zustand des Königreichs Neu-Spanien.* 5 Bände. Tübingen 1809–1814, hier Bd. 5, S. 55.

14 *Äquinoktial-Gegenden,* Bd. 1, S. 568.

15 Zit. nach Juan Ortega y Medina: *Humboldt desde México.* Mexiko-Stadt: UNAM, 1960, S. 25.

16 Alexander an Wilhelm von Humboldt, Verona, 17. Oktober 1822. Zit. nach: *Leben,* S. 197f.

17 Simón Bolívar: *Obras completas.* Madrid: Maveco, 1984, Bd. 2, S. 328, 326.

18 Zit. nach: Fernando Ortiz: Introducción. In: Alejandro de Humboldt: *Ensayo político sobre la Isla de Cuba.* Hg. von Fernando Ortiz; y correciones, notas y apéndices por Francisco de Arango y Parreño, J. S. Thrasher y otros. La Habana: Cultural, S.A., 1930, S. VII.

19 Benito Juárez: Dekret vom 29. Juni 1859. Abgedruckt in: Halina Nelken: *Alexander von Humboldt. Bildnisse und Künstler. Eine dokumentierte Ikonographie.* Berlin: Reimer, 1980, S. 57.

20 Jean-Baptiste Boussingault: »Notes sur Alexandre de Humboldt«. In: Alexander von Humboldt: *Lettres américaines 1798–1807.* Hg. von Jean-Claude Delamétherie, Paris: E. Guilmoto, 1905, S. 303–306.

21 In Hermann Klencke: *Alexander von Humboldt´s Leben und Wirken, Reisen und Wissen. Ein biographisches Denkmal.* 7. Auflage, zweiter verbesserter Abdruck, Leipzig und Berlin: Spamer, 1882, S. 345 f.

22 Alexander zitiert von Wilhelm von Humboldt, in einem Brief Wilhelms an Caroline, Rom 6. Juni 1804. In: Ana von Sydow (Hg.): *Von der Vermählung bis zu Humboldt's Scheiden aus Rom 1791–1808,* Bd. 2, Berlin: Mittler, 1907, S. 182.

**Wieder in Berlin**

1 Alexander an Wilhelm von Humboldt, Florenz, 17. Dezember 1822. In: Briefe *Alexander's von Humboldt an seinen Bruder Wilhelm.*

Herausgegeben von der Familie von Humboldt in Ottmachau. Stuttgart: Cotta, 1880, S. 112.

2 Humboldt an Karl August Varnhagen von Ense, ohne Ort, 24. April und 17. Mai 1837. In: *Briefe von Alexander von Humboldt an Varnhagen von Ense.* Hg. von Ludmilla Assing. 3. Auflage, Leipzig: F. A. Brockhaus, 1860 [im Folgenden zitiert: *Varnhagen-Briefwechsel*], S. 35 und 42.

3 *Berghaus-Briefwechsel,* Bd. 1, S. 6 f.

4 Humboldt an Georg Benjamin Mendelssohn, ohne Ort, 29. Oktober 1828. In: Ingeborg Stolzenberg: *Georg Benjamin Mendelssohn im Spiegel seiner Korrespondenzen.* Mendelssohn-Studien 3, 1979, S. 84.

5 Humboldt an Carl Gustav Jacob Jacobi, Berlin, 21. November 1840. In: Herbert Pieper (Hg.): *Briefwechsel zwischen Alexander von Humboldt und C. G. Jacob Jacobi.* Berlin: Akademie-Verlag, 1987, S. 65.

6 Humboldt an Samuel Heinrich Spiker, Berlin, vor dem 12. April 1829. In: Alexander von Humboldt – Samuel Heinrich Spiker: *Briefwechsel.* Hg. von Ingo Schwarz unter Mitarbeit von Eberhard Knobloch. Berlin: Akademie-Verlag, 2007 [im Folgenden zitiert: *Spiker-Briefwechsel*], S. 63.

7 Humboldt an Werner Siemens, Berlin, 11. August 1851. Zit. nach *Siemens-Zeitschrift,* Juni 1959, Heft 6, S. 425.

8 *Leben,* S. 116.

9 Humboldt zitiert nach: Kurt-R. Biermann: *Miscellanea Humboldtiana.* Berlin: Akademie-Verlag, 1990, S. 36.

10 *Kosmos,* Bd. 1, 1845, S. XII bzw. 6. Auch wenn sein Werk *Kosmos,* wie Humboldt immer wieder betonte, nicht direkt auf den Kosmos-Vorlesungen basiert, so ist doch dessen Gliederung identisch.

11 Alexander von Humboldt: *Über das Universum. Die Kosmos-Vorträge 1827/28 in der Berliner Singakademie.* Hg. von Jürgen Hamel und Klaus-Harro Tiemann in Zusammenarbeit mit Martin Pape, Frankfurt a. M. und Leipzig: Insel, 1993, S. 94–97.

**Die russisch-sibirische Reise**

1 *Leben,* S. 116 f.

2 Alexander an Wilhelm von Humboldt, Königsberg und Narwa, 17. und 29. April 1829. In: *Alexander von Humboldt: Briefe aus Russland.* Hg. von Eberhard Knobloch, Ingo Schwarz und Christian Suckow.

Berlin: Akademie Verlag, 2009. Im Erscheinen [im Folgenden zitiert: *Briefe aus Russland*].

3 Alexander an Wilhelm von Humboldt, Jekaterinburg, 9. und 21. Juni 1829. In: *Briefe aus Russland.*

4 Humboldt in: *Briefe aus Russland.*

**Kosmos. Entwurf einer physischen Weltbeschreibung**

1 Humboldt an Karl August Varnhagen von Ense, Berlin, 24. Oktober 1834. In: *Varnhagen–Briefwechsel,* S. 20–22.

2 Humboldt an Georg von Cotta, Berlin, 28. Februar 1838. In: *Alexander von Humboldt und Cotta. Briefwechsel.* Hg. von Ulrike Leitner unter Mitarbeit von Eberhard Knobloch Berlin: Akademie Verlag, 2009. Im Erscheinen [im Folgenden zitiert: *Cotta-Briefwechsel*].

3 *Kosmos* Bd. 1, S. VI bzw. S. 3.

4 *Kosmos,* S. 33 bzw. S. 23.

5 Georg von Cotta an Humboldt, Stuttgart, 3. Dezember 1847. In: *Cotta-Briefwechsel.*

6 Humboldt an Johann Georg von Cotta, Berlin, 5. Februar 1849. In: *Cotta-Briefwechsel.*

7 Humboldt an David Friedländer, Madrid, 11. April 1799. In: *Jugendbriefe,* S. 657 f.

8 Humboldt an Georg Adolph Ermann, ohne Ort, 9. August 1844. Handschrift in der Staats- und Universitätsbibliothek Bremen. Zit. nach der Briefkartei in der Alexander-von-Humboldt-Forschungsstelle, Berlin.

9 Humboldt an Heinrich Berghaus, ohne Ort, August 1848. In: *Berghaus-Briefwechsel,* Bd. 3, S. 1.

10 *Kosmos,* Bd. 1, S. VI–XVI bzw. S. 3–7.

11 *Äquinoktial-Gegenden,* Bd. 2, S. 1056.

12 *Kosmos,* Bd. 1, S. 385 bzw. S. 187.

13 *Kosmos,* S. 385 f. bzw. S. 187. Das Zitat Wilhelms in: *Wilhelm von Humboldt über die Kawi-Sprache,* Bd. 3, 1839, S. 426.

14 Zit. nach Kurt-R. Biermann: *Alexander von Humboldt.* 4. Auflage, Leipzig: Teubner, 1990 [im Folgenden zitiert: Biermann: *Humboldt*], S. 82.

15 *Kosmos,* Bd. 2, S. 76–94 bzw. 225–234.

**Die Erfindung der Fotografie**

1 *Leben,* S. 118 f.

2 Vgl. Otto Krätz: *Alexander von Humboldt. Wissenschaftler, Weltbürger, Revolutionär.* München: Callwey, 2. korrigierte Auflage 2000, S. 179.

3 Humboldt zitiert nach: Carl Gustav Carus: *Lebenserinnerungen und Denkwürdigkeiten*, Bd. 5. Hg. von Rudolph Zaunick, Dresden: Jeß, 1931, S. 76–79.

4 Das Vorangegangene referiert nach Otto Krätz: *Alexander von Humboldt. Wissenschaftler, Weltbürger, Revolutionär*. München: Callwey, 2. korrigierte Auflage 2000, S. 180–182.

5 *Pál Rosti 1830–1874. Kincses Károly tanulmánya az Úti emlékezetek Amerikából hasonmás kiadásához*. Maygar Fotográfiai Múzeum & Balassi Kiadó, Budapest 1992, S. 18 f.

**Gegen die Unterdrückung**

1 Humboldt zu Friedrich Althaus, Berlin, 23. Dezember 1849. In: *Briefwechsel und Gespräche mit einem jungen Freunde. Aus den Jahren 1848–1856*. Berlin: Franz Duncker, 1861 [im Folgenden zitiert: *Althaus*], S. 28.

2 Humboldt an Christian Carl Josias Bunsen, 7. Januar 1842. In: Ingo Schwarz (Hg.): *Briefe von Alexander von Humboldt an Chrisitian Carl Josias Bunsen*. Berlin: Rohrwall, 2006 [im Folgenden zitiert: *Bunsen-Briefwechsel*], S. 60.

3 Zit. nach Biermann: *Humboldt*, S. 104.

4 Ebd., S. 105.

5 Ebd., S. 103.

6 Humboldt an Georg von Cotta, 28. März 1833. In: *Cotta-Briefwechsel*.

7 Vgl. Kurt-R. Biermann und Ingo Schwarz: »›Moralische Sandwüste und blühende Kartoffelfelder‹. Humboldt – ein Weltbürger in Berlin«. In: *Netzwerke*, S. 183–200.

8 Vgl. Ulrike Leitner: »›Da ich mitten in dem Gewölk sitze, das elektrisch geladen ist …‹. Alexander von Humboldts Äußerungen zum politischen Geschehen in seinen Briefen an Cotta«. In: Hartmut Hecht u. a. (Hg.): *Kosmos und Zahl. Beiträge zur Mathematik- und Astronomiegeschichte, zu Alexander von Humboldt und Leibniz*. Stuttgart: Franz Steiner, 2008, S. 225–237.

9 Vgl. Beck: *Humboldt*, Bd. 2, Wiesbaden: Steiner, 1961, S. 196.

10 Zit. nach Alexander Herzen: *Die gescheiterte Revolution. Denkwürdigkeiten aus dem 19. Jahrhundert*. Ausgewählt und eingeleitet von Hans Magnus Enzensberger. Frankfurt a. M.: Insel, 1977, S. 371.

11 Humboldt zu Friedrich Althaus, Berlin, 5. August 1852. In: *Althaus*, S. 95f.

12 *Kosmos*, Bd. 1, 1845, S. 385 bzw. S. 187.

13 Ebd., Bd. 1, 1845, S. 36 bzw. S. 24.

14 Ebd., S. 37 bzw. 24 f.

15 Zit. nach der deutschen Übersetzung Alexander von Humboldt: *Cuba-Werk*. Hg. von Hanno Beck. Darmstadt: Wissenschaftliche Buchgemeinschaft, 1992, S. 140.

16 Alexander Humboldt: *The Island of Cuba*. Translated from the Spanish, with Notes and a Preliminary Essay, by J. S. Thrasher, New York: Cincinnati, 1856.

17 Alexander von Humboldt: »Insel Cuba«. In: *Berlinische Nachrichten von Staats- und gelehrten Sachen*, Nr. 172, 25. Juli 1856, S. 4. Zit.

nach: *Spiker-Briefwechsel*, FN 5, S. 383. Der kursive Text im Original in Französisch. Übersetzung nach Alexander von Humboldt: *Cuba-Werk*. Hg. und kommentiert von Hanno Beck. Darmstadt: Wissenschaftliche Buchgesellschaft, 1992, S. 257.

18 John C. Frémont an Humboldt, 16. August 1856. Zit. nach Ingo Schwarz (Hg.): *Alexander von Humboldt und die Vereinigten Staaten von Amerika. Briefwechsel*. Berlin: Akademie-Verlag 2004 [im Folgenden zitiert: *USA-Briefwechsel*], S. 387.

19 Humboldt an Varnhagen von Ense, Berlin, 21. November 1856. In: *Varnhagen-Briefwechsel*, S. 332.

20 Gesetz vom 9. März 1857. Zit. nach *Spiker-Briefwechsel*, S. 387.

21 Humboldt an Julius Fröbel, Berlin, 11. Januar 1858. In: *USA-Briefwechsel*, S. 434.

**Ein Besuch bei Alexander von Humboldt**

1 In englischer Sprache abgedruckt in: Richard Henry Stoddard: *The Life, Travels and Books of Alexander von Humboldt*. New York 1860, S. 446–454. Übersetzung in: W. F. A. Zimmermann: *Das Humboldt-Buch* [1. Abt.]. Berlin: Gustav Hempel, 1859, S. 95–103.

**Eine außergewöhnliche Zeitungsanzeige**

1 *Berlinische Nachrichten von Staats- und gelehrten Sachen*, Nr. 67 vom 15. März 1859, S. 4.

2 *Kosmos*, Bd. 1, 1845, S. 21 bzw. S. 18.

## Zur Edition

Die in dieser Edition vereinigten Texte stammen aus den verschiedensten Quellen. Viele Zitate sind Übersetzungen. Weder in diesen noch in den Humboldtschen publizierten und bislang unpublizierten handschriftlichen Originalen wurde eine einheitliche Orthographie und Interpunktion verwendet. Da die Lesbarkeit und Einheitlichkeit bei der Zusammenstellung dieses Buches im Vordergrund stand, wurden die hier zitierten Texte behutsam der modernen Rechtschreibung angepasst.

## Bibliographischer Hinweis

In den Anmerkungen finden sich die Nachweise zu allen zitierten Quellen und zu einigen Titeln der Forschungsliteratur, soweit diese wichtige Fakten zu den jeweiligen Textabschnitten enthält. Als grundlegende Humboldt-Biographien wurden herangezogen:

Hanno Beck: *Alexander von Humboldt.* 2 Bände. Wiesbaden: Steiner, 1959 und 1961.

Kurt-R. Biermann: *Alexander von Humboldt.* 4. Auflage, Leipzig: Teubner, 1990.

Otto Krätz: *Alexander von Humboldt. Wissenschaftler, Weltbürger, Revolutionär.* München: Callwey, 2. korrigierte Auflage, München: Callwey, 2000.

Ottmar Ette: *Weltbewußtsein. Alexander von Humboldt und das unvollendete Projekt einer anderen Moderne,* Weilerswist: Velbrück, 2002.

*Alexander von Humboldt - Chronologische Übersicht über wichtige Daten seines Lebens.* Im Internet über die Seite der Alexander-von-Humboldt–Forschungsstelle der Berlin-Brandenburgischen Akademie der Wissenschaften verfügbar und dort laufend ergänzt. Die Publikation beruht auf der Edition von Kurt-R. Biermann, Ilse Jahn und Fritz G. Lange. 2., vermehrte und berichtigte Auflage, bearbeitet von Kurt-R. Biermann unter Mitwirkung von Margot Faak und Peter Honigmann. Berlin: Akademie-Verlag, 1983.